12 YEARS

遗产保护
HERITAGE CONSERVATION

CHINA
CONSTRUCTION
ENGINEERING
DESIGN GROUP

中建设计

建筑遗产保护发展与实践 2007 | 2019
DEVELOPMENT AND PRACTICE OF BUILT HERITAGE CONSERVATION

主编 宋晓龙　　执行主编 俞锋 卢刘颖

中国建筑工业出版社

本书编委会

主　　编：宋晓龙

执行主编：俞　锋　卢刘颖

编　　委（按姓氏笔画排序）：

孔　菲　孔政政　邓春雁　田佳鑫　沈　敏

周维晶　高　媛　董小娅

图文统筹：孔　菲

封面设计：孔　菲

序言一／PREFACE 1

"天行健，君子以自强不息。" 2020年，是国家建成实现小康社会的决胜之年，也是中国建筑集团创建具有全球竞争力的世界一流企业的开局之年。及时地回顾过去，总结经验，才能更好地面向未来，创造未来。

《中建设计：城乡规划设计发展与实践（2007—2019）》和《中建设计：建筑遗产保护发展与实践（2007—2019）》两本书，是中国中建设计集团有限公司在城乡规划设计和建筑遗产保护业务领域专业实践的系统总结和回顾。经过中建规划人12年坚持不懈的努力和探索，结出了丰硕的成果，令人欣喜。

中国中建设计集团是隶属于世界500强第21位的中国建筑集团有限公司的全资二级企业，是国家优秀的工程设计科技型咨询企业集团。设计集团坚持"拓展幸福空间"的企业使命，以"品质保障、价值创造"为核心价值观，秉承"知行文化"，围绕中国建筑"一创五强"的战略目标，创新发展模式，大力推进"特色化、专业化"发展模式。集团构建了城乡规划、建筑设计、风景园林、基础设施、工程总承包五个特色专业板块，积极进取，争创一流。

发展城乡规划业务是集团战略布局的重要安排。2007年，集团城市规划设计研究院成立，通过"招贤纳士"，引进优秀规划设计人才，积极拓展全国和海外规划市场，逐步扩大"中建规划"的品牌影响力。经过10多年的发展，完成了几百项规划任务，获得系统内外多项科技奖励，培育出一批优秀的规划设计人才。

"地势坤，君子以厚德载物。"借两本书出版的时机，希望"中建规划"的发展能再上台阶，在人才队伍建设、规划设计水平、企业创新发展等方面，不断取得新的进步。在此，我祝福中建规划师们，在中国建筑迈向世界一流的征程中，尽心尽力，做出自己应有的贡献。

中国中建设计集团有限公司董事长　孙福春

2020年5月

序言二／PREFACE 2

时光荏苒，大地回春，万物欣欣向荣。2020年，是中华民族具有里程碑意义的一年，是全面建成小康社会，实现第一个百年奋斗目标之年。

伴随着国家的发展，被誉为建设领域共和国长子、位列世界500强第21位的中国建筑集团已成为世界建设投资领域的标杆企业。作为中国建筑集团直属设计机构，中国中建设计集团借国家和中建集团发展的东风，较早地确立了特色化、差异化发展策略，其中大力发展包括遗产保护在内的城乡规划业务成为战略目标之一。2007—2019年的12年间，设计集团的遗产保护业务硕果累累，成绩斐然。

这些成绩的取得离不开各级领导的鼎力支持，离不开全体同事们的不懈努力，离不开国家对遗产保护事业前所未有的重视。今天，我们回顾12年不平凡的奋斗历程，既是对以往丰硕成果的展示，更是对未来发展的憧憬和展望。

中建遗产保护业务的发展大致经历了三个历史阶段：

第一阶段（2007—2009年）：依托城乡规划团队，培育遗产保护人才

中建设计集团遗产保护业务，是依托城市规划设计研究院的发展而逐步成长的。集团通过采取以下措施：一是组建遗产保护规划研究所；二是积极引进遗产保护专业人才；三是聘请行业优秀的文保专家进行指导；四是积极拓展遗产保护市场；五是积极准备申请文物保护甲级资质，形成了以城乡规划带动遗产保护发展的格局。规划师们一方面从事城乡规划设计业务，另一方面也积极开展名城、名镇、名村保护和文物保护业务。以古村、古城、历史地区保护为抓手，在工作中培养专业素质、提高专业技能，树立正确的遗产保护意识。

第二阶段（2010—2016年）：依托规划设计资质申请，拓展保护业务领域

在全体上下的积极努力下，中建设计集团于2010年获得文物保护工程勘察设计甲级、2012年获得城市规划甲级资质，2016年获得风景园林工程设计甲级资质。集团积极引进和培养三个专业领域的人才队伍，形成了富有中建特色的遗产保护研究、城乡规划设计、风景园林设计三大专业特色板块，大规划板块设计人员达到300余人。中建遗产保护通过有效的市场开拓，逐步在全国十余个省份及海外开展了规划编制工作。目前，以全国重点文物保护单位保护为抓手，参与了古寨堡、古寺庙、古建筑、古遗址、古墓葬、古桥梁、古城、古村、考古遗址公园等诸多文物古迹的保护工作，成果审批通过率逐年提高，在业界形成良好的口碑。

第三阶段（2017—2020年）：依托区域性遗产保护实践，培育核心竞争力

发挥中建规划业务在遗产保护、城乡规划、风景园林领域的相互融合、相互渗透、相互补充的优势，遗产保护业务逐步由点带面，走向区域性遗产保护领域。先后承担了"山东曲阜大遗址片区保护总体规划""山西晋国都大遗址保护和核心地带开发建设规划""吉林省长城保护规划""山东枣庄薛河流域保护总体规划""山西应县木塔周边环境整治规划"等遗产保护工作，这些工作开阔了保护的视野，创新了编制方法，提高了技术水平，培养了保护领域的专业人才。2018—2019年，我本人受乌兹别克斯坦共和国邀请，担任了世界文化遗产地撒马尔罕城市总体规划和2022年上合组织峰会建设项目总顾问。作为中国城市规划和遗产保护专家，我与国际和当地规划、文保专家学者密

切协作，为撒马尔罕古城的整体保护提供了科学的论证和谋划，为乌兹别克斯坦第二大城市的未来发展绘制了美好蓝图。中建设计集团多年的遗产保护实践得到各级政府的高度评价，充分展示了中建规划和遗产保护的品牌美誉度和核心竞争力。

在这12年的发展中，遗产保护业务得到中建各级领导特别是设计集团下属各单位的大力支持和鼓励，很多优秀的遗产保护专业人才先后加入集体，目前中建遗产保护团队，拥有博士、硕士、高级规划师、注册规划师和文物保护责任设计师多名，形成了具有一定核心竞争力的专业人才队伍，先后有数十项规划获得省部级优秀规划设计奖励。吃水不忘挖井人，在此向为中建遗产保护事业作出贡献的领导、同事、朋友们表示衷心的感谢！

《中建设计：遗产保护发展与实践（2007—2019）》这本书展示中建设计集团遗产保护规划研究所在遗产保护领域里完成的50项代表性规划作品。全书按照6个主题展示了各类遗产保护规划的实践，包括区域文化遗产保护、文化遗产保护规划、文化遗产保护工程、文化遗产展示工程、遗址公园规划设计、文化遗产环境整治。其中也展示了规划师在遗产保护领域与实践中的理论思考、技术创新、科学研究成果。涓涓细流汇成江海，点点滴滴的历史记录，留给后来者，既是经验总结，也是开启新的征程的蓬勃动力。

长江后浪推前浪，一代更比一代强。祖国的明天充满希望，"中建遗产保护"的未来充满阳光。作为中建遗产保护事业发展的推动者和践行者，我祝福中建设计集团遗产保护业务，在市场竞争中，不断发展壮大，构建专业化、高品质的行业口碑！也祝福集团年轻的遗产保护团队，能承接历史重托，发扬优良传统，拼搏进取创新，成为政府、行业和客户值得信赖的专业品牌！

在未来的发展中，我们求索；在时间的长河中，我们积淀；在市场的搏击中，我们成长；在祖国文化遗产保护的事业中，我们将竭尽全力！

中国中建设计集团有限公司总规划师　宋晓龙

2020年3月于北京

目录

区域文化遗产保护是近年来在全球兴起的文化遗产保护理念。在联合国教科文组织的遗产保护体系中，2005 年起将同系遗产、线路遗产、运河遗产、古镇等"非点状"整合式遗产纳入"世界遗产"的分类，将遗产保护的视野拓展到区域层面。在我国，根据 2011 年国家文物局发布的《国家文物博物馆事业发展"十二五"规划》，首次在大遗址保护的主要任务中，提及区域性文化遗产的载体形式，其中包括大遗址片区 6 处——西安、洛阳、荆州、成都、曲阜、郑州，文化线路 4 条——长城、大运河、丝绸之路、茶马古道。

区域文化遗产保护

我院承接的区域文化遗产保护项目，涵盖了大遗址片区和文化线路两种类型。在此呈现的重点项目中，曲阜片区文化遗产保护总体规划的空间范围是以曲阜、邹城两市为主体的综合性大遗址片区；晋国都城大遗址保护及晋文化核心地带开发建设规划，是以两周时期的晋国发展脉络为主线的、专题性大遗址片区整体保护，并对重点地区提出了适度展示利用策略；吉林省长城保护规划，是在长城保护总体规划指导下的省级长城保护规划，针对不同年代、不同构筑方式和保存现状的长城本体进行保护和展示。

01 曲阜片区文化遗产保护总体规划

Master Conservation Planning of the Culture Heritages in Qufu Area, Shandong Province

项目区位：山东省曲阜市及邹城市。

规划范围：曲阜片区是由曲阜与邹城两个历史文化名城组成的大型历史文化遗产保护区，共计 2509km²。

文物概况：曲阜片区是我国六大文化遗产保护片区之一，是国家文物局继西安片区和洛阳片区之后以书面形式确定的第三个全国性大型文化遗产保护片区。以曲阜、邹城两个国家历史文化名城为依托，片区蕴含的原始文明、古城文化、儒家文化、宗教文化、运河文化等多类型文化遗产在我国历史与文明进程中具有突出价值。

规划特点：作为国内首例片区保护总体规划，通过探究历史文化源流、研究文化遗产空间布局价值叠加以及文化遗产与城市环境的相互关系，规划创新性提出"文化影响区—环境孕育区—片区—核心区—文化特色功能区—文化遗产聚集区—重要文化遗产点"的保护框架，并对重要文化遗产点、文化遗产聚集区、文化特色功能区提出相应的保护与控制措施。

编制时间：2011—2013 年。

项目状态：已通过山东省文物局评审。

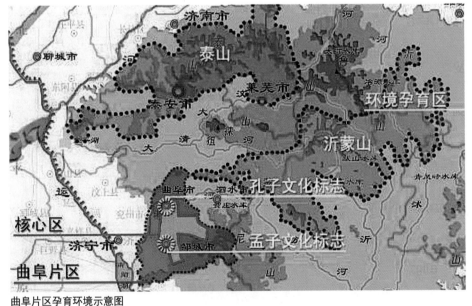

曲阜片区孕育环境示意图

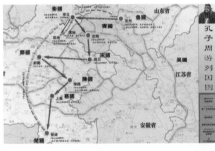

孔子、孟子周游列国路线图

曲阜片区周边经济圈示意图

曲阜片区中心组团及外围重要文化遗产示意图

核心区空间结构

　　曲阜片区核心区保护和控制的主要区域包括三大文化特色功能区（即曲阜、邹城、九龙山—尼山文化特色功能区），以及构建贯穿曲阜、邹城两个中心城区的"孔孟大道"文化轴线。文化特色功能区中包含重要文化遗产点，以及由多个文化遗产点聚集形成的文化遗产聚集区，此三个层级分别制定不同程度的保护和控制措施。

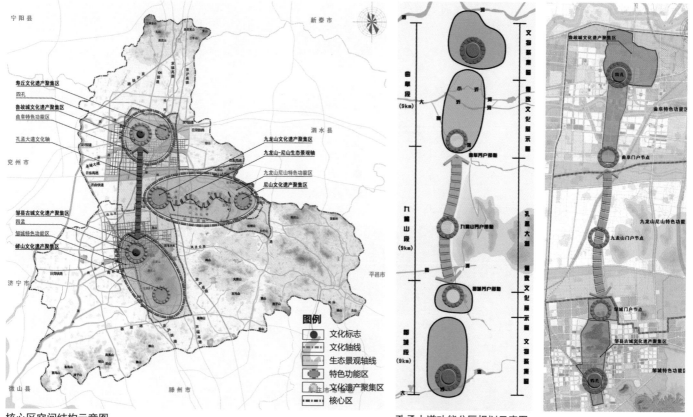

核心区空间结构示意图

孔孟大道功能分区规划示意图

文化遗产点保护

　　在文化遗产单体保护方面，创新性地根据文化相关性将片区内大量文化遗产进行梳理、分类，并以文化遗产在文化序列中的典型性、保护级别高低、保存现状情况等多项指标为标准，进行总体评估和筛选，确定 18 处重要文化遗产点作为重点保护对象，对其制定相应的保护区划及管理规划。

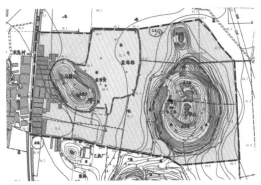

孟母林墓群保护区划示意图

孟庙及孟府保护区划示意图

曲阜片区重要文化遗产保护对象分布示意图

孟林保护区划示意图

岗山摩崖石刻保护区划示意图

尼山孔庙及书院保护区划示意图

文化遗产聚集区保护

　　根据文化遗产价值叠加的空间特点，在曲阜片区里划分 10 个文化遗产聚集区，包括鲁故城、寿丘、邹县古城、峄山、九龙山、尼山、大汶口、南旺枢纽、薛城遗址、北辛遗址等文化遗产聚集区。通过规划定位、分析价值和现状，划定保护区划和制定管理措施，同时对区内道路系统、展示游览系统、遗址公园建设等方面进行规划引导。

　　鲁故城文化遗产聚集区定位为孔子文化标志区。其内涵包括：以孔府、孔庙、孔林为代表的孔子文化标志地，以周鲁故城遗址、汉鲁故城遗址和明故城为代表的历代曲阜鲁国故城遗存，以及在此基础上建设曲阜鲁国故城国家考古遗址公园。

　　九龙山文化遗产聚集区的定位为孟子生卒地，包括凫村、孟林等标志地，以汉鲁王墓、明鲁王墓为代表的古代鲁王陵墓聚集区；以九龙山、朱山等山脉为核心的典型"堪舆文化"空间与自然生态景区。

　　寿丘文化遗产聚集区规划定位为体现始祖文化和古城遗址的文化遗产聚集区，其内涵包括少昊陵遗址、大汶口遗址为代表的始祖文化遗存与宋城址等古城文化遗存。

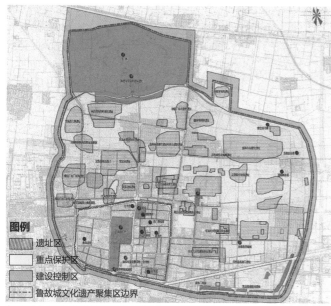

图例

▨ 遗址区
□ 重点保护区
▨ 建设控制区
┄ 鲁故城文化遗产聚集区边界

鲁故城文化遗产聚集区保护与控制范围示意图

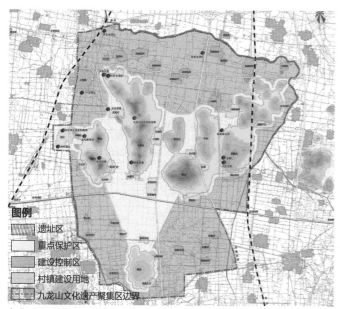

图例

▨ 遗址区
□ 重点保护区
▨ 建设控制区
▨ 村镇建设用地
┄ 九龙山文化遗产聚集区边界

九龙山文化遗产聚集区保护与控制范围示意图

图例

▨ 地下埋藏区
□ 重点保护区
▨ 建设控制区
▨ 文物本体
┈ 宋城（推测）
▨ 仙缘旧城 - 金、元（推测）
┈ 景灵宫遗址（推测）
┄ 寿丘文化遗产聚集区边界

寿丘文化遗产聚集区保护与控制范围示意图

曲阜片区内三片文化特色功能区示意图

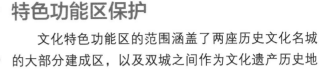

特色功能区保护

　　文化特色功能区的范围涵盖了两座历史文化名城的大部分建成区，以及双城之间作为文化遗产历史地理环境的重要山水格局。

曲阜文化特色功能区城市格局保护控制引导图

文化功能区建筑高度控制

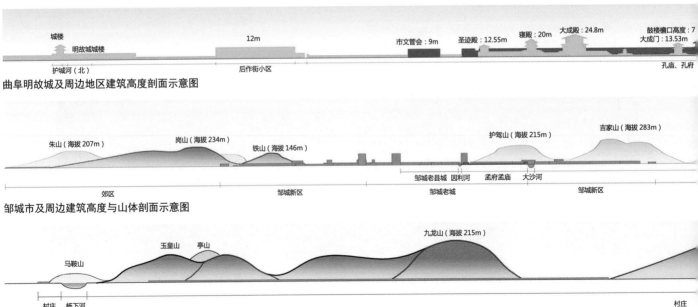

曲阜明故城及周边地区建筑高度剖面示意图

邹城市及周边建筑高度与山体剖面示意图

九龙山地区剖面示意图

根据文化遗产本体在空间上的聚集和分布特征，结合周边两座历史文化名城城市建设现状情况，从城市格局（包括轴线和节点）、建筑高度、建筑风貌、自然生态环境等方面进行保护与控制，协调文化遗产保护与城市发展的关系。

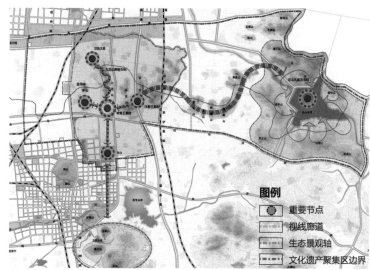

九龙山—尼山文化特色功能区生态格局保护控制引导示意图

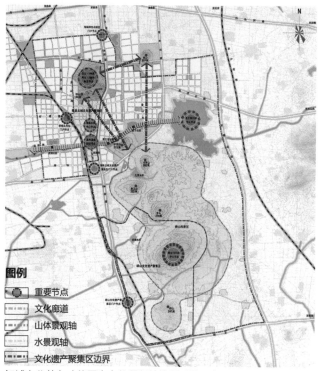

邹城文化特色功能区生态格局保护控制引导示意图

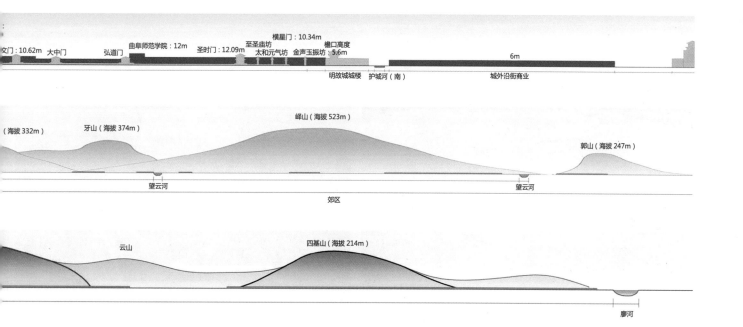

02 晋国都城大遗址保护及晋文化核心地带开发建设规划

Conservation on the Large Heritage Sites of the Jin State Capital & Overall Planning for Key Zone of Jin Culture, Shanxi Province

项目区位：山西省临汾市及运城市。

规划范围：晋国都城大遗址片区由晋文化主体区和核心区共同构成，主体区包含临汾市盆地区域以及运城市域，总面积约 21700km²；核心区包含浍河盆地约 1500km² 的区域。

文物概况：以"表里山河"著称的山西，是中华民族古代文明主要发源地之一，也孕育了灿烂的晋文化。晋国都城大遗址片区是晋国发展演变和晋文化传播的主要区域，片区内共有两周时期遗址 1004 处，总数占到全省的 31.9%。

规划特点：作为全国首个以公元前周代诸侯国为主题的大遗址片区保护总体规划，本规划明晰了晋国六百年演变的概念和内涵，系统梳理了晋国文化发展脉络，将晋国疆域扩张历程中的相关遗迹，分级、分类对应到空间范畴。规划从山西省区域层面统筹晋国文化遗产资源，明确了以晋国都城大遗址为核心的晋文化核心区和主体区，创新开发利用模式，以保护为前提，建构适合地区经济社会协调发展的文化工程建设体系和多层次的空间保护体系。

编制时间：2015—2017 年。

项目状态：已通过山西省文物局评审。

侯马晋国遗址（图片来源：山西省文物局）
1995 年 中华人民共和国成立以来全国十大考古发现之一

曲村－天马遗址（图片来源：《山西省曲村——天马遗址保护规划》）
1992 年、1993 年全国十大考古新发现
"八五"期间全国十大考古新发现
中华人民共和国重大考古发现
中国 20 世纪考古大发现

02 晋国都城大遗址保护及晋文化核心地带开发建设规划

Conservation on the Large Heritage Sites of the Jin State Capital & Overall Planning for Key Zone of Jin Culture, Shanxi Province

019

晋文化环境孕育区范围以关中—晋南—豫西地区、以黄河中游串联的五个盆地为中心，北至山西、陕西两省北部、南至秦岭、东到山东省西部、西到六盘山。中原文化的产生有着深厚的自然底蕴作为支撑，在"三山、四水、五盆地"间，形成了远古人类生存发展的良好条件。"三山"即南北向的太行山脉、吕梁山脉及东西向的秦岭；"四水"为母亲河黄河及其支流汾河、渭河和洛河；"五盆地"则为黄土高原经河流切割和冲积形成的汾河谷地（含太原盆地和临汾盆地）、渭河谷地（关中盆地）、运城盆地和洛阳盆地。

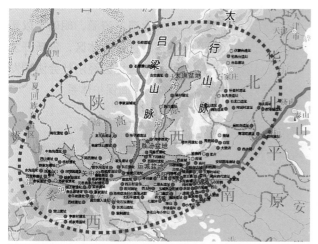

环境孕育区重要遗址分布图

晋国都城大遗址片区规划范围示意图

图例

- ■ 核心区
- ⋯⋯ 主体区
- ━━ 省界

大河口霸国墓地（图片来源：《发现霸国》第93页）
2010年 中国十大考古新发现
2009~2010年度 国家文物局田野考古一等奖
2016年 第三次全国文物普查百大新发现

横北倗国墓地（图片来源：《绛县横水西周墓地不为人知的倗国》，《中国文化遗产》2006年02期）
2016年 第三次全国文物普查百大新发现
2005年 全国十大考古发现
2006年 国家文物局"田野考古奖"一等奖

晋国历史演变

　　晋国历史共持续了六百多年，经历了"甸服偏侯—庶嫡之争—晋国勃兴—独霸中原—晋楚共霸—六卿倾轧—三家分晋"的发展过程。从晋献公时期的"并国十七，服国三十八"起，晋国开始了大规模的疆域扩张，直到三家分晋时期达到最大疆域范围。

晋国疆域变化示意图

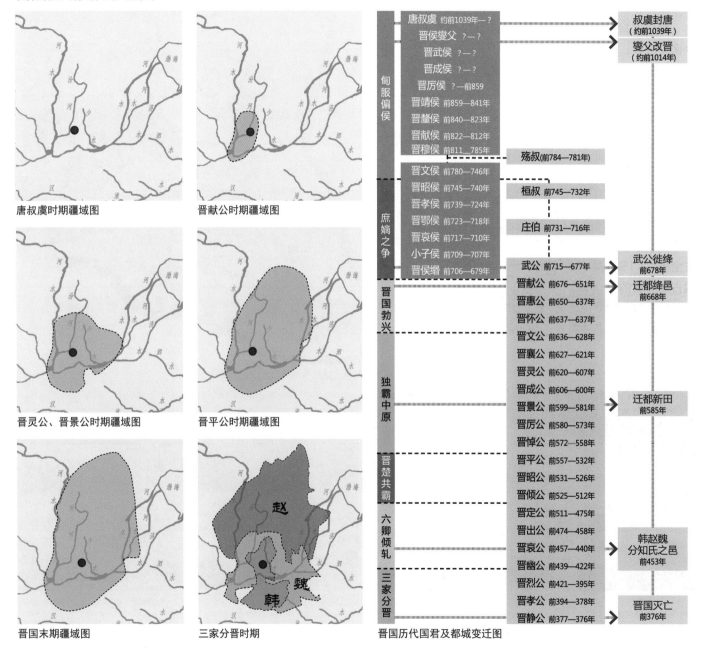

唐叔虞时期疆域图

晋献公时期疆域图

晋灵公、晋景公时期疆域图

晋平公时期疆域图

晋国末期疆域图

三家分晋时期

晋国历代国君及都城变迁图

02 晋国都城大遗址保护及晋文化核心地带开发建设规划

Conservation on the Large Heritage Sites of the Jin State Capital & Overall Planning for Key Zone of Jin Culture, Shanxi Province

021

晋国都城变迁

叔虞封唐——推测今陶寺或苇沟－北寿城；

燮父之翼（新邑、绛）——推测今曲村天马；

庶嫡之争之翼——推测今曲村天马；

成侯之曲沃（非都城）——推测今闻喜；

献公之绛——推测今曲村天马扩建，或今苇沟－北寿城或今南梁故城；

景公之新田——考古发现在今侯马。

考古界普遍认为晋国六百多年统治时间内，其都城主要分布在浍河盆地区域。

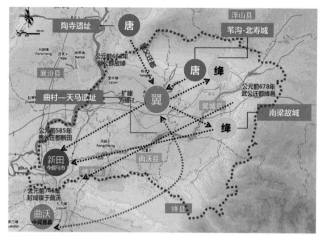

晋国迁都示意图

文化资源分布

晋国都城大遗址片区文化遗产总量丰富。片区内有全国重点文物保护单位124处，占全省27.4%；省级文物保护单位132处，占全省27.1%，其中，两周时期遗址高度聚集，共1004处，总数占到全省的32.6%。

另有，历史文化名镇/村：国家级4处、省级4处，国家级、省级非物质文化遗产总数占全省的33%。

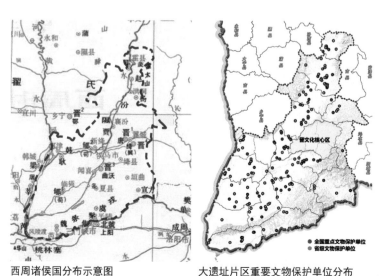

西周诸侯国分布示意图　　　　大遗址片区重要文物保护单位分布　　　　大遗址片区两周时期遗址分布示意图

片区保护体系

梳理历史脉络

规划明晰了晋国六百年演变的概念和内涵，系统梳理了晋国文化发展脉络，将随晋国疆域扩张形成的历史遗迹，分级、分类对应到空间范畴。晋国都城大遗址片区从中原地区三山、四水、五盆地中应运而生，包含晋文化核心区和主体区。经专家考证，晋文化核心区为历代晋国都城遗址所在地，已探明两处都城遗址和数处城址；晋文化主体区为贯穿晋国六百年发展的主体区域。

建构保护体系

从山西省域层面统筹晋国文化遗产资源，明确以晋国都城大遗址为核心的晋文化核心区和主体区，建构多层次的空间保护体系，对古城、墓地、聚落、资源地等遗存分别划定保护区划、制定管理规定，分类提出保护措施。

晋国都城大遗址分布示意图

图例
★ 都城遗址
◗ 重要遗址
○ 重要墓地
● 重要资源地

晋国相关大遗址构成表

晋文化核心区内大遗址			
类型	名称	性质	地理位置
重要城址（3处）	侯马晋国遗址	晚期都城	侯马市
	苇沟 - 北寿城遗址	晋国采邑	翼城县
	故城遗址	晋国采邑	翼城县
墓地（2处）	曲村天马 - 羊舌墓地遗址	早期晋国国君墓	曲沃县、翼城县
	大河口霸伯墓地	霸国国君墓葬	翼城县

晋文化主体区内大遗址			
城址（9处）	上郭城址及邱家庄墓群	晋国古曲沃城（曲沃）	闻喜县
	赵康城址	晋国采邑（聚、绛）	襄汾县
	樊家河遗址	晋国高梁城	尧都区
	禹王城址遗址	三晋魏国都城（安邑城）	夏县
	古魏城遗址	古魏国都城	芮城县
	下阳城址遗址	虢国都城（金鸡堡）	平陆县
	洪洞城址	晋国羊舌古城	洪洞县
	大马城址	晋国清原城	闻喜县
	虞国古城遗址	虞国都城	平陆县
墓地（9处）	横北倗国墓地	倗国国君墓地	绛县
	冯古庄墓地	郇国国君墓地	新绛县
	桥北遗址	先国国君墓地	浮山县
	程村墓地	晋国贵族墓地	临猗县
	赵杏村墓地	晋国贵族墓地	永济市
	坑头墓地	魏国墓地	芮城县
	崔家河墓群	晋国贵族墓地	夏县
	山王墓地	耿国墓地	河津市
聚落（2处）	坊堆 - 永凝堡遗址	杨国聚落	洪洞县
	安乐遗址	霍国聚落	霍州市
资源地（2处）	古盐池遗址	古盐池	盐湖区
	千金耙古铜矿遗址	古铜矿	闻喜县

02 晋国都城大遗址保护及晋文化核心地带开发建设规划

Conservation on the Large Heritage Sites of the Jin State Capital & Overall Planning for Key Zone of Jin Culture, Shanxi Province

023

核心区保护体系

规划建构了大遗址保护、利用、管理、研究评估体系，针对晋文化核心区的五处晋国重要大遗址进行了详尽的现状评估，建构"两都、三城"的晋国都城大遗址保护体系，对两处都城、三处重要古城遗址的既有保护规划和周边建设状况进行梳理，完善遗址保护区划和管理规定。

两处晋国都城大遗址区：1. 晚期都城：侯马晋国遗址；2. 早期墓地：曲村天马 – 羊舌墓地遗址。

三处晋国相关大遗址区：1. 晋国重要城址：苇沟 – 北寿城遗址；2. 晋国重要城址：故城遗址；3. 邻国都城：大河口霸伯墓地（含霸国国君墓葬）。

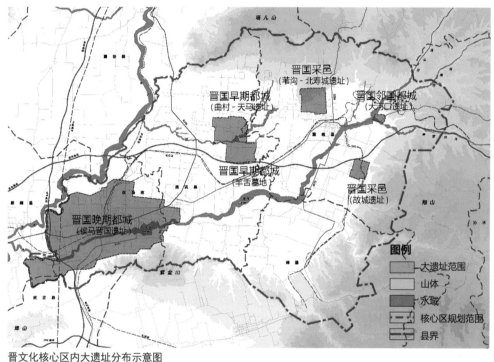

晋文化核心区内大遗址分布示意图

故城遗址保护区划示意图

大河口遗址保护区划示意图

侯马晋国遗址保护区划示意图

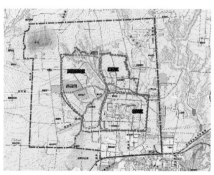

苇沟 – 北寿城遗址保护区划示意图

曲村天马 – 羊舌墓地遗址保护区划示意图

核心区遗址展示体系

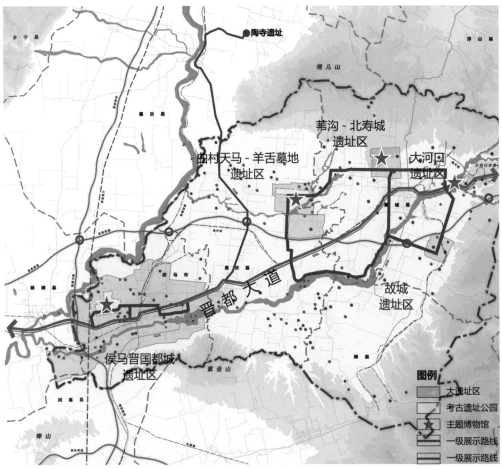

晋文化核心区内展示体系示意图

建构"三园、四馆、五区"的核心区大遗址展示体系，打通区域联系道路，推动三处考古遗址公园、四个博物馆和五片大遗址展示区建设。

三园

1. 侯马晋都考古遗址公园
2. 曲沃曲村 – 天马考古遗址公园
3. 翼城大河口霸国考古遗址公园

四馆

1. 侯马晋都遗址博物馆
2. 曲沃晋国博物馆
3. 翼城晋城博物馆
4. 翼城霸国博物馆

五区

1. 侯马晋国都城遗址区
2. 曲村天马 – 羊舌墓地遗址区
3. 苇沟 – 北寿城遗址区
4. 故城遗址区
5. 大河口遗址区

侯马晋国考古遗址公园效果图

大河口考古遗址公园效果图

02 晋国都城大遗址保护及晋文化核心地带开发建设规划

Conservation on the Large Heritage Sites of the Jin State Capital & Overall Planning for Key Zone of Jin Culture, Shanxi Province

025

核心地带开发结构

晋文化核心地带开发建设，建构"三三三"文化工程战略，引领以晋文化为主线的开发建设方向，促进地方经济、社会、文化、生态可持续发展。规划包含3条晋文化景观带、3片文化遗产聚集区和3处生态文化风景区。其中文化景观带以晋都大道、汾河、浍河等线性景观要素为主体；文化遗产聚集区分别位于侯马、曲沃和翼城3处晋国相关大遗址周边地区，聚集区内建立重点开发建设项目库，策划项目总数为58个。

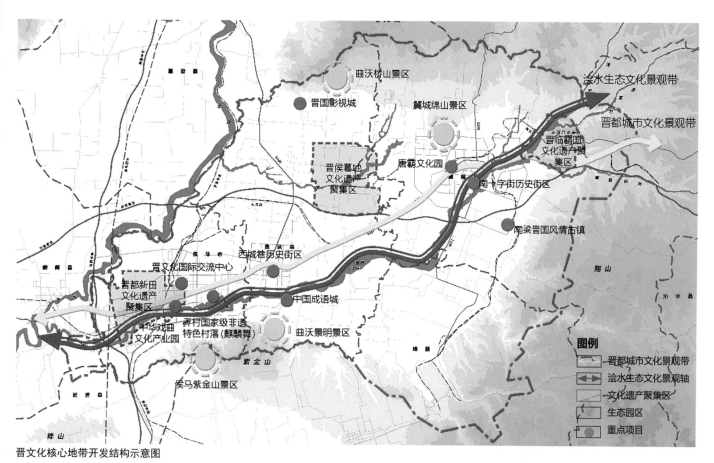

晋文化核心地带开发结构示意图

大河口霸国墓地核心展示区效果图

大河口霸国博物馆效果图

侯马晋国遗址博物馆效果图

03 吉林省长城保护规划

Conservation Planning of Great Wall in Jilin Province

项目区位：吉林省通化县、长春市、四平市、延边朝鲜族自治州。

规划范围：包含吉林省长城需要给予保护和控制的区域，面积约 501km²，涉及通化市通化县，长春德惠市、农安县，四平公主岭市、梨树县、铁西区，延边朝鲜族自治州和龙市、龙井市、延吉市、图们市、珲春市等 4 个市（州）的 11 个县（市、区）。

文物概况：全国重点文物保护单位——长城是我国重要的文化遗产，1987 年被列入《世界文化遗产名录》。2012 年经国家文物局认定，吉林省境内确认长城遗迹 3 处，分别为通化县汉长城遗址、穿越长春和四平市的唐代老边岗土长城遗址，以及渤海国早期的延边边墙遗址。本规划统称为"吉林省长城"。吉林省长城是我国长城体系的重要组成部分，跨吉林省 4 市 11 县，总长度 419.38km。现存的通化汉长城、老边岗土长城、延边边墙，历史上均属于一定政治区域范围内具有一定分布规模的军事防御体系，这三段长城对于全面认识我国长城的组成和价值、研究古代东北地区历史地理格局的变化和提升吉林省地方历史文化影响力均具有重要意义。

规划特点：吉林省长城规模大、分布地域范围广、遗存类型多样，目前遗存真实性较好、完整性一般，破坏因素较多，保护形势较为严峻。本规划是在文化和旅游部、国家文物局联合印发的《长城保护总体规划》指导下，全面有效地保护吉林省长城的真实性、完整性，并在此基础上统筹协调长城的管理和利用，科学合理地发挥长城在吉林省社会经济发展中的积极作用。

编制时间：2012—2018 年。

项目状态：已通过吉林省文物局、住房和城乡建设厅评审。

吉林省长城周边重要文物资源统计表

序号	文物资源名称	年代	级别	序号	文物资源名称	年代	级别	序号	文物资源名称	年代	级别
1	高句丽王城、王陵及贵族墓葬	高句丽	世界遗产	13	揽头窝堡遗址	金	国保	25	萨其城址	唐	国保
2	明清皇家陵寝——辽宁新宾清永陵	清	世界遗产	14	农安辽塔	辽	国保	26	温特赫部城址与裴优城址	唐、金	国保
3	龙岗遗址群	战国至汉	国保	15	大青山遗址	东周	国保	27	八连城遗址	唐、五代	国保
4	江沿墓群	汉至唐	国保	16	五家子城址	金	国保	28	磨盘村山城	唐至金	国保
5	自安山城	南北朝	国保	17	秦家屯古城	辽、金	国保	29	延边边务督办公署遗址	清	国保
6	万发拨子遗址	战国至晋	国保	18	友谊村墓群	金	国保	30	龙头山古墓群	渤海	国保
7	通化葡萄酒厂地下贮酒窖	1937-1983 年	国保	19	偏脸城址	辽至金	国保	31	渤海中京城遗址	渤海	国保
8	英额布后山城址	秦代至唐代	县保	20	叶赫部城址	明清	国保	32	窟窿山城址	渤海	省保
9	英额布山城	秦代至唐代	未定	21	中东铁路建筑群公主岭俄式建筑群及四平段机车修理库旧址	清至民国	国保	33	亭岩山城	渤海	省保
10	太平沟门古城	秦代至唐代	未定	22	牛城子城址	宋、元	市保	34	东古城	辽、金	省保
11	依木树古城	秦代至唐代	未定	23	双马架古城	辽金	县保	35	平峰山堡	民国	未定
12	三棵榆树八队古城址	秦代至汉代	未定	24	中东铁路支线长春段第二松花江铁路桥及其附属建筑（"小白楼"）	清至民国	未定				

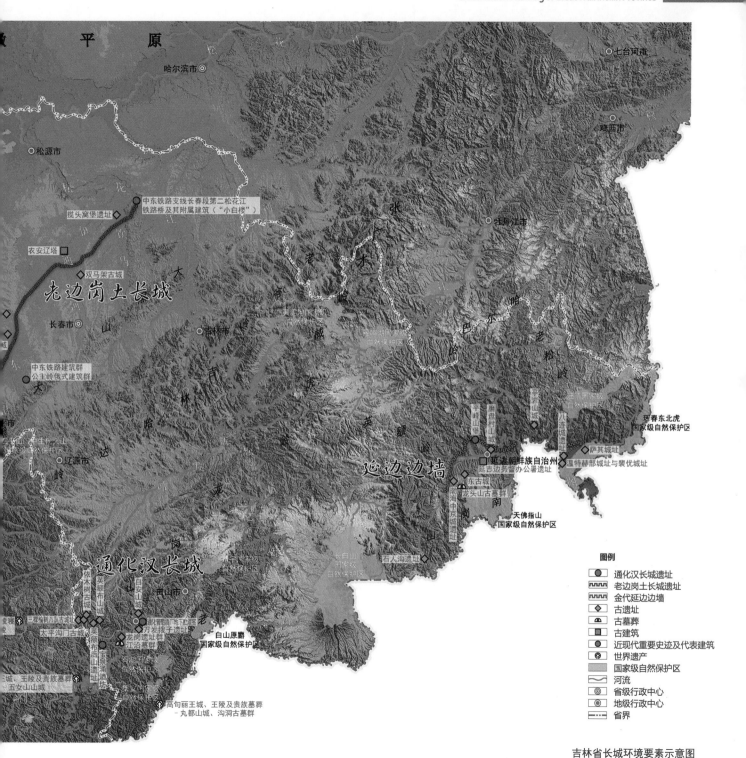

黄 平 原

○ 七台河市

哈尔滨市 ⊙

○ 松源市

鸡西市 ○

中东铁路支线长春段第二松花江
铁路桥及其附属建筑（"小白楼"）

揽头窝堡遗址

○ 牡丹江市

农安辽塔 ▢

双马架古城 ◇

老边岗土长城

长春市 ⊙

吉林市 ⊙

青岭国家级
自然保护区

牡哈湖国家级
自然保护区

中东铁路建筑群
公主岭俄式建筑群

珲春国家级
自然保护区

珲春东北虎
国家级自然保护区

萨其城址 ◇

辽源市 ○

延边朝鲜族自治州 ▢

八连城遗址 ◇

温特赫部城址与裴优城址

延边边务督办公署遗址

延边边墙

东古城 ◇

龙头山古墓群 ▲

天佛指山
国家级自然保护区

渤海中京城遗址群

石人沟遗址 ◇

长白山
自然保护区

通化汉长城

依体烟古城 ◇

白山市 ⊙

白山原麝
国家级自然保护区

三棵榆树八队古城 ◇

太平沟门古城

英颌布后山遗址

龙岗遗址

荒沟山遗址

万发拨子遗址

玉泉西山遗址

五女山山城 ◇

高句丽王城、王陵及贵族墓葬
－丸都山城、沟洞古墓群

图例

◉	通化汉长城遗址
ᨏᨏ	老边岗土长城遗址
ᨏᨏ	金代延边边墙
◇	古遗址
▲	古墓葬
▢	古建筑
◉	近现代重要史迹及代表建筑
◉	世界遗产
▨	国家级自然保护区
〜	河流
⊙	省级行政中心
⊙	地级行政中心
╌╌	省界

吉林省长城环境要素示意图

价值评估

吉林省长城是中国长城的重要组成部分，其发现填补了长城在吉林省分布的空白，为中国长城的整体构成和分布增添了新的资料，使中国长城分布的总体范围向东延伸和扩展，对于维护见证中华民族历史多元一体和国家文化安全具有重要价值。 其中，通化汉长城属于汉长城体系中的"汉武边塞"，是西汉中晚期西汉政权为经略东北地区而修筑的长城的有机组成部分；老边岗土长城属于唐代高丽政权修筑的防御工事，对研究高丽的政治、军事演变及与唐时期历史格局变迁具有重要的价值；延边边墙属于渤海国早期遗存，也是中国最东端的长城。

吉林长城实景图 （图片来源：吉林省文化厅）

通化汉长城历史区位示意图

老边岗土长城历史区位示意图

延边边墙历史区位示意图

遗产构成

根据国家长城资源要素分类，吉林省长城的遗产本体构成要素包括长城本体、附属设施和相关遗存三部分。

通化汉长城

遗产本体构成要素包括：

1. 附属设施：包括烽火台 12 处、堡 1 处；

2. 相关遗存：1 处，即赤柏松古城址。

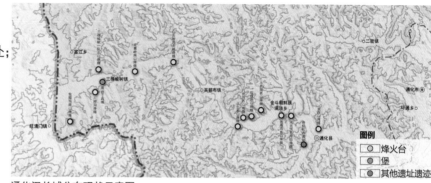

通化汉长城分布现状示意图

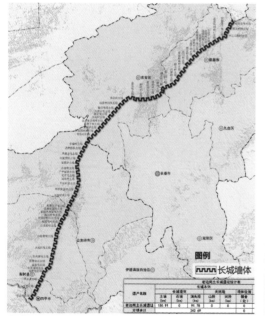

老边岗土长城分布现状示意图

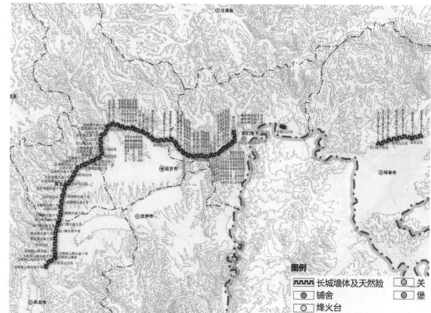

延边边墙分布现状示意图

老边岗土长城

遗产本体构成要素全部为长城本体。

1. 长城墙体 – 现存墙体长度约 150.91km；

2. 长城墙体 – 消失段长度约 91.78km。

延边边墙

遗产本体构成要素包括：

1. 长城本体：长城墙体 119.06km，天然险 5.63km，墙体设施 3 处；

2. 附属设施：包括烽火台 86 处，关 3 处、堡 1 处。

现状评估

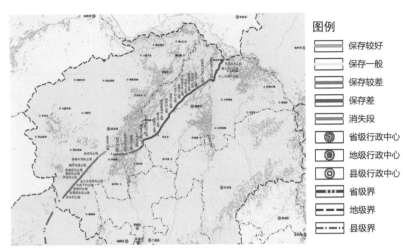

老边岗土长城遗址（局部）保存状态评估示意图

图例
保存较好
保存一般
保存较差
保存差
消失段
省级行政中心
地级行政中心
县级行政中心
省级界
地级界
县级界

保存状态

通化汉长城现状整体保存较好。

老边岗土长城现状保存较好的墙体其高度不低于80cm；保存一般的墙体其高度在50～80cm之间，在田野中尚能明显分辨出其存在；保存较差的墙体其残存高度不高于30cm且时断时续，在田野中不易区分；现状消失的墙体（即消失段）多位于河流两侧。

延边边墙中的山地边墙现状保存较好的墙体多为丘陵边墙。

完整程度

根据《长城资源保存程度评价标准》，吉林省长城的保存程度分为较好、一般、较差、差等四个等级。吉林省长城现存墙体多数保存程度差，墙体设施保存较好；附属设施和相关遗存多数保存程度一般，其中"关"保存较好。吉林省长城遗产本体的整体保存程度较差。

通化汉长城附属设施、相关遗存整体保存程度较好；老边岗土长城约有37.8%的墙体消失，整体保存程度较差；延边边墙约有29%的墙体消失，整体保存程度一般。

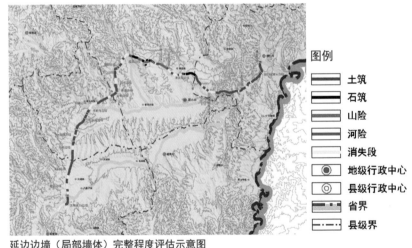

延边边墙（局部墙体）完整程度评估示意图

图例
土筑
石筑
山险
河险
消失段
地级行政中心
县级行政中心
省界
县级界

大南沟东山烽燧（西汉）

赤柏松古城址（西汉）

欢喜岭南山烽燧（西汉）

张家窝堡村土墙（唐）

土地利用

通化汉长城、延边边墙沿线位于开发保护类型区，属于良好被覆的中低山地。其中通化汉长城沿线区域大部分为中低山地，森林覆盖率较高，野生动物种类繁多，生态环境保存较好；老边岗土长城沿线大部分区域属于较强度水蚀温带、暖温带丘陵地，北端位于开发保护类型区，属于平原农业区。大部分区域因工农业生产、城乡居民生活污染导致生态环境面临破坏风险；延边边墙沿线区域基本为山地，植被繁茂，人烟稀少，生态环境保存较好。

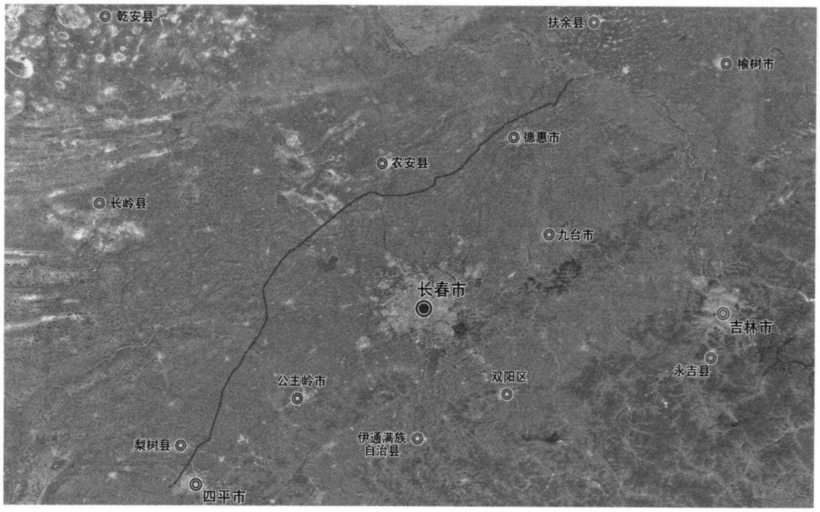
乾安县
扶余县
榆树市
德惠市
农安县
长岭县
九台市
长春市
吉林市
永吉县
公主岭市
双阳区
梨树县
伊通满族
自治县
四平市

老边岗本体示意图

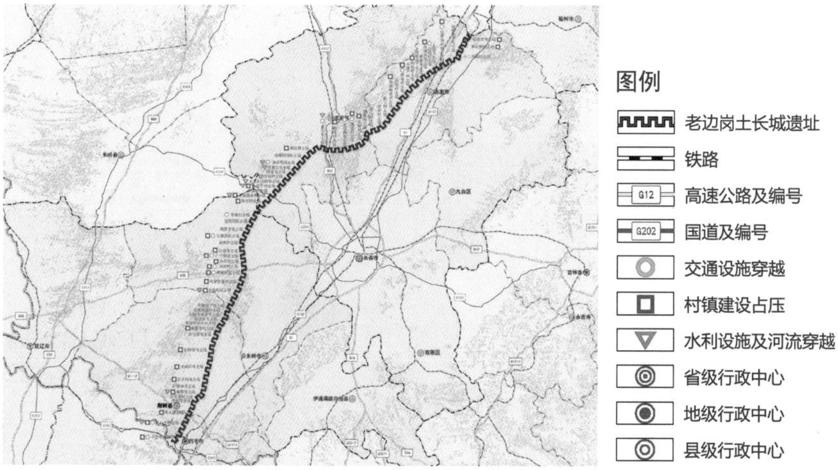
图例
老边岗土长城遗址
铁路
G12
高速公路及编号
G202
国道及编号
交通设施穿越
村镇建设占压
水利设施及河流穿越
省级行政中心
地级行政中心
县级行政中心

老边岗土长城遗址（局部）保存状态评估示意图

建设影响

吉林省长城遗址部分区段紧邻或穿越城乡建成区，遗产本体及周边环境直接受到各种建设活动不同程度的影响，主要包括交通设施（如高速公路、国道、省道、乡村道路、铁路等）、城乡居民点和农业水利设施（人工渠、水库、排水总干渠等）等。

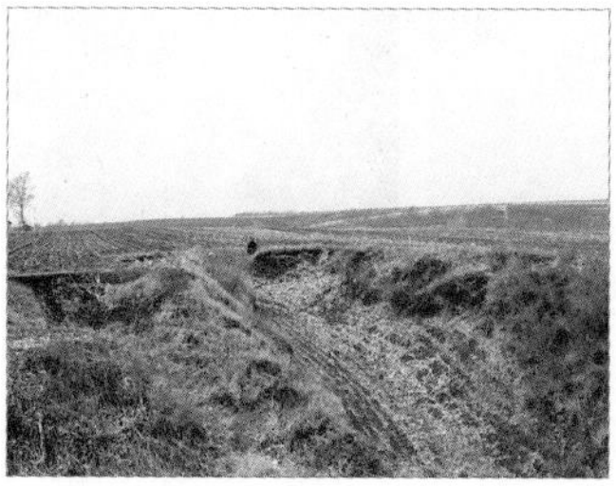

松花江屯土墙（唐）

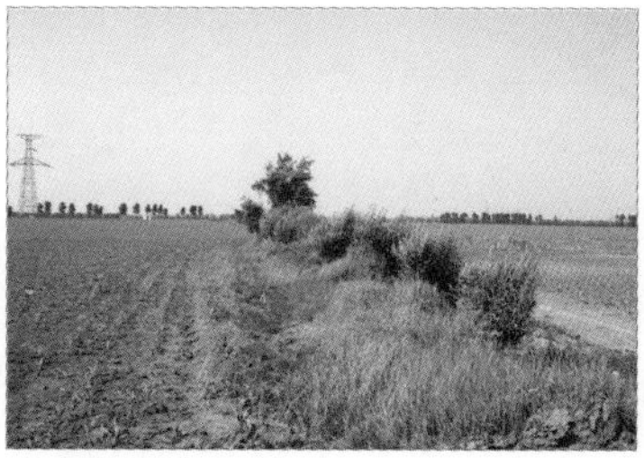

沈家屯土墙（唐）

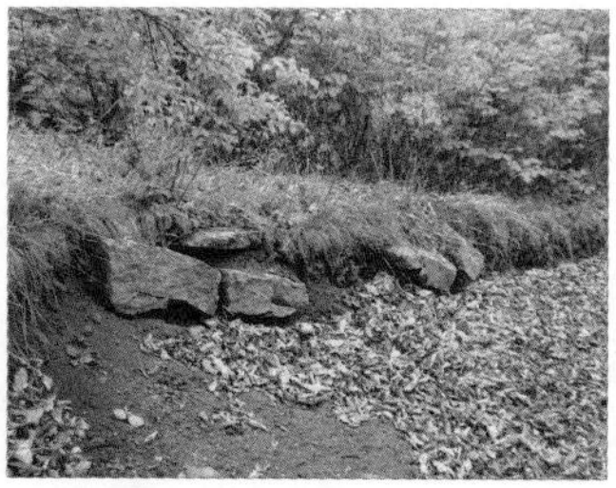

石山边墙（渤海国）

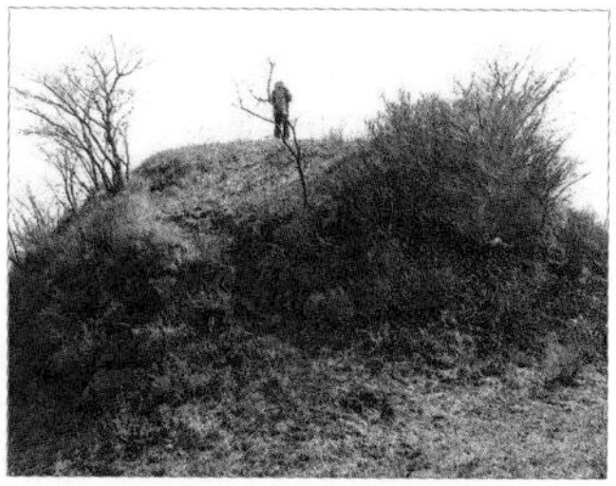

平峰山烽火台 4 号（渤海国）

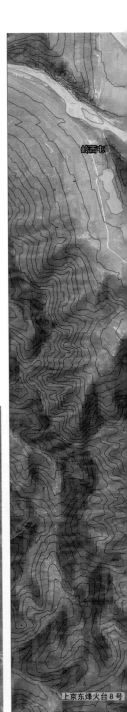

保护区划

划定依据

　　吉林省长城保护区划主要依据文物保护和长城保护有关法律、法规文件的相关规定，同时根据吉林省长城段落的价值构成要素，结合区位特征、遗存分布特征、地形地貌特征、人为活动情况等因素，在现状评估的基础上，参照可明显识别的稳固地标物（如山谷、峰峦、河流和道路等）予以划定。

划定原则

　　1. 保证吉林省长城遗产本体与环境的完整性和安全性；

　　2. 根据长城沿线环境差异性，满足长城景观环境完整性、和谐性，满足长城周边用地等方面的实际需求；

　　3. 保证规划管理实施的有效性和可操作性。

分段图则

　　遵化汉长城：涉及遵化县，共 5 幅。

　　老边岗土长城：涉及德惠市、农安县、公主岭市、梨树县、四平市，共 30 幅。

　　延边边境：涉及珲春市、图们市、延吉市、龙井市、和龙市，共 18 幅。

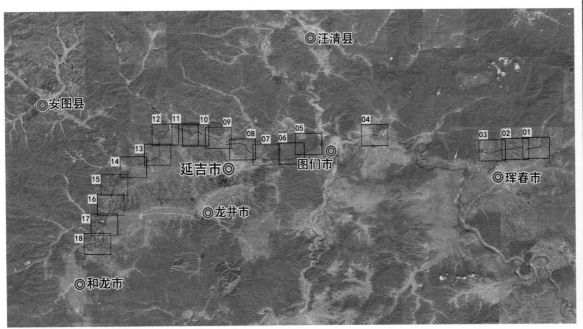

延边边墙保护区划索引示意图

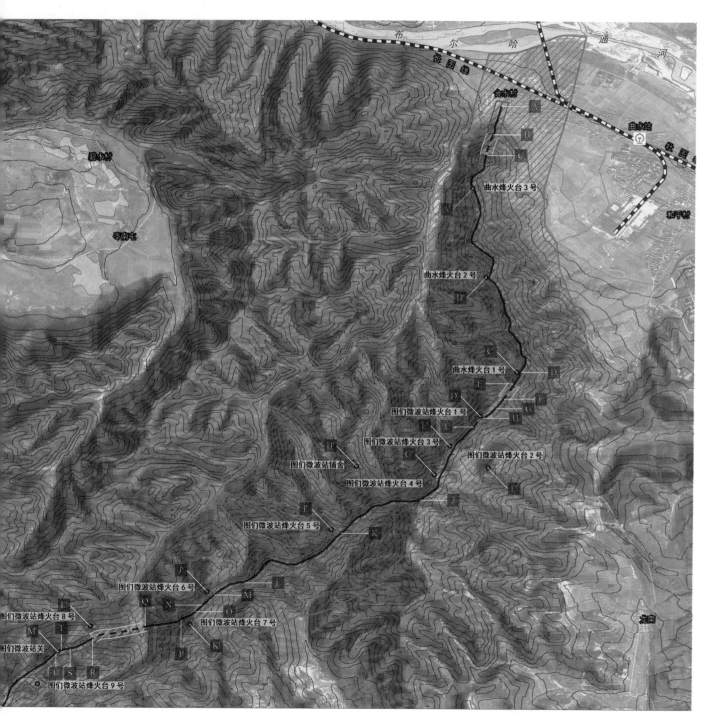

吉林省图们市延边边墙保护区划 05 号示意图

保护措施

吉林省长城文物本体保护措施分为6类：

1. 保养维护：全线均采取东北地区土、石材料遗址类的保养维护措施。

2. 抢险加固：临危部分采取本体加固、设置保护性构筑物等具有可逆性的临时抢险加固措施。

3. 修缮：非临危段落存在残损部分采取以局部补夯为主的局部、小范围加固、维修或修复措施。

4. 保护性设施建设：设置保护标识、保护围栏。

5. 载体保护：对直接关系到长城本体安全的本体下部岩土体及周边环境采取加固维护等措施。

6. 拆除占压建构筑物：拆除、搬迁占压长城本体的民房、土路、市政基础设施、农业设施等。

金代延边边墙保护措施
1- 现状勘察：
　金代延边边墙全线
2- 抢险加固：
　涌泉边墙
　明岩烽火台1号
3- 防护（设置保护标志说明牌）：
　涌泉边墙等，共6处
4- 防护（设置保护界桩）：
　金代延边边墙全线
5- 防护（设置围栏）：
　龙门烽火台1号等，共21处
6- 修缮：
　清茶馆边墙，共6段
　平峰山烽火台1号等，共12处
7- 保养维护：
　金代延边边墙全线
8- 载体加固：
　明岩烽火台1号等，共5处
9- 拆除占压本体的建构筑物：
　金代延边边墙全线

金代延边边墙环境整治
10- 环境整治（现代坟迁移）：
　光新屯边墙、清茶馆边墙
11- 环境整治（线网迁埋）：
　清茶馆边墙
12- 环境整治（建筑整治）：
　金代延边边墙全线
13- 景观美化：
　平峰山边墙等，共5处

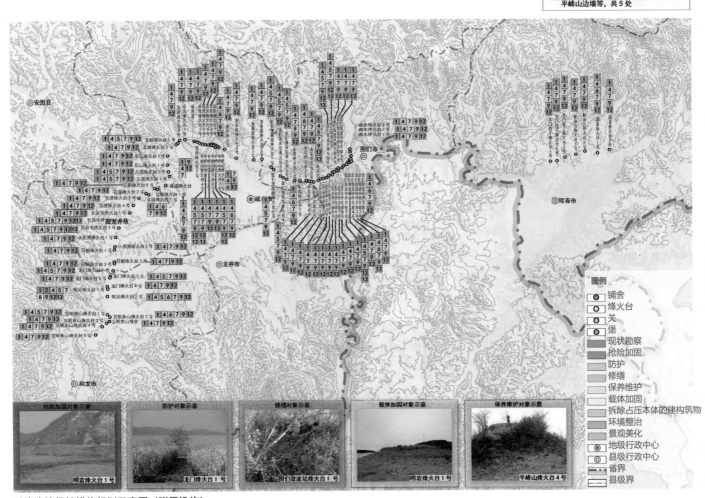

延边边墙保护措施规划示意图（附属设施）

价值阐释

规划目标

在保护长城真实性和完整性的前提下，对长城展示利用方式进行统筹规划，实现有效保护与合理利用的协调统一。

规划策略

1. 分级设置展示参观游览区，发掘长城重点区段的展示利用潜力，实现文物资源的分类管控和利用。

2. 加强长城与周边区域的联系与协作，在充分展示吉林省长城文化价值的同时，合理发挥长城的社会价值。

3. 不断完善长城展示段的游客服务与管理工作，全面提高长城沿线区域的游客服务质量和管理水平。

4. 通过鼓励公众参与长城展示利用，加强历史文化宣传教育，实现全社会对文化遗产保护认识水平的提升和支持力度的增强。

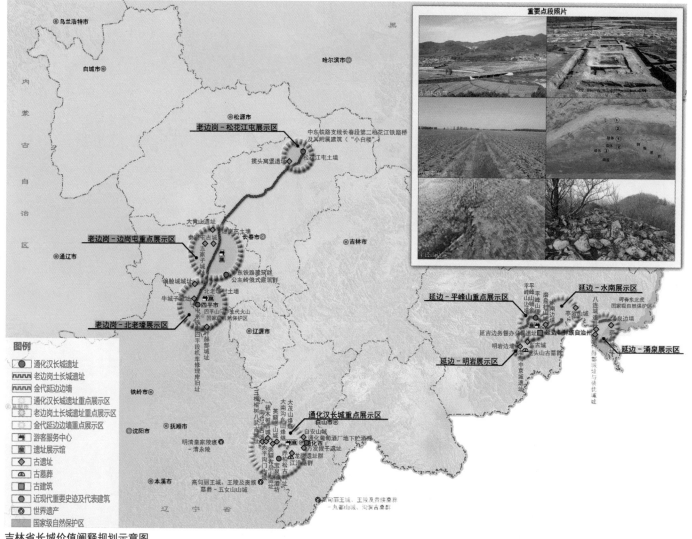

吉林省长城价值阐释规划示意图

保护规划是对文物保护单位实施保护和管理的重要依据。近年来随着我国城乡社会经济的快速发展，保护规划在遵循不改变文物原状的原则以及保护文化遗产真实性、完整性、延续性的基础上，逐步向深入价值阐释、拓展功能利用、衔接建设实施等方面侧重，形成更为凸显文物保护单位自身特点、更能发挥文物保护单位宣教作用、更可衔接文物保护单位周边空间环境持续发展的多元实施手段。

文化遗产保护规划

我院承接的文物保护单位保护规划项目，地域范围涵盖我国的东北、华北、华中、华东、西北等地区的十余省份。在此呈现的重点项目主要涉及第四批到第七批全国重点文物保护单位中的古遗址、古墓葬、古建筑等类型，跨越时代自史前至明清，每一项保护规划均依据各文物保护单位的特点"量体裁衣"进行编制。其中，旧石器洞穴遗址——寿山仙人洞遗址保护规划，在全面阐释该遗址考古发现的意义以及遗址在文化发展延续等方面重大历史价值的基础上，通过统筹遗址周边自然资源、文化资源保护与社会发展需求，提出具有较强针对性、可操作性的山体景观修复措施、空间控制要求及保护利用发展建议；明末堡寨——湘峪古堡文物保护规划，通过系统梳理具有层次性的遗产构成体系，结合古堡所在的湘峪村传统村落保护要求，提出涵盖微观（文物建筑构件）—中观（历史村落格局）—宏观（整体山水环境）的综合保护利用策略。

04 寿山仙人洞遗址保护规划

Conservation Planning of Xianren Cave Site in Mt. Shou, Huadian City, Jilin Province

项目区位: 吉林省桦甸市八道河子镇。

规划范围: 本遗址保护规划的规划范围包括遗址本体及周边环境,涉及范围东至寿山主峰东侧距仙人洞洞口垂直距离约 1000m 的山峰山脊线;南至寿山主峰南侧距仙人洞洞口垂直距离约 1500m 的山峰山脊线及其连线;西界北段为距寿山仙人洞洞口垂直距离约 900m 的山峰山脊线,南段为现状道路向南与南边界相交;北界西段为寿山主峰北侧距仙人洞洞口垂直距离约 1100m 的山峰山脊线向东划至与寿山河东侧山峰山脊线相交,规划面积总计 402.4hm²。

文物概况: 寿山仙人洞遗址是吉林省迄今发现的最早的古人类洞穴遗址,也是吉林省内首次发现的唯一一处较为完整的旧石器洞穴遗址,将吉林地区有人类活动的历史提早 2 万年。2013 年被国务院公布为第七批全国重点文物保护单位。

规划特点: 寿山仙人洞遗址受到地方政府及民众的高度关注,但是由于寿山山体多由石灰岩构成,遗址所在地区正面临开山取石的威胁,规划旨在有效保护与利用该遗址以及遗址周边自然环境,真实、完整地保护寿山仙人洞遗址的全部历史信息,统筹土地资源、矿业资源与文化资源的保护及利用,整合遗址的保护需求与社会发展需求,最终实现寿山仙人洞遗址价值的"整体保护"。

编制时间: 2012—2017 年。

项目状态: 已通过国家文物局评审。

寿山仙人洞全景照片(图片来源:桦甸市文化广电新闻出版局)

价值评估

历史价值

寿山仙人洞遗址的发现将吉林地区的古人类活动提早2万年，历史价值重大。该遗址的使用时间跨度大，考古年代跨度为距今 16.21 ± 1.8 万年至距今 3.429 ± 0.051 万年之间，相当于从旧石器时代早期之末或中期到旧石器时代晚期，并且具有发展的连续性。在如此长的时间跨度内具有一脉相承的文化发现，在东北地区还是第一次。该遗址承载了旧石器时代早期到晚期古人类在松花江流域适应自然与开发活动的历史。

科学价值

寿山仙人洞遗址具有华北小石器工业的普遍特征，该遗址的发现与发掘为华北小石器工业的分布范围和文化内涵增加了新的资料，并为东北地区旧石器时代考古提供了新的依据，丰富了东北地区的小石器工业类型；寿山仙人洞遗址为研究古人类的生存环境，探讨人类与环境的互动关系、人类在特定环境下的行为特点和适应方式，提供了丰富的资料。

社会价值

寿山仙人洞遗址是古人类学、考古学、地质学等学科重要的教育实践场所，具有一定的社会教育意义；寿山仙人洞遗址的保护是提升桦甸市文化品牌、推进桦甸市文化产业发展繁荣的重要契机。

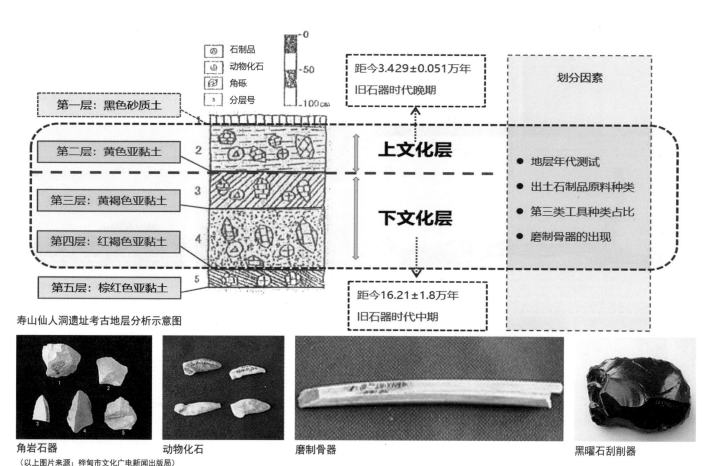

寿山仙人洞遗址考古地层分析示意图

角岩石器　　动物化石　　磨制骨器　　黑曜石刮削器

（以上图片来源：桦甸市文化广电新闻出版局）

现状评估

遗址病害

寿山仙人洞遗址本体现状存在病害包括风化、裂隙、地面积水、渗水溶蚀，其中主要病害为渗水溶蚀。

由于洞顶裂隙常年滴水，致使底坑部分积水，出土的部分骨片被水溶蚀，甚至呈穿孔状，石制品虽风化较严重，但无水冲磨和搬运现象。

影响因素

寿山仙人洞遗址主要受到风化等自然因素的影响，近年来随着参观游览活动的增加，人为因素也逐渐成为遗址的影响因素之一。主要表现为：（1）自然破坏因素，裂隙渗水、水岩作用、动植物扰动。（2）人为破坏因素，人为刻画、垃圾堆积、祭祀活动。

周边环境现状评估

现状遗址所在寿山南、北两侧已被制止开山炸石，但对山体和植被景观造成的破坏仍然可见，被破坏的山体和植被景观仍待采取景观修复措施进行恢复。遗址周边已停止采矿的工矿厂房，对遗址周边景观环境造成的不利影响，需及时进行整治。

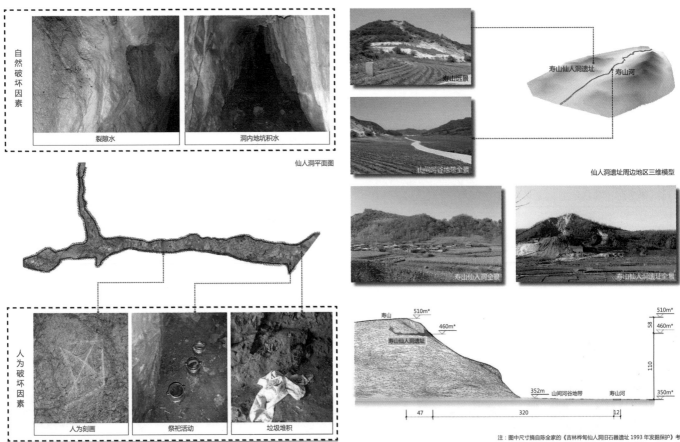

自然破坏因素 裂隙水 洞内地坑积水

仙人洞平面图

人为破坏因素 人为刻画 祭祀活动 垃圾堆积

遗址破坏因素分析示意图

寿山远景 山间河谷地带全景 仙人洞遗址周边地区三维模型 寿山仙人洞遗址 寿山河

寿山仙人洞全貌 寿山仙人洞遗址全貌

寿山 510m* 460m* 寿山仙人洞遗址 352m 山间河谷地带 寿山河 350m* 510m* 460m* 58 110 47 320 12

注：图中尺寸摘自陈全家的《吉林桦甸仙人洞旧石器遗址1993年发掘报告》考古报告中，但在2013年总装备部工程设计研究总院对遗址的实际测绘中，测得寿山山顶高度为518m，仙人洞遗址标高为485m

遗址环境分析示意图

保护规划

保护区划

保护范围：规划整体保护寿山仙人洞遗址本体及周边环境，严格控制洞体周边开山采石行为，将寿山主峰及余脉划至保护范围以内。保护范围面积约为 56 hm²。

建设控制地带：充分考虑人地关系和可视范围，整体控制寿山河两侧山体的生态环境，逐步杜绝开山采石等破坏环境的行为，有效保护原始人可能活动的范围，规划将寿山河西侧完整山体划至建设控制地带内。建设控制地带面积约为 87hm²。

保护措施

寿山仙人洞主要保护措施包括做好洞内排水、清理洞穴内的动植物与微生物、整治失稳岩体、清理污染与刻画、禁止祭祀活动、在寿山仙人洞遗址洞口处设置围栏和建设保护巡查道路。

环境整治

针对现状仙人洞遗址周边环境破坏严重问题，本次规划主要采取的环境整治措施包括：加固断崖、消除安全隐患、禁止采石、修复山体、加固覆土、恢复植被。

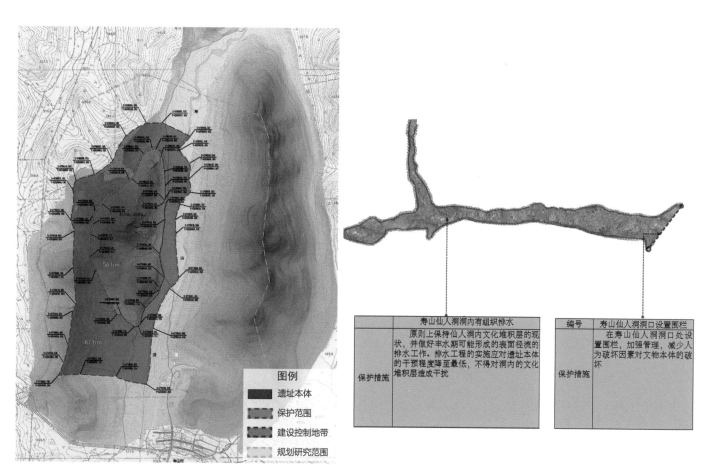

图例

■ 遗址本体
保护范围
建设控制地带
规划研究范围

保护区划示意图

	寿山仙人洞洞内有组织排水	编号	寿山仙人洞洞口设置围栏
保护措施	原则上保持仙人洞内文化堆积层的现状，并做好丰水期可能形成的表面径流的排水工作。排水工程的实施应对遗址本体的干预程度降至最低，不得对洞内的文化堆积层造成干扰。	保护措施	在寿山仙人洞洞口处设置围栏，加强管理，减少人为破坏因素对文物本体的破坏

仙人洞保护措施示意图

05 阿岗寺遗址保护规划

Conservation Planning of Egangsi Site in Wuyang County, Henan Province

项目区位：河南省漯河市舞阳县马村乡岗寺村。

规划范围：本次规划范围包括阿岗寺遗址及其相关环境。东至岗寺村中部道路；南至岗寺村南部道路；西至岗寺村西部，至碾王村南北向道路；北至泥河以北任桥村东西向村道。规划面积约 94.65hm²。

遗址概况：阿岗寺遗址由遗址本体、遗址所处的环境要素和遗址出土的可移动文物等三部分构成。遗址本体包括遗存分布范围约 20hm² 内的居住址遗迹、壕沟遗迹、墓葬遗迹以及同期的考古文化层等；遗址环境包含阿岗寺遗址所处的低缓土岗，以及土岗四周一条分叉古河道遗迹形成的河汊聚落环境空间；出土文物，即阿岗寺的可移动文物及标本数百件，主要包括陶器（片）、石器、骨器、动物化石、炭化稻米等几大类。

规划特点：作为一处对于研究我国中原地区史前人类聚落的发展、史前文化面貌及特征、环境的变迁等均有较高文物价值的遗址，阿岗寺遗址及其整体环境的合理利用及适当展示，是漯河市舞阳县申报"千年古县"称号、展现"万年家园"特色的重要文化资源。

编制时间：2017—2019 年。

项目状态：已通过国家文物局评审。

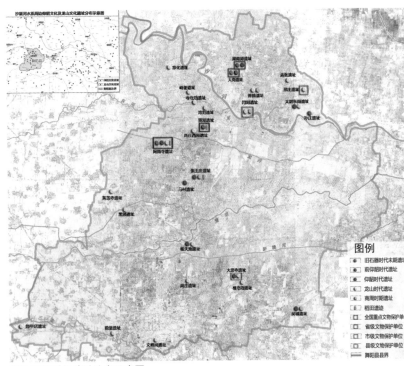

周边石器时代遗址分布示意图

阿岗寺遗址碑界

遗址概况

阿岗寺遗址遗存分布示意图
（图片来源：河南省文物考古研究院《河南省舞阳县阿岗寺遗址 2016 年考古调查勘探工作报告》）

遗址性质

阿岗寺遗址为新石器时代原始聚落遗址，周边钻探有汉代地层。该遗址地发现新石器时代从仰韶早期至龙山时期的完整的文化序列。

基本格局

遗址以岗寺村北的岗地为中心，方圆250m，呈圆形分布的大型遗址，遗址四周被一个分叉古河道和壕沟呈三角形包围。

遗存规模

遗址东西长 500m，南北宽 400m，遗存分布范围约 20hm²。

遗存情况

主要遗迹类型有灰坑、房址、窖穴、墓葬等。遗址采集出土遗物丰富，包含各个时期的陶器（片）、石器、玉器、骨器、动物化石、炭化稻米等几大类数百件。

阿岗寺出土文物

阿岗寺出土文物（以上图片来源：阿岗寺遗址管理委员会）

现状分析

　　阿岗寺遗址本体的真实性保存良好；完整性因人为生产、生活活动的干扰，遗址文化层受到一定程度的破坏，但史前聚落整体规模保存完整；遗址延续性受村落发展以及农业深耕扰动，现状存在一定的破坏威胁。

　　阿岗寺遗址原始生态环境经过大约 7000 年的气候变化和水土淤积而发生较大变化：古泥河水系改道、周边水域和沼泽面积大幅度缩减；原始植被体系变更，原野生动物品种现基本无存；基本地形关系尚存。

①遗址区域内庙宇风貌破旧

②村庄建设及风貌对遗址影响

③养殖场生产对遗址有不良影响

阿岗寺遗址现状问题分析示意图

④遗址北部取土破坏遗址

⑤遗址区域内农业耕作破坏地下文化层

⑥河道未设防洪设施，常年冲刷遗址北部

保护区划

划定区划

1.遗产遗址本体及其环境保护的安全性与完整性；

2.遗产遗址地理环境的相对独立性；

3.遗址所在遗产地的城镇、村镇社会经济发展方向、规模与速度；

4.实际管理操作的可行性。

动态调整

根据考古发掘和研究的进展，如发现现状遗存分布范围扩大，或在保护区划以外其他区域存在新的遗址点，则按照管理规定的调整程序调整保护区划，新扩大范围，以新遗址点的遗存范围更新保护区划，其保护原则及措施延续保护区划执行。

现行保护区划示意图

区划边界

遗址保护区划分为保护范围和建设控制地带2个层次。

区划总面积约95hm^2。

保护范围

东界：岗寺村村道及考古勘探确定的"战国—汉代遗址区"东部边界向东扩至约20m一线；

南界：岗寺村南部村道；

西界：考古勘探确定的"战国—汉代遗址区"西部边界向西扩至约20m；

北界：现泥河南岸岸线。

面积约25hm^2。

建设控制地带

东界：岗寺村西部村庄建设用地范围；

南界：岗寺村以南道路；

西界：岗寺村西部至碾王村道路；

北界：泥河以北，任桥村东西向村道。

面积约70hm^2。

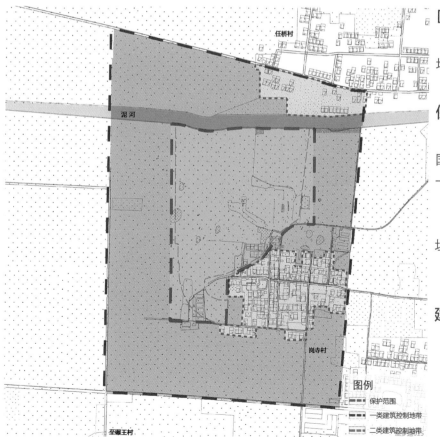

图例
—— 保护范围
---- 一类建筑控制地带
⋯⋯ 二类建筑控制地带

规划保护区划示意图

保护规划

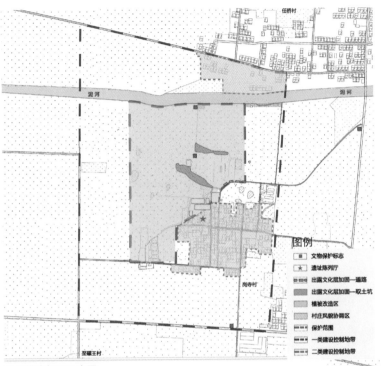

保护措施规划示意图

保护措施

1. 河道防洪保护：评估泥河水文情况，监测泥河的水文信息，加强洪水预警和防治工作，必要时采取工程防洪措施。

2. 文化层保护：近期改善保护区内种植结构，种植浅根系作物，防止对地下文化层的破坏，中远期根据考古工作的推进，对重点遗址区实施征地保护。

3. 出露文化层加固：对现状穿越道路出露文化层的土崖壁实施覆土加固保护；对现状取土坑出露文化层进行垃圾清理，并覆土加固保护。

4. 可移动文物保护与研究，即建设遗址陈列厅。

5. 增设文物保护标志及界桩。

环境整治

1. 建筑拆除：因现状庙宇及南部养殖场占压遗址区域，规划拆除；

岗寺村西北侧住宅建筑占压了遗址区的东南部部分古河道，规划拆除。

2. 保护区内建筑整治：近期禁止新建及改扩建现有住宅建筑；中远期实施村民搬迁，拆除区内建筑。

建控地带内建筑风貌符合遗址环境协调要求和居住安全要求，改造、装饰现有建筑，改善基础设施；人口容量和居民活动满足生态保护需求。

3. 用地调整：保护区内用地近期应维持现有用地性质，中远期可通过征购方式将重点遗址区域调整土地性质为"农林用地"；保护区内其他用地实施拆除后调整为农林或其他生态用地。

环境整治规划示意图

展示规划

展陈内容

1. 遗产环境：现存地形地貌、空间景观及古环境研究成果等。

2. 遗产历史信息和文化内涵包括稻作农业、生产工具和工艺等。

3. 随着考古工作的进一步开展，远期可考虑适当展示遗址遗迹信息，如阿岗寺遗址聚落分区基本布局、房址、墓葬、灰坑等。

展陈方式

遗址陈列厅包含：文物陈列展示、资料和多媒体综合展陈等。

考古工作站包含：文物陈列展示、资料展陈、考古发掘工具展陈等，主要对相关专业人士开放。

展示路线

遗址区出入口：位于遗址东侧。

参观路线：东侧入口 → 遗址陈列厅 → 现场展示区。

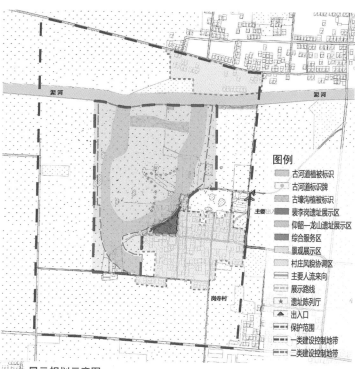

图例
- 古河道植被标识
- 古河道标识牌
- 古壕沟植被标识
- 裴李岗遗址展示区
- 仰韶—龙山遗址展示区
- 综合服务区
- 景观展示区
- 村庄风貌协调区
- 主要人流来向
- 展示路线
- 遗址陈列厅
- 出入口
- 保护范围
- 一类建设控制地带
- 二类建设控制地带

展示规划示意图

考古工作主要内容

编制考古工作计划全面调查、勘探与重点发现主要包括：初步了解聚落内部功能分区、布局等内容；针对阿岗寺遗址遗存范围内及周边古河道的位置、边界、走向、入河口等问题，对历史水系做专题调查与勘探。

制定详细的考古发掘计划，选择重点区域进行重点发掘，近期规划在遗址中南部发掘 600m²，中、远期在遗址中北部发掘 2000m²。

条件具备时对现代庙占压区域做补充钻探，并进行重点解剖发掘；配合占压遗址的民居和养殖场的拆迁工程，在动土范围内进行钻探发掘。

廓清阿岗寺遗址与周边古文化遗址的关系；提倡对各种无损探测新技术的研究和应用。

图例
- 近期考古发掘区域
- 中远期考古发掘区域
- 裴李岗时期遗址
- 仰韶中晚期—龙山时期遗址
- 战国—汉代时期遗址
- 古河道遗址
- 古壕沟遗址
- 保护范围
- 一类建设控制地带
- 二类建设控制地带

考古工作计划示意图

06 汉书遗址保护规划

Conservation Planning of Hanshu Site in Daan City, Jilin Province

项目区位： 吉林省大安市。

规划范围： 规划范围北至月亮泡水库，西至榔头泡，南至月亮泡镇汉书村中心道路，东至月亮泡渔场，面积约 480.3hm²。

文物概况： 汉书遗址是我国东北地区一处典型的青铜文化遗存，位于吉林省大安市月亮泡镇汉书村北部，月亮泡水库南岸台地上。遗址历经 1974 年和 2001 年两次考古发掘，发掘面积总计约 2700m²，发现了大量的房址、墓葬、灰坑等多种类型的遗存。汉书遗址是第五批全国重点文物保护单位。

规划特点： 汉书遗址可能埋藏区现状存在掏蚀坍塌、开裂剥落、裂隙冲沟等主要病害。其中，月亮泡水库的湖水对汉书遗址北侧断崖处不断冲刷，造成掏蚀坍塌，文化层及坍塌堆积中大量陶片散布，常年裸露在外遭受风雨侵蚀，破坏较为严重；地表径流冲刷地表及断崖处，逐渐形成规模较大的裂隙冲沟，造成大面积坍塌，并逐渐向台地内部延伸，破坏地表形态。保护汉书遗址的安全性、完整性是本规划的重点。

编制时间： 2013—2018 年。

项目状态： 已通过国家文物局评审。

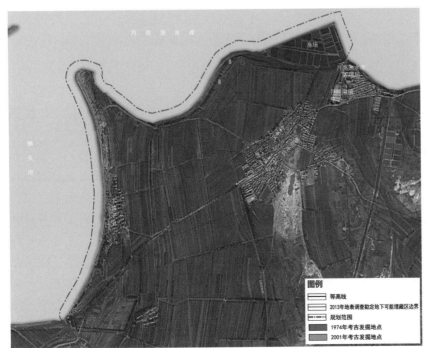

图例
　等高线
　2013年地表调查勘定地下可能埋藏区边界
　规划范围
　1974年考古发掘地点
　2001年考古发掘地点

汉书遗址影像示意图（含规划范围）

汉书遗址（远景）与月亮泡水库

2013 年地表调查汉书遗址地下可能埋藏区岸线

（以上图片来源：大安市文化广电新闻出版局）

历史背景

汉书遗址的主要遗存年代为青铜时代，相当于中原地区夏至西汉早期（约为公元前21世纪~公元前3世纪）。

汉书遗址主要涉及四种考古学文化，分别为：

1. 夏至早商时期的"小拉哈文化"；
2. 商代晚期的"古城文化"；
3. 西周至春秋时期的"白金宝文化"；
4. 战国至西汉时期的"汉书文化"。

这四种互相继承和发展的考古学文化自成系统，没有受到中原文化影响，这四种考古学文化具有时序演进和谱系关系，并由此组成了东北地区嫩江流域夏至西汉早期的一支独立的考古学文化系统。

汉书遗址在大安市的区位示意图

汉书遗址 2001 年考古发掘地点

（以上图片来源：大安市文化广电新闻出版局）

汉书遗址断崖侧面直接裸露的文化层剖面

价值评估

1. 汉书遗址是东北地区嫩江流域夏至西汉早期重要的聚落遗址。汉书遗址规模较大，地层堆积丰富，具有突出的文化特征和代表性意义，分别可以明确为"古城文化"和"汉书文化"。

2. 汉书遗址的考古发现与研究为嫩江流域夏至西汉早期的考古学文化研究构建了新的学术平台，汉书遗址对嫩江流域夏至西汉早期考古学文化的发展脉络起到了重要的填补和衔接作用。

3. 汉书遗址的考古发现为嫩江流域夏至西汉早期远古居民生产方式和居住模式的复原研究提供了充分的证据。遗址是松嫩平原嫩江下游地区的一处保存较为完好的聚落遗址，为该地区远古居民的居住模式探究提供了必要的前提。

现状评估

遗址本体主要病害

遗址可能埋藏区存在病害主要有3种：

1. 掏蚀坍塌：因月亮泡水库湖水对汉书遗址北侧断崖处不断冲刷造成；

2. 开裂剥落：雨水冲刷和自然风化使汉书遗址北侧土质疏松的断崖土体开裂剥落；

3. 裂隙冲沟：地表径流冲刷地表及断崖处，逐渐形成规模较大的裂隙冲沟。

汉书遗址本体保存现状评估表

遗址名称	位置	保存现状评估	病害	破坏因素
可能埋藏区	遗址北侧断崖处	受月亮泡的湖水常年侵蚀，断崖处的文化层不断坍塌缺失，保存较差	掏蚀坍塌，开裂剥落、裂隙冲沟	自然因素：湖水侵蚀，雨水冲刷，自然风化
	可能埋藏区	可能埋藏区内土地主要用于耕地，还存在现代坟占压、挖沟破坏、人为踩踏等现象，保存一般	人为破坏	人为因素：现代坟占压人工挖沟，耕作扰土
考古发掘区	1974年发掘地点	已进行保护性回填，遗址上目前为耕地，保存一般	—	人为因素：耕作扰土
	2001年发掘地点	已进行保护性回填，遗址上目前为耕地，保存一般	—	人为因素：耕作扰土

汉书遗址断崖局部

（以上图片来源：大安市文化广电新闻出版局）

汉书遗址掏蚀坍塌病害

汉书遗址裂隙冲沟病害

遗址保护

主要保护策略

　　汉书遗址位于月亮泡水库的南岸台地上。遗址北面的月亮泡和遗址所在的台地是汉书遗址的主要历史自然环境。遗址所在的台地是古代居民的主要居住生活区域。因此，规划在调整划定汉书遗址现状保护区划时，充分考虑月亮泡水库岸线与月亮泡渔场边界，力求保护遗址本体与周边重要环境要素的完整性、延续性。

　　针对汉书遗址本体现状面临的主要破坏威胁，实施以下抢险加固工程：

　　1. 护坡工程：针对月亮泡水库水体对汉书遗址的掏蚀破坏，由文物主管部门会同水利等相关部门完成可行性研究后确定遗址护坡工程方案。

　　2. 冲沟治理工程：针对月亮泡水库南岸台地常年遭受雨水冲刷形成的大型冲沟，进行地表径流疏导与冲沟治理措施。

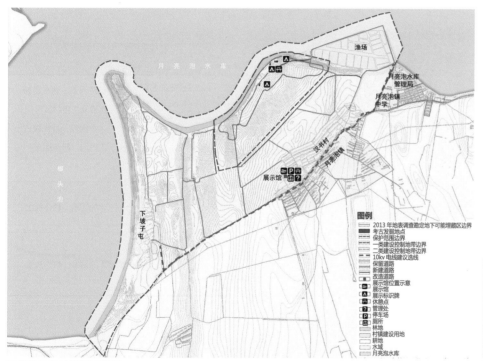

汉书遗址保护规划示意图

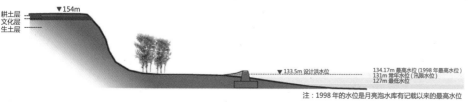

汉书遗址防洪工程示意图

汉书遗址抢险加固工程位置示意图

汉书遗址亟待实施抢险加固的断崖
（图片来源：大安市文化广电新闻出版局）

防洪工程

　　根据全国重点文物保护单位防洪标准确定防护堤坝方案，确保防护堤坝建于保护范围之外，并注意保持月亮泡南岸一级阶地的自然状态。

07 沙河古桥遗址保护规划

Conservation Planning of Bridges on Sha River in Xi Xian New Area, Shaanxi Province

项目区位: 陕西省西咸新区沣西新城。

规划范围: 规划范围北至规划红光路南侧道路红线,西至规划咸户路东侧道路红线,南至西宝高速南线北侧道路红线,东至规划沣渭大道西侧道路红线,面积约115.90hm²。

文物概况: 沙河古桥为木构梁桥,即以梁作为桥的最直接承重构件,因其结构简单,易于建造,是我国古代最为普通,也是出现最早、使用时间最长的桥梁形式。沙河古桥遗址共分两处,编为一号桥遗址和二号桥遗址。两处遗址均呈南北走向分布,占地面积共约3000m²。是第七批全国重点文物保护单位,属于古遗址类。

规划特点: 沙河古桥建造年代久远,约为秦汉时期,价值重大。遗址位于今沙河故河道中段,海拔高度低于周边地形。由于多年来盗挖河砂的现象屡禁不止,遗址周边地区已形成了土垄和较深的沙坑,加之遗址所在的西咸新区正处于城镇化建设阶段,周边环境变化日新月异,给保护工作带来了一定的挑战。

编制时间: 2019年。

项目状态: 已通过西咸新区文物局评审。

沙河古桥在西咸新区的区位示意图

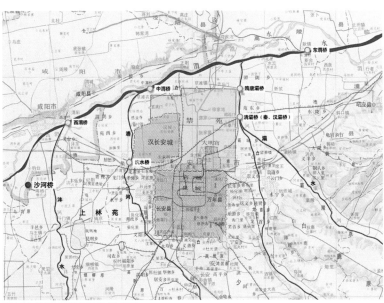

沙河古桥与古长安的位置关系

价值评估

历史价值

沙河古桥遗址是我国迄今为止发现的时代较早的木构梁桥遗存。

遗址为研究秦汉时期古代交通线路提供了重要的实物依据。

同时，是研究和复原我国古代桥梁的珍贵资源。

科学价值

1. 沙河古桥遗址对中国古代木构梁桥的科学研究具有重要价值。沙河古桥遗址布局清晰，木结构桥桩保存完整，为桥梁建造史、桥梁发展史、古代冶金史的研究提供了重要的实物资料。

2. 沙河古桥遗址区域的环境、地貌是研究关中地区尤其是长安城周围河流、气候变迁的重要依据，能够为未来的"大西安"城市发展提供环境方面的科学资料。

艺术价值

沙河古桥遗址出土了秦汉时期的生活用具、生产工具以及桥梁装饰构件，部分出土文物制作精美，器物多施有纹饰，充分反映了当时的生产工艺和技术，反映了秦汉时期桥梁建筑装饰的特点，具有较高的艺术价值。

社会价值

沙河古桥遗址是西咸新区文化资源的重要组成部分，是关中地区重要的交通设施类遗址之一，反映关中的社会文化和悠久历史，沙河古桥遗址的保护利用对西咸新区历史文化遗产的保护与发展具有重要意义。

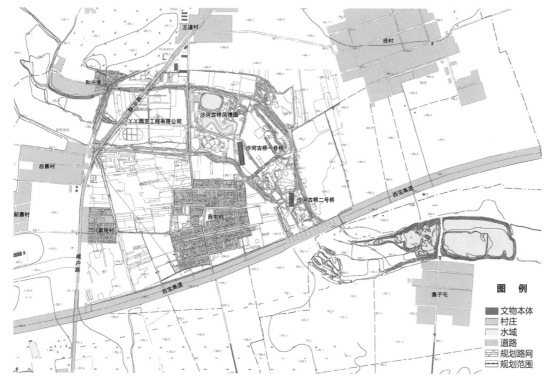

图 例
文物本体
村庄
水域
道路
规划路网
规划范围

沙河古桥遗存分布示意图

推测遗存埋葬区——地下遗存区

推测遗存埋葬区——暴露木桥桩

考古发掘区——木桥桩

考古发掘区——铁扣板

保护区划

保护范围

为满足文物保护完整性、安全性和保护管理工作的可操作性等需要，规划划定沙河古桥遗址的保护范围四至边界为：东至沙河古桥遗址东侧河岸现状土路；南至西宝高速南线北侧道路红线；西至沙河古桥遗址西侧现状道路；北至沙河古桥遗址北侧河岸现状土路。

保护范围面积约 17.89 hm²。

建设控制地带

根据遗址建设威胁现状和周边建设控制要求、环境景观和谐及历史环境的保护要求，建设控制地带边界为：西至规划咸户路东侧道路红线；北至规划红光路南侧道路红线；东至规划沣渭大道西侧道路红线；南至西宝高速南线北侧道路红线。

建设控制地带面积约 98.01 hm²。

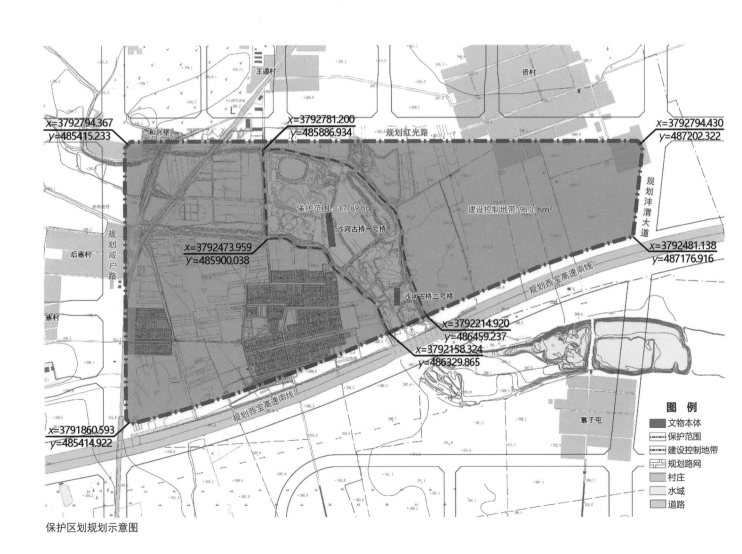

保护区划规划示意图

措施与策略

本体保护措施

在保证遗址本体安全的前提下，采取专业的填充封护等措施，并对木桥桩进行加固处理。对歪闪严重的木桥桩进行扶正，并进行加固处理，同时做好其他歪闪病害的监测；对木桥桩表面进行专业清洁，去除糟朽部分，清理表面污染；对能够使铁扣板酥粉、毁溃，缩短其寿命的"有害锈"，采取除锈、脱盐、封护等措施；对"无害锈"，应尽量维持现状，同时加强对铁扣板所处环境的温湿度控制，防止锈蚀对铁扣板产生有害侵蚀。针对一号桥遗址遗存埋藏区内暴露在外的木桥桩，首先应对其表面进行专业清理，清除表面生长的植被，然后进行专业覆土保护；针对一二号桥遗址地下遗存部分，进行地表维护；对古桥遗址文物本体进行全面勘察，根据日常监测的结果,定期采取不同程度、有针对性的保养维护工程。

环境整治措施

环境整治措施包括地形修复，局部区域修整恢复原始地貌；清理杂物；整治荒地，科学种植；整治河道。

展示利用策略

基于上位规划的统筹协调，在有效保护的前提下，建立沙河古桥遗址展示园区，采用多种展示方法，全面展示沙河古桥作为木构梁桥的文化内涵，打造西咸地区"古桥文化"科普教育基地和文化传播中心，同时结合绿地公园的建设，提高城市宜居品质。

展示策略包括：原状展示；模拟展示；地表标识展示；可移动文物展示。

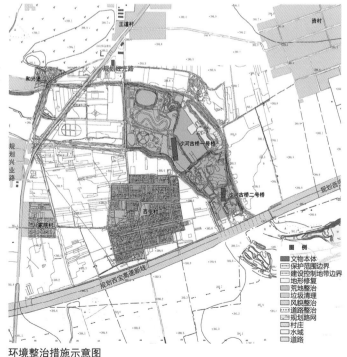

环境整治措施示意图

展示利用规划示意图

08 赤柏松古城址保护规划

Conservation Planning of Chibaisong Ancient City Site in Tonghua County, Jilin Province

项目区位：吉林省通化县。

规划范围：赤柏松古城址的规划范围包括赤柏松古城址、城外陶窑址及周边环境，面积总计 112.23hm²。

文物概况：赤柏松古城址不仅是第七批全国重点文物保护单位，而且是吉林省长城——通化县汉长城遗址的重要相关遗存。遗址位于吉林省通化市通化县快大茂镇西南 2.5km 的二级阶地上。古城址平面呈不规则矩形，周长约 1053m，面积约 6.43hm²。城内东部缓坡地带有大型院落基址，面积约为 4400m²。

规划特点：遗址内现状大部分为耕地，农业耕作对遗址本体造成破坏威胁，道路、现代坟和电力线缆对遗址造成占压，亟待消除遗址面临的较严重的人为破坏影响。遗址现位于通化聚鑫经济开发区内，开发区的快速建设发展对遗址本体安全性、遗址环境协调性的保护以及周边生态环境的可持续性保护均产生了较大的威胁和影响，因此亟须与涉及遗址范围的城市相关发展规划进行衔接，遏止城市发展与土地开发对赤柏松古城址的破坏威胁，统筹策划赤柏松古城址及周边土地资源的合理利用，协调遗址保护与城市建设发展的关系。同时，在保护的基础上综合策划赤柏松古城址的展示和利用，以充分展示遗址的文化价值和历史内涵，发挥遗产的社会效益。

编制时间：2013—2018 年。

项目状态：已通过国家文物局评审。

赤柏松古城址
（以上图片来源：通化县文物管理所）

赤柏松古城址 2011 年考古发掘现场

历史背景

赤柏松古城址城内
（以上图片来源：通化县文物管理所）

赤柏松古城址北城墙

　　根据建筑形制、规模，结合考古发掘出土遗物的年代分析认定，赤柏松古城址的始建年代不早于西汉中晚期，应在西汉武帝、昭帝时期或以后。赤柏松古城址位于第二玄菟郡的管辖范围内，其面积符合西汉县级治所城址规模，且位于连接第二玄菟郡与中央政权的重要通道上，是第二玄菟郡时期北部防御体系中的一个重要环节，因此结合史籍记载的考证，多数学者认为赤柏松古城址应是第二玄菟郡下辖的上殷台县治所。

　　赤柏松古城址的选址环境与其军事防御功能直接相关。城址结合周边自然地理环境筑造，其位置背山面水，居高临下，符合中国古代军事城堡选址的风水和规律。赤柏松古城址东侧的河谷在历史上是由辽东通往朝鲜半岛东海岸的一条重要的古代交通路线。城址一面背山，三面环谷，据险而守，与东北方向的大茂山烽燧遥相呼应，控制着蝲蛄河与赶马河交汇的河谷地带，地理上具有极佳的军事防御优势。

赤柏松古城址西城墙
（以上图片来源：通化县文物管理所）

赤柏松古城址北门

赤柏松古城址东南角楼

遗产构成

赤柏松古城址的构成要素包括：

1. 遗址本体：包括赤柏松古城址和城外的陶窑址。古城址有东、南、北3个城门，东南角、东北角、西南角有角楼。陶窑址位于赤柏松古城址城外山下南侧，平面呈瓢形。

2. 遗址环境：城址一面背山，三面环谷，据险而守，与东北方向的大茂山烽燧遥相呼应，控制着蝲蛄河与赶马河交汇的河谷地带。

3. 可移动文物：古城内出土了大量的建筑构件、铁器和日用陶器等。

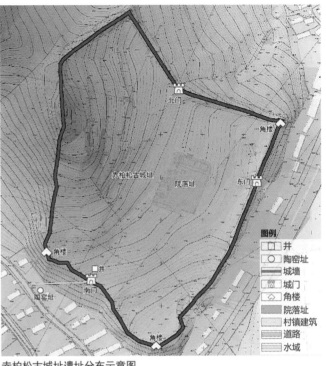

赤柏松古城址遗址分布示意图

赤柏松古城址东城墙
（以上图片来源：通化县文物管理所）

陶窑址（2010-2011年发掘照片）

价值评估

赤柏松古城址是西汉时期玄菟郡管辖范围内的县级治所城址，反映了西汉武帝灭卫氏朝鲜后在东北地区设立郡县进行管辖的历史，是汉中央政权对东北地区进行统治和开发的重要历史实证。

赤柏松古城址为汉代中央政权管辖范围内的地理位置最靠东北的一座城址，位于我国西汉武帝时期所修筑的"汉武边塞"的最东端，是汉代东北边疆防御体系中具有重要政治、军事地位的城址。

赤柏松古城址的发现对于研究高句丽政权的起源、发展过程及两汉中央政权与高句丽政权的关系等方面具有重要的史料价值。

赤柏松古城址院落基址
（以上图片来源：通化县文物管理所）

赤柏松古城址女墙

赤柏松古城址房址F1（发掘照片）

遗址保护展示

保护策略

保护区划划定充分考虑赤柏松古城址遗址本体的安全性、完整性，遗址环境的协调性以及景观视廊的保护，多处利用地物境界作为区划边界。

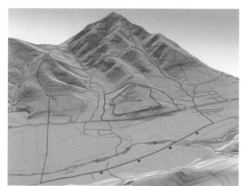

规划范围环境效果图

展示分区

1. 古城址展示区：对城内院落址进行模拟展示，其他遗址区域进行标识展示。

2. 文化景观展示区：为游客提供欣赏和体验朝鲜族传统民俗文化活动的空间，配合进行绿化景观建设及标识展示。

3. 自然景观展示区：展示遗址周边的自然山地景观及农林景观等。

赤柏松古城址东侧自然环境（图片来源：通化县文物管理所）

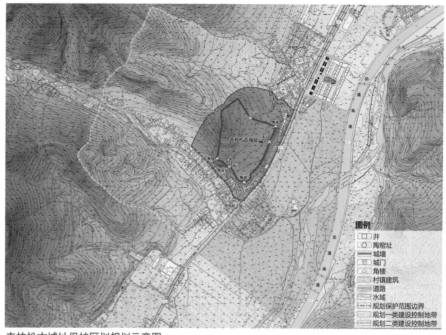

赤柏松古城址保护区划规划示意图

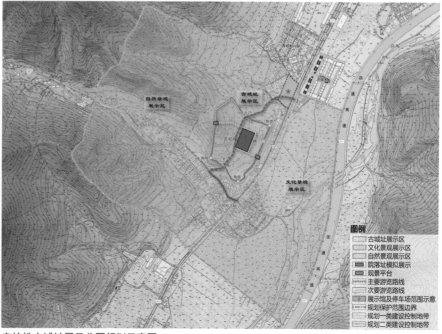

赤柏松古城址展示分区规划示意图

09 白灵淖尔城址保护规划

Conservation Planning of Beillin-nuur City Ruins in Guyang County, Inner Mongolia Autonomous Region

项目区位：内蒙古自治区固阳县。

规划范围：本次规划的规划范围东至东城墙中线以东1700m 的自然河流西边界；南至南城墙中线以南2700m 的山脊线及其连接线；西至西城墙中线以西2000m 的村庄道路；北至北城墙中线以北1400m 的山坡高地连接线。总用地面积为 2626.15hm²。

文物概况：白灵淖尔城址位于内蒙古自治区包头市固阳县白灵淖乡城圐圙村西。城址始建于南北朝时期，置镇时间为公元 433 年，公元 532 年城废。该城址是北魏六镇之西起第二镇——怀朔镇。白灵淖尔城址平面为不规则方形，包括城墙、子城、街道、建筑基址等遗迹。属于第六批全国重点文物保护单位中古遗址类。

规划特点：本次规划主要问题为五金河穿城而过，河水冲刷对遗址本体造成严重破坏。针对现状病害问题对五金河提出针对性的治理方法，通过降低水流速度，修筑低矮护坡等方式，降低河流对地上城墙的冲刷和破坏。同时，真实、完整地保护白灵淖尔城址的全部历史信息，合理利用和充分展示其文化价值与内涵，统筹土地资源与文化资源利用，整合遗产的保护需求与社会发展需求，最终实现白灵淖尔城址文化遗产价值的"整体保护"。

编制时间：2014 年。

项目状态：已通过内蒙古自治区文物局评审。

遗址在固阳县区位示意图

现状照片

现状照片

历史研究

北魏六镇研究

北魏道武帝时期，为了抵御柔然侵袭依次设置六座军镇，自西至东为沃野、怀朔、武川、抚冥、柔玄、怀荒。其中，沃野镇为今巴彦淖尔市的根子场古城。怀朔镇为今包头市固阳县的白灵淖尔城址。武川镇争议较多。抚冥镇为今四子王旗乌兰花镇的乌兰花土城子古城。柔玄镇为河北尚义县三工地镇的土城子古城，而怀荒镇尚未确定古城位置。

百灵淖尔城址北城墙遗址现状

北魏长城研究

北魏北方防御肇始于六镇，之后于六镇之北修筑长城，将部分军镇串连为一体，六镇之间再部分加筑戍城，由此逐步完善形成点与线相结合的独特的北魏北方长城—军镇防御体系。六镇长城分南北两条，其中，南线墙体总长 260.151km，均为土筑墙体。北线墙体总长 190.063km，其中土墙长 131.92km，石墙长 5.716km，河险长 0.51km，消失部分长 51.917km。

保护碑标识

保护对象

本次规划保护对象包括白灵淖尔城址、北魏墓葬、大型夯土基址、疑似北魏遗址、可移动文物、城址周边历史地形地貌和自然山水环境。

白灵淖尔城址历史影像示意图（20 世纪 70 年代）

价值评估

历史价值

白灵淖尔城址从置镇到废弃历经百年，是北魏时期政治、经济、文化发展历程的重要载体之一。也是北魏北方军事重镇之一的怀朔镇，反映了北魏与柔然的军事历史背景。白灵淖尔城址是北魏六镇中规模最大的军事重镇，并且是六镇中唯一有确切置镇年代和史料记载的一个军事重镇。白灵淖尔城址的发现确定了北魏六镇的地理位置，印证了相关史料的记载，对北魏六镇的研究具有重要的史料价值。

科学价值

白灵淖尔城址作为北魏时期军事重镇，是研究北魏时期军镇的选址布局以及防御体系的重要实例。其城址内寺庙遗址的发现，为研究南北朝时期木结构建筑形制提供了珍贵实例。白灵淖尔城址出土了北魏时代的砖、瓦等建筑材料以及典型时代特征的北魏泥塑佛像，反映了当时的工艺技术水平，具有一定的科学研究价值。

社会价值

白灵淖尔城址是第六批全国重点文物保护单位，是历史、考古、文物等知识的教育场所。对于遗址的保护和宣传有益于提高当地公众文物保护的认识和积极性，也对固阳县及其所在区域的地方社会、文化、经济发展产生积极的促进作用。

寺庙遗址考古照片

泥塑头部、身躯

1、2.花冠式头像；3.系带束发式头像；4.花冠束发式头像；5、8.残头像；6.残身躯；7.双手合十状；
9、13.双手捧物状；10.右手执物状；11.系带束发式头像；12.正身盘坐状（均为 3/10）

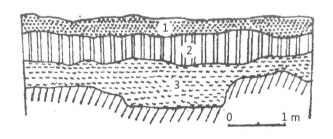

1 黄灰色土 2 灰褐色土 3 深黑色土

寺庙遗址考古地层剖面示意图

白灵淖尔城址出土文物

（以上图片来源：《内蒙古百灵淖城圐圙北魏古城遗址调查与试掘》）

规划重点

保护区划

本次规划划定白灵淖尔城址保护范围分为重点保护区和一般保护区两个层次。

重点保护区范围以城墙中线外扩 100m 为界。

一般保护区分为南、北两个区。

北区：东至东城墙中线以东 500m 城圈圐村西；南至南城墙中线以南 500m，补卜代村西侧向南折向南城墙墙基外边缘以南 700m；西至西城墙中线以东 500m；北至北城墙中线以北 500m。

南区：以疑似北魏遗址所在的山体为一般保护区的范围。

建设控制地带：分为一类建设控制地带和二类建设控制地带。

一类建设控制地带范围：东至东城墙中线以东 1700m 的自然河流西边界；南至南城墙中线以南 2700m 的山脊线及其连接线；西至西城墙中线以西 2000m 的村庄道路；北至北城墙中线以北 1400m 的山坡高地连接线。

二类建设控制地带范围：规划二类建设控制地带范围为白灵淖尔城址周边村庄，包括城东城圈圐村、城南补卜代村和前此老村、城西南东公中村。

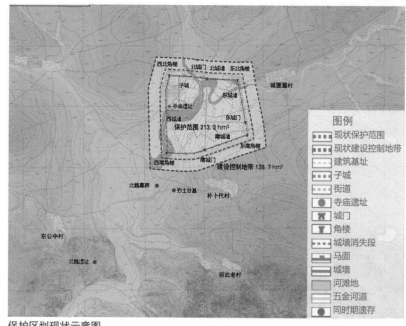

保护区划现状示意图

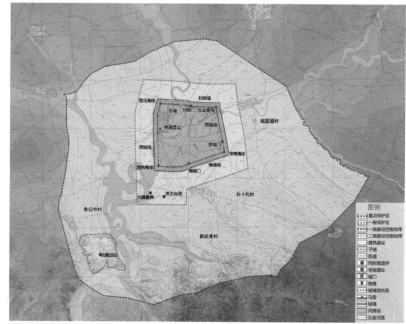

保护区划规划示意图

10 黄泗浦遗址保护规划

Conservation Planning of Huangsipu Site in Zhangjiagang City, Jiangsu Province

项目区位：江苏省张家港市。

规划范围：规划范围包括黄泗浦遗址的遗存范围及周边环境，面积总计 239.1hm²。

文物概况：黄泗浦遗址位于张家港市主城区与副城区的联系地带，经考古发掘确认年代为唐宋时期，是长江中下游地区规模较大、沿用时期较长的港口型集镇遗址。唐代天宝年间，鉴真和尚第六次东渡日本前曾在此地暂留 20 余天，具有较高的国际关注度和历史、艺术、科学价值。

2013 年该遗址被国务院公布为第七批全国重点文物保护单位。

规划特点：遗址所在地区正面临黄泗浦生态园开发建设的挑战，为有效保护与利用该遗址，推动考古工作快速、有效的进行，促进形成遗址保护与地方发展的和谐局面，特编制本规划。

编制时间：2013 年。

项目状态：已通过国家文物局评审。

遗址在江苏省的区位示意图

遗址在张家港市的区位示意图

遗址与不同历史时期长江岸线的关系

鉴真和尚塑像（图片来源：张家港市文物局）

遗址发掘现场照片

遗址西部发掘区的南朝水井、隋代排水沟

历史沿革

隋唐时期长江岸线示意图

宋辽时期长江岸线示意图

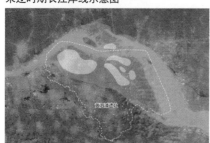

清时期长江岸线示意图

东晋时期 黄泗浦遗址所在地称石闼市。黄泗浦河为太湖向北入海的重要水道，石闼市为入海口西侧的一处港口。

唐代中后期 遗址所在港口为长江口附近重要入海港口，繁盛一时。唐代天宝十二年（公元 753 年），著名高僧鉴真和尚在黄泗浦港口第六次东渡远航，出海前在此地准备补给、生活半月之久，才获成功。

宋代 庆安镇成为重要货物集散地和水陆交汇重要港口，《元丰九域志》记载其为苏南大镇之一。南宋时期，黄泗浦遗址港口因庆祝驻扎当地的韩世忠作战胜利，改为庆韩镇，后改称庆安镇。

明代 庆安镇继续发展，屡遭倭寇焚劫侵扰，逐渐衰败。

清末太平天国时期 庆安镇连遭战乱。至中华人民共和国成立前夕，有着 1700 多年历史的古镇仅存旧街一段，商店数家。

1963 年 鉴真和尚逝世 1200 周年纪念委员会、江苏省文管会在黄泗浦旁竖立石制纪念经幢一座，以作纪念。

1994 年 张家港市政府于黄泗浦旁修建了东渡苑，内有鉴真纪念馆、经幢等以作纪念。

2008 年 全国第三次文物普查确定了该遗址的位置。

2013 年 黄泗浦遗址由国务院公布为第七批全国重点文物保护单位。

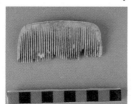

象牙梳

壶

莲花纹瓦当

葵口碗

佛像背光青瓷器

兽背猴釉陶塑

唐代青瓷罐

莲花纹盘

敛盒

（图片来源：张家港市文物局）

由南京博物院、张家港市文广局、张家港博物馆联合组成考古队，对遗址西区进行了试掘，发掘面积 357m²。发现了六朝至隋唐时期的文化层堆积，及宋代砖砌房址、道路、排水沟等重要遗迹。

第一次发掘（2008 年 12 月—2009 年 1 月）

联合考古队对黄泗浦遗址东部方桥区域进行发掘，实际发掘面积 625m²。发现了唐代和宋代的文化层堆积以及较多的遗迹现象，包括灰坑 16 座、灰沟 5 条、房址 4 座、水井 12 座。出土了大量的陶瓷器、铁器、木器、骨角器等器物。

第二次发掘（2009 年 10 月）

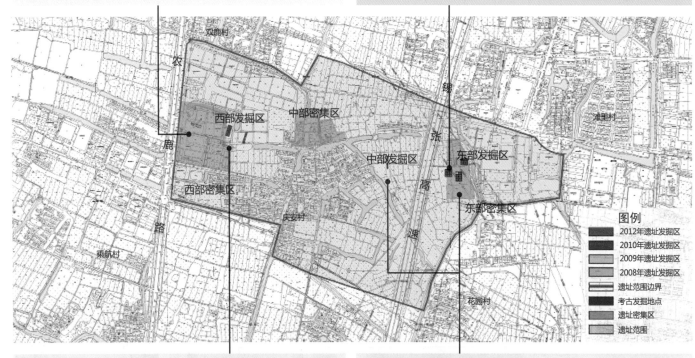

考古发掘地点处于黄泗浦遗址 IV 区，位于骏马农林公司 5、7 号大棚内，发掘面积 540m²。发现灰坑、灰沟、水井、清代墓葬，出土较多的瓷器、陶器标本，对于进一步认识遗址西区的地层堆积及其文化内涵提供了新的资料。

第四次发掘（2012—2013 年）

（以上图片来源：南京博物院）

第三次发掘（2010 年 12 月—2012 年 12 月）

联合考古队对遗址东区进行了数次抢救性考古发掘工作。总发掘面积约 3500 m²，发现有唐宋时期的房址、仓廪、灶坑、水井、道路等诸多重要遗迹现象，出土有大量的瓷器，以及少量的铜器、铁器等日常生产生活用品。

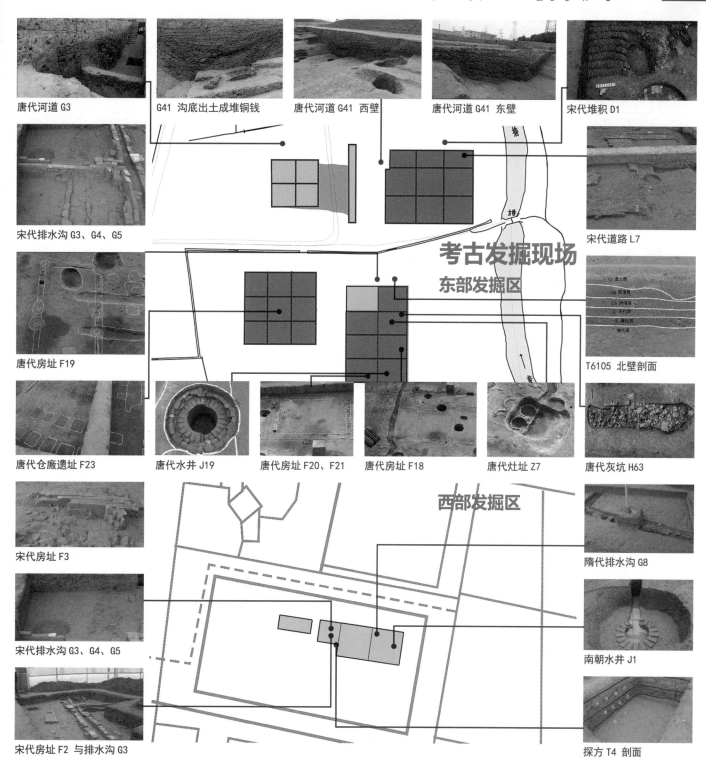

唐代河道 G3

G41 沟底出土成堆铜钱

唐代河道 G41 西壁

唐代河道 G41 东壁

宋代堆积 D1

宋代排水沟 G3、G4、G5

宋代道路 L7

考古发掘现场
东部发掘区

唐代房址 F19

T6105 北壁剖面

唐代仓廒遗址 F23

唐代水井 J19

唐代房址 F20、F21

唐代房址 F18

唐代灶址 Z7

唐代灰坑 H63

西部发掘区

宋代房址 F3

隋代排水沟 G8

宋代排水沟 G3、G4、G5

南朝水井 J1

宋代房址 F2 与排水沟 G3

探方 T4 剖面

现状问题

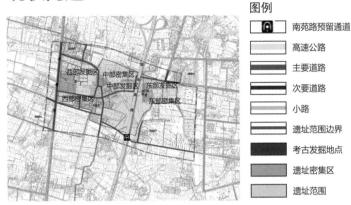

图例

[A] 南苑路预留通道

高速公路

主要道路

次要道路

小路

遗址范围边界

考古发掘地点

遗址密集区

遗址范围

道路交通现状示意图

道路分割

黄泗浦遗址范围正被多条道路所占压或切割，其中，锡张高速纵向穿越遗址范围，造成噪声、大气等污染，影响了遗址范围的景观风貌。同时高速路对东、西部发掘区以及鉴真东渡苑（内有鉴真纪念馆、经幢等纪念设施）之间的交通联系产生影响，不利于联合展示利用。

建设占压

遗址东部密集区被耕地、苗圃、道路及高压电塔占压；遗址中部密集区被建筑、耕地及道路占压；遗址西部密集区被仓库、厂房、学校等单层和低层建筑及道路占压。

由于占压建筑层数较低、体量不大、耕作扰土深度较浅，对遗址地下埋藏未造成严重破坏。

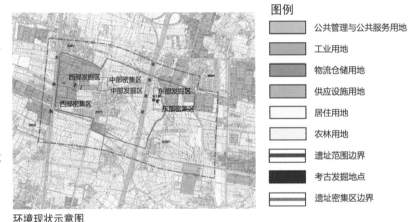

图例

公共管理与公共服务用地

工业用地

物流仓储用地

供应设施用地

居住用地

农林用地

遗址范围边界

考古发掘地点

遗址密集区边界

环境现状示意图

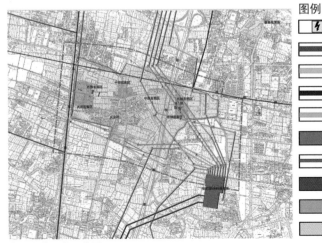

图例

[⚡] 高压线塔

550kV 电力线

220kV 电力线

110kV 电力线

35kV 电力线

工程设施用地

遗址范围边界

考古发掘地点

遗址密集区

遗址范围

高压走廊现状示意图

高压走廊过境

因黄泗浦遗址范围东南部紧邻华东电网 500kV 变电站，遗址范围内高压走廊密布，东部密集区被高压电塔占压。

高压走廊穿越遗址范围不仅影响了遗址保护的安全性，也不利于遗址范围内的景观营造。

保护区划

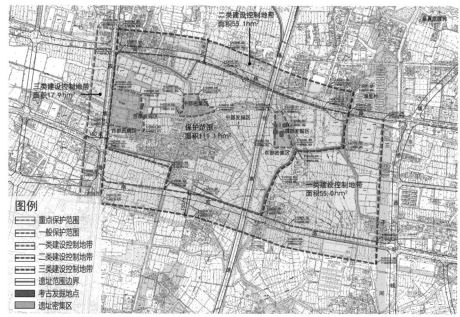

保护区划规划示意图

保护范围

保护范围内以遗址埋藏区为依据，总面积为 111.1 hm²。其中重点保护范围以三处遗址密集埋藏区边界为准进行划定，面积为 10.1 hm²。

建设控制地带

规划共划定三类建设控制地带，总面积为 128hm²，地带内建筑风貌与黄泗浦遗址所承载的历史文化相协调。其中一类建控地带允许在范围内进行遗址展示设施的建设；新建建、构筑物高度控制，二类建控地带在 6m 以下，三类建控地带在 9m 以下。

保护措施

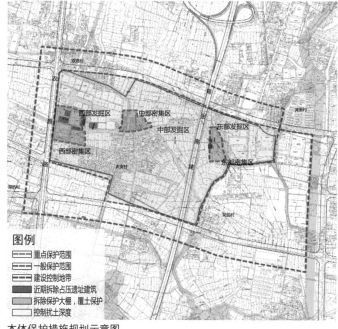

本体保护措施规划示意图

拆除占压建筑

规划近期应拆除目前占压在遗址发掘区上的建、构筑物。

控制扰土深度

对在地下遗存上进行的各种扰土工作需要进行深度控制。一般保护区内因特殊情况需要进行破土作业的工程，需按要求履行报批手续。

回填露明探方

东部发掘区露明探方，在所需研究资料采集结束后应采取覆土回填保护措施，特殊情况核准露明保护的遗址地点除外。

环境整治

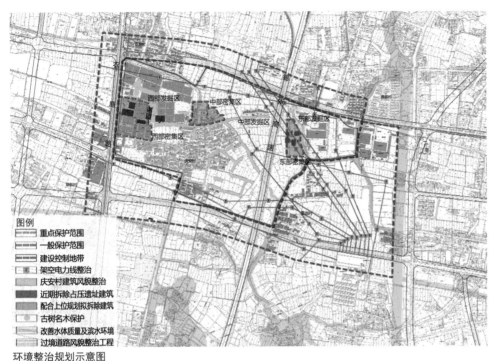

图例

▨ 重点保护范围
▨ 一般保护范围
▨ 建设控制地带
▨ 架空电力线整治
▨ 庆安村建筑风貌整治
▨ 近期拆除占压遗址建筑
▨ 配合上位规划拟拆除建筑
◉ 古树名木保护
▨ 改善水体质量及滨水环境
▨ 过境道路风貌整治工程

环境整治规划示意图

高压线整治

高压架空电线远期进行埋地敷设改造及改线整治，近期结合考古勘探丰富高压走廊的绿化景观，并避免植物根系对遗址造成破坏。

民居整治

保留庆安村居民住宅，整治保留建筑立面，严格执行保护范围管理规定。

原有建筑功能置换以文化展示为主，控制商业开发。

管理措施

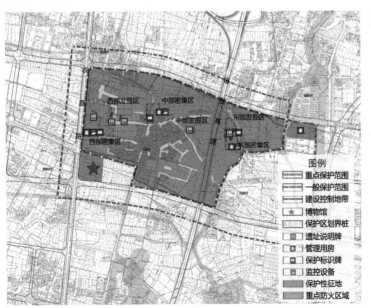

图例

▨ 重点保护范围
▨ 一般保护范围
▨ 建设控制地带
★ 博物馆
▨ 保护区划界桩
▨ 遗址说明牌
▨ 管理用房
▨ 保护标识牌
▨ 监控设备
▨ 保护性征地
▨ 重点防火区域

管理措施规划示意图

完善保护管理

对保护区划做出界限标志；

对于已发掘本体的展示应做出标识并配有说明牌；

于三个遗址密集区各设立保护标志碑一座、配置监控报警设备以及管理用房。

保护性征地

对重点保护区进行保护性征地，将其土地使用性质调整为文物古迹用地。

划定重点消防区

将三处遗址密集区、遗址内庆安村建筑密集区、规划博物馆所在文化用地以及东侧入口综合服务区列为重点消防区域。

遗址展示规划示意图

展示规划

黄泗浦遗址采用三种展示方式：

1. 遗址模拟展示，即遗址回填后在原址上方进行原状模拟，将遗址本体情况直观展现在游人面前；

2. 遗址标识展示，通过种植不同植物、铺设不同材质和颜色地面等方式对遗址的分布、范围等情况进行标识说明；

3. 可移动文物展示，在遗址周边博物馆或展示厅内进行实物或多媒体综合展示，增进游客对遗址历史价值的了解和认识。

基础设施规划

电力工程规划示意图

电信工程规划示意图

给水工程规划示意图

排水工程规划示意图

11 吉林省城四家子城址保护规划

Conservation Planning of Chengsijiazi Ancient City Site in Baicheng City, Jilin Province

项目区位：吉林省白城市。

规划范围：包括城四家子城址、城址北侧墓葬区及东侧大型辽金时期遗址等相关遗存及环境。涉及范围北至城墙外边线外扩1000m，西至现有乡村道路，南至城墙外边线外扩550m，东至城墙外边线外扩1100m，规模总计926.30hm²。

文物概况：城四家子城址是国务院公布的第六批全国重点文物保护单位。在《吉林省文物保护专项规划》"五片一线六点"的空间格局规划中，位于白城松原地区为中心的辽金遗址片区，是吉林省重点项目之一。遗址主要由城四家子城址、北侧墓葬区及东侧大型辽金时期遗址（初步确定为辽代乐康县遗址）三部分组成，是吉林省辽金时期文化遗产的重要组成部分。平面大致呈长方形，周长5748m，占地面积1.8km²。

规划特点：本规划将遵照"保护为主、抢救第一、合理利用、加强管理"的保护理念，贯彻国家文物保护工作方针和要求，结合城四家子城址遗址的实际情况，从遗址的整体保护入手、强调遗址价值的"整体保护"目标，应对遗址保护面临的各种挑战。真实、完整地保护城四家子城址遗址的全部历史信息，合理利用和充分展示其价值与内涵，统筹土地资源与文化资源利用，整合遗址的保护需求与社会发展需求，最终实现城四家子城址遗址价值的"整体保护"。

编制时间：2012—2016年。

项目状态：已通过国家文物局评审。

白城市区位示意图

城四家子城址影像示意图

价值评估

历史价值： 城四家子城址自辽代始建，明代中晚期废弃，历经四百余年，是吉林省乃至整个东北地区现存规模最大的辽金时期州城遗址。该城址在一定程度上起到了辽朝中晚期的"春都"作用，是研究辽朝特殊的"捺钵制度"和春捺钵文化的重要历史载体，也是辽镇守女真、室韦的军事重镇，对研究辽金战争形势转换和女真崛起立国具有重要的历史价值。出土文物对研究东北地区少数民族的民族政权与中原汉文化交流影响有重要的作用。城内陶窑址的发掘侧面反映了当时居民的生产生活状态，对研究当时的窑作技术乃至辽金时期手工业发展水平具有重要价值。

科学价值： 城四家子古城选址是把城市用水、水道运输、方便皇帝春捺钵活动、军事防务等因素综合考虑，是研究中国古代城市规划设计史的重要实例。出土的大量文物反映了当时的工艺水平，在中国古代技术史上具有一定的科学研究价值。陶窑址为研究陶器的烧造技术和窑炉的发展提供了难得的实物资料。

艺术价值： 城四家子城址的出土文物制作精美，较为珍贵，具有较高的艺术价值。城址城墙气势宏伟，人文景观与洮儿河自然景观结合融洽，形成了一道亮丽的风景线，备受旅游和摄影爱好者的青睐。

社会价值： 城四家子城址的保护与利用对区域的发展产生积极的促进作用。有利于民众深入了解当地历史文化和提高文物保护意识，促进社会和谐，为吉林省的文化遗址保护工作发挥示范作用，有利于带动周边村庄的发展，促进产业调整升级，将文物保护和扶贫开发相结合，提高当地农民的经济收入，改善人民的生活水平。

考古航拍图
（图片来源：《吉林白城城四家子城址建筑台基发掘简报》）

北门遗址现状照片

考古现场图片

北城墙豁口考古现场

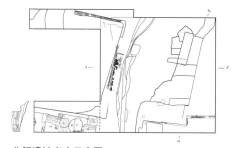

北门遗址考古示意图
（图片来源：《吉林白城城四家子城址建筑台基发掘简报》）

现状评估

遗址名称		始建年代	现状	病害	破坏因素
古城遗址	城墙	辽代	城墙为夯土版筑，底宽 30 余米，城墙残高 3 ~ 7m，最高处可达 7 ~ 8m	崩塌和坍塌、表面风化、土体开裂剥落、城墙断裂	自然：风沙剥蚀、冻融 人为：道路占压、耕作扰土、踩踏
	东城墙	辽代	东城墙保存基本完整，现存长度为 1328m，北端及南端均被挖开约 10m 的豁口，用作通道。距起点 390m 处城墙上有一人为踩踏豁口，宽约 10m		自然：风沙剥蚀、冻融 人为：道路占压、耕作扰土、踩踏
	南城墙	辽代	南城墙西部被村庄占压，现存长度为 621m		自然：风沙剥蚀、冻融、河流冲刷 人为：道路占压、耕作扰土、踩踏、建 / 构筑物占压
	北城墙	辽代	北城墙保存基本完整，现存长度为 1197m，城墙距西端 275m 处被挖开约 8m 的豁口，用作通道		自然：风沙剥蚀、冻融 人为：道路占压、耕作扰土、踩踏
	西城墙	辽代	西城墙现存约 300 多米，被冲毁部分约 1000 多米		自然：风沙剥蚀、冻融、河流冲刷 人为：道路占压、耕作扰土、踩踏、建 / 构筑物占压
	城门	辽代	现存有 3 座，北墙、东墙、南墙各辟有 1 座城门		自然：风沙剥蚀、冻融 人为：道路占压、耕作扰土、踩踏
	角楼	辽代	角楼现存 2 座，尚存圆形台基		自然：风沙剥蚀、冻融 人为：道路占压、耕作扰土、踩踏。
	建筑基址	辽代	建筑本体荡然无存，只保留下来了建筑的台基部分		已进行科学回填
	陶窑	金代	2 座陶窑除顶部早年已遭破坏外，其他部位保存均较好		已进行科学回填
	墓葬区	不明	地面封土已无，由于未开展考古发掘，地下遗存状况不清		人为盗掘
	乐康县遗址	辽代	地面遗存基本消失，地下遗存未经考古，现状不明		人为：道路占压、耕作扰土、踩踏

现状评估一览表

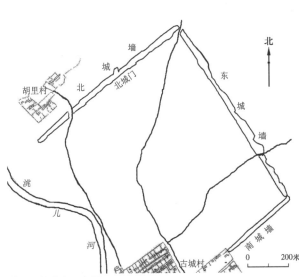

遗址现状分布示意图（图片来源：《吉林白城城四家子城址北城墙发掘简报》）

城墙现状照片

北门城址考古照片（图片来源：吉林省文物考古研究所）

保护标志碑

城内现状照片

保护规划

保护区划

规划根据吉林省文化厅 1992 年公布文件；主要根据遗址保存现状与评估结论；遗址保护的完整性和安全性；遗址环境及村庄发展需求；保护管理的有效性和可操作性及规划实施管理的可行性等要素，划分为保护范围和建设控制地带。

保护展示规划

针对现状问题，本次保护措施主要有河道治理、防洪工程、保护性征地、村庄搬迁、保护加固、设置保护围栏、制定种植要求，控制扰土深度。

根据城四家子城址文物价值、保存现状、国家考古遗址保护与展示利用要求和发展趋势，可考虑在符合保护展示和考古工作要求的前提下，建设"城四家子城址考古遗址公园"，建立文物保护与地方经济社会文化发展共赢的和谐关系。

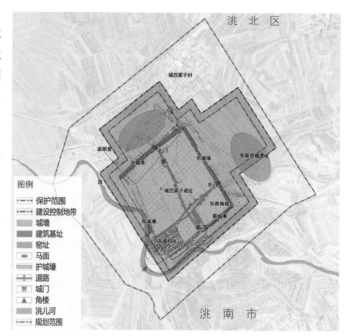

保护区划现状示意图

展示利用总平面示意图

保护区划规划示意图

12 敖伦苏木城遗址保护规划

Conservation Planning of Aolunsumu Ancient City Site in Inner Mongolia Autonomous Region

项目区位： 内蒙古自治区达尔罕茂明安联合旗。

规划范围： 敖伦苏木城遗址规划范围约 427hm²，具体为北至县道 X092 向北外扩 200m、西至西城墙外 300m、南至南城墙外 700m、东至东城墙外 1100m。

文物概况： 敖伦苏木城遗址是元代汪古部领主府所在地，是汪古部领地的政治、经济、文化及宗教中心。遗址位于内蒙古自治区达尔罕茂明安联合旗百灵庙镇东北，艾不盖河北岸。古城平面为长方形，部分城门、角楼与城墙的遗址清晰，曾发现有建筑遗址 17 处，古城外东、南两侧有元代汪古部民居遗址。敖伦苏木城遗址为第四批全国重点文物保护单位。

规划特点： 敖伦苏木城遗址是研究汪古部及蒙元历史文化的重要文物遗存，但遗址长期受到各种自然因素的破坏，存在坍塌、缺失、土体开裂剥落等病害，遗址的延续性保存一般；艾不盖河环绕城址东、南两侧，河道及周边的冲沟面积呈逐年增长趋势，遗址本体面临冲刷侵蚀的破坏影响不断加剧，遗址保护的难度较大。

编制时间： 2016 年。

项目状态： 已通过国家文物局评审。

敖伦苏木城遗址东城墙

敖伦苏木城遗址北城墙

敖伦苏木城遗址西城墙

（以上图片来源：达茂旗文化体育广播电视局）

历史背景

元代之前，敖伦苏木城遗址所在地是汪古部世居之地。

元世祖时，汪古部在此基础之上修建新城，即今敖伦苏木城。元成宗大德九年（1305年），以黑水新城为静安路；元仁宗延佑五年（1318年），改静安路为德宁路，敖伦苏木城为静安路和德宁路府衙驻地。自元武宗至大二年（1309年）起汪古部首领世袭赵王，敖伦苏木城是汪古部赵王王傅府所在地。公元1368年元朝灭亡，末代赵王汪古图降明，敖伦苏木城也随之荒弃。

16世纪后半期，敖伦苏木古城成为阴山北麓最早的喇嘛教中心之一，也是蒙古封建主统治的中心。明代中叶，这座古城曾是土默特阿勒坦汗的避暑夏宫。

明末清初，蒙古草原上的封建领主混战不已，敖伦苏木城毁于战火。

元代汪古部民居遗址

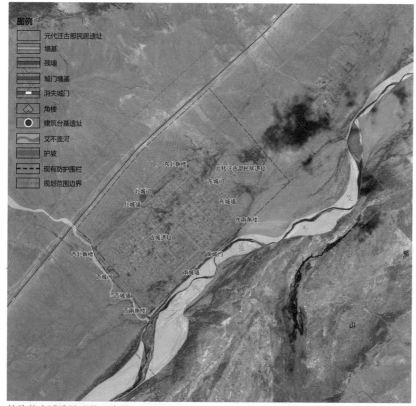

敖伦苏木城遗址现状示意图

敖伦苏木城遗址南城墙
（以上图片来源：达茂旗文化体育广播电视局）

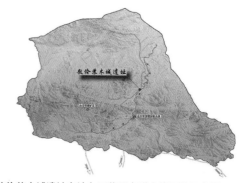

敖伦苏木城遗址在达尔罕茂明安联合旗区位示意图

价值评估

　　敖伦苏木城遗址是研究汪古部及蒙元历史文化的重要文物遗存。汪古部与元朝皇室历代通婚，世袭赵王王爵，为元朝屏藩漠北诸王，在元代有极高的政治及军事地位，具有较高的历史研究价值。

　　敖伦苏木城遗址是汪古部领主府及静安路、德宁路路府所在地，是元朝原有的领主制与中原统治方式结合产生的管理机构和统治制度，反映了草原游牧文化与中原文化的融合，是研究元朝政治制度的重要实物资料。

　　敖伦苏木城遗址出土了多种景教、罗马教、佛教的遗物，反映了元代至明代汪古部地区多种宗教的传播与交流。敖伦苏木城是元代景教传播流行的中心，对研究中国古代北方草原与中亚和西方之间的宗教及文化交流有重要的价值。

　　敖伦苏木城遗址是蒙元时期连通阴山南北，连接中原与漠北驿道上的重要城址，是研究蒙元时期陆路交通体系的重要遗址。

　　敖伦苏木城遗址出土的可移动文物种类丰富，形制独特，是研究蒙元时期历史，东、西方宗教及经济文化交流等方面珍贵的实物资料。

敖伦苏木城遗址西北角楼

敖伦苏木城遗址西城门

敖伦苏木城遗址出土的景教墓顶石
（以上图片来源：达茂旗文化体育广播电视局）

敖伦苏木城遗址出土的景教石刻

敖伦苏木城遗址内散落的石质构件

遗址保护展示

遗址保护策略

敖伦苏木城遗址建于艾不盖河(元代称"黑水")北岸。艾不盖河是古城赖以生存的重要的水源地,并具有军事防御作用,是古城遗址历史环境重要的组成部分。为完整保护遗址本体及历史环境,规划将原保护范围扩大划定至艾不盖河以南。古城遗址周边现状主要为牧草地,为保存好这一良好的景观环境、避免建设干扰,规划增设划定建设控制地带。

规划对遗址本体采取保护加固、动物巢穴清理及回填、盗洞回填等保护措施。

针对艾不盖河冲刷侵蚀遗址南侧及古城遗址西侧的问题,近期规划新建 2 条防洪护坡。

敖伦苏木城遗址保护区划规划示意图

遗址展示策略

规划在遗址及周边设置 5 个展示分区:

1. 古城遗址展示区;

2. 元代汪古部民居遗址展示区;

3. 生态草原观光区;

4. 艾不盖河滨水景观区;

5. 综合管理服务区。

规划对遗址采取的主要展示方式包括:

1. 原状展示:对于遗址地上可见部分在实施必要保护与整治工程后直接展示;

2. 标识展示:对于遗址地上不可见部分,根据考古发掘成果,经原址回填后在地面标识遗址存在的空间形态进行展示。

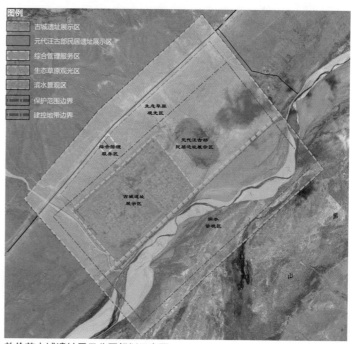

敖伦苏木城遗址展示分区规划示意图

13 莽吉塔站故城保护规划

Conservation Planning of Mangjita Ancient Dak City Site in Fuyuan City, Heilongjiang Province

项目区位：黑龙江省佳木斯市抚远市。

规划范围：规划范围包括遗存范围及其周边环境。涉及范围东至遗址外墙的外壕外侧约 235m；西至黑龙江东岸的公路西边线外侧约 45m；南至遗址外墙的外壕南端点外侧约 165m 的山脊线；东北至莽吉塔深水港西边界。规划范围面积总计 24.31hm²。

文物概况：莽吉塔站故城属于全国重点文物保护单位的古遗址类，是辽、金、元、明、清各朝通往黑龙江出海口的咽喉要道，至明代为"海西东水陆城站"五十四城站中的第三十城站，目前是中国东北地区最边远的一座城址。莽吉塔站故城为明代遗址，平面略呈不规则的长方形，周长约 920m，面积约 6.5hm²。

规划特点：该遗址毗邻三江湿地国家自然保护区，同时部分城址被哨所建设占压，因此该规划应保证遗址安全的原则下，尽可能维护遗址周边环境，保护周边生态资源，统筹协调遗址保护与哨所建设的关系，协调遗址展示与国防安全的关系，做好边境文物的保护规划。

编制时间：2014 年。

项目状态：已通过国家文物局评审。

遗址总体影像示意图

历史背景

　　莽吉塔站故城始建于汉魏时期，在辽、金、元时期，是通往黑龙江下游（包括库页岛）国土的咽喉要地。至明代，仍是中国政府继续前往黑龙江下游（包括库页岛）国土必经的咽喉要地。

　　莽吉塔站故城目前是"海西东水陆城站"在中国境内现存最边远的一座城站，曾是明朝联系和管理东北边疆的重要中转站，在经济、文化交流中长期发挥着重要的作用。

莽吉塔深水港

遗址东南城墙第二豁口

周边环境

　　莽吉塔站故城位于抚远市通江乡小河子村西 1.5km，黑龙江右岸城子山上，最高海拔 88m。城址北隔黑龙江与俄罗斯领土相望，东隔抚远水道与黑瞎子岛（抚远三角洲）

相望。莽吉塔站故城城址以东 1.5km 的小河子村现有住户50 余户，城址南部建有小河子边防哨所的营房与瞭望塔。

远眺城子山
（以上图片来源：抚远市文体广电和旅游局）

白四爷庙近景

价值评估

历史价值

莽吉塔站故城的选址对于各历史时期区域交通的衔接以及物资、人员、信息的转运传递具有重要意义，该城址是重要的历史地理坐标，具有很高的历史研究价值。

科学价值

莽吉塔站故城与三江湿地自然保护区毗邻，保持着古代人文与生态环境的和谐统一，现遗址未进行过清理、发掘，大部分保持原有状态，其真实性和完整性较好，对于研究中国古代交通城站的形制具有很高的价值。

社会价值

国内现存最边远的一座城站遗址，承载着中国近代历史上领土记忆，是"海西东水陆城站"中最具代表性的城址，对于国人在认知国家国土安全方面有着特殊的教育意义。

文化价值

"海西东水陆城站"是中国东北地区历史上重要的交通驿路的保障体系，沿此路可到达亚洲东北极边、库页岛及日本的北海道等地区，莽吉塔站故城对于研究中国古代中外文化交融史有着重要的价值。

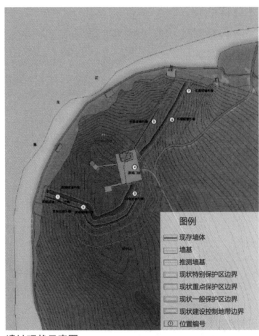

遗址现状示意图

明代"海西东水陆城站"分布示意图

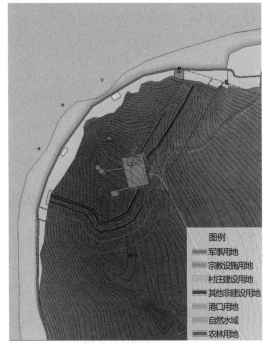

遗址周边土地利用现状示意图

现状评估

本体评估

    包括对现状遗址病害、破坏因素、可移动文物保存三方面内容评估。

环境评估

    包括对遗址现状周边土地使用、自然环境、建设、交通、基础设施、环境质量监测等内容评估。

保护管理评估

    包括对遗址现状保护区划、保护措施、管理、展示利用等内容评估。

研究评估

    包括对遗址现状考古研究、出土文物研究两方面内容评估。

压制切割器、石核

汉魏时期石器

汉魏时期手制夹砂陶片

自然破坏因素：雨水冲蚀、冲沟

遗址周边道路

人为破坏因素：战备工事掏蚀城墙、坍塌

设立全国重点文物保护单位保护标志碑
（以上图片来源：抚远市文体广电和旅游局）

日常安全巡查

设立保护界桩

保护区划及保护措施

保护范围

　　规划划定莽吉塔站故城保护范围四至边界为：

1. 东至：外墙的外壕外侧 35 m；

2. 西至：黑龙江东岸的公路东边线；

3. 南至：外墙的外壕外侧 35m；

4. 北至：城子山山脚外侧约 20m。

保护范围面积：6.44hm²。

建设控制地带

　　规划划定莽吉塔站故城建设控制地带四至边界为：

1. 东至：保护范围东边界外侧约 200m；

2. 西至：保护范围西边界外侧约 50m；

3. 南至：保护范围南边界外侧约 130m 的山脊线；

4. 东北至：莽吉塔深水港西边界。

建设控制地带面积：17.87hm²。

保护区划现状示意图

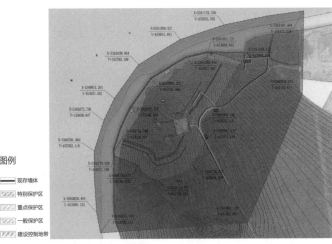

保护区划规划示意图

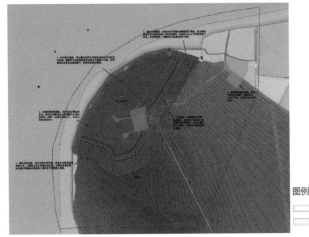

保护措施规划示意图

环境整治规划示意图

展示利用

展示分区

分区包括遗址展示区、滨江风景展示区、场馆展示区三部分。

展示方式

包括遗址原状展示、遗址模拟展示、遗址标识展示、可移动文物展示、周边重要文化资源展示五部分。

交通流线

规划游览道路主要以现状道路为基础,适当进行改线,包括车行道规划、步行道规划两部分。

展示配套设施

规划在遗址东北向设置一处面积约为 800m² 的展示管理服务用房,遗址区内统一设置包括说明牌、导引设施标志等阐释说明引导系统,垃圾桶、公厕、休憩场地等服务设施应根据游线合理配置。

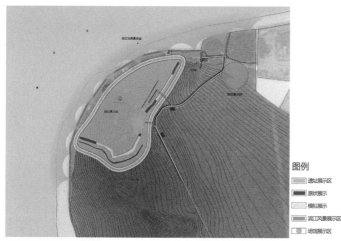

展示分区规划示意图

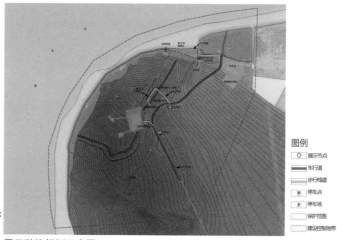

展示游线规划示意图

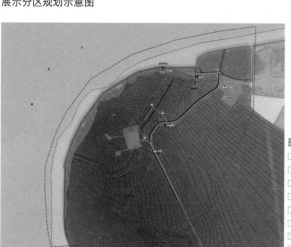

配套服务设施规划示意图

规划分期

本规划对本体保护工程、环境整治及展示工程、综合管理、考古研究四个方面内容进行了规划分期,确定了各个分期阶段的实施重点与投资估算。其中:

（1）近期规划实施年限:2018—2020 年;

（2）中、远期规划实施年限:2021—2035 年。

14 辉发河上游石棚墓保护规划

Conservation Planning of the Stone-shed Tombs on the Upper Reaches of Huifa River, Tonghua City, Jilin Province

项目区位：吉林省通化市。

规划范围：规划范围包括遗存范围及周边环境，规划面积总计 675.4hm²。

文物概况：辉发河上游石棚墓是 2006 年国务院公布的第六批全国重点文物保护单位，具有鲜明的地域性文化特色，是研究东北地区青铜时代丧葬习俗的重要依据。目前共发现墓葬 90 余座，大多分布在哈达岭山脉海拔 500～600m 的山冈顶部或山脊上。

规划特点：辉发河上游地区发现的石棚墓分为 14 个墓群，共 90 座墓葬。横跨与纵深各约 55km，其中碱水石棚墓群、

大沙滩石棚墓群、太平沟石棚墓群、三块石石棚墓群等较为典型。本规划遵照"保护为主、抢救第一、合理利用、加强管理"的文物工作方针，以保存和延续辉发河上游石棚墓的全部历史信息和文化价值为目标。贯彻科学发展观，统筹策划辉发河上游石棚墓的保护与展示，正确处理墓葬群保护与柳河县及梅河口市的文化、社会及经济建设等各方面的关系，促进社会效益与经济效益的协调统一。

编制时间：2014 年。

项目状态：已通过国家文物局评审。

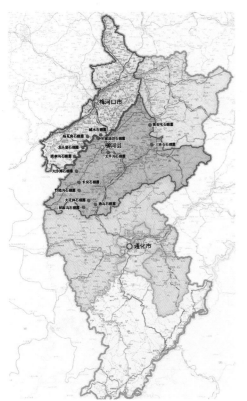

辉发河上游石棚墓在通化市的区位示意图

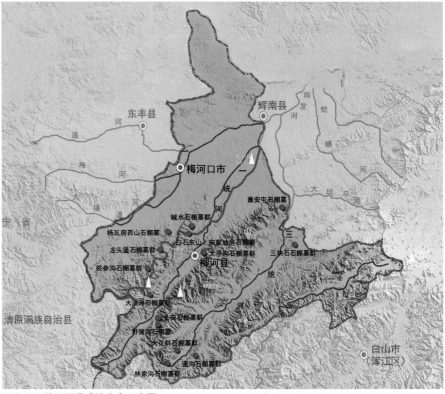

辉发河上游石棚墓遗址分布示意图

价值评估

历史价值

辉发河上游石棚墓是辉发河上游地区周时代的重要物质遗存，反映了青铜时代古人在东北地区的开发和生活，具有突出的历史价值。

科学价值

辉发河上游石棚墓群是我国乃至东北亚地区此类墓葬分布最为密集的区域之一，同时，也是东北亚地区石棚墓分布的最北界线，是从辽东向北发展的一个区域性环节。墓葬数量众多，持续年代较长，且多与大盖石墓和石棺墓共存，是研究目前存有广泛争议的关于此类遗存性质、年代、文化归属的最佳实物资料之一。

辉发河上游石棚墓群具有鲜明的地域性文化特色，石棚墓、大盖石墓的修筑工艺一定程度上反映了当时的建筑工艺和技术水平，墓葬构造方式及殓葬方式是研究我国东北地区青铜时代丧葬习俗的重要依据。

辉发河上游石棚墓群是石棚体系中的重要一支，是探讨松花江上游地区与辽东半岛和朝鲜半岛的文化融合与传承，乃至东北亚地区青铜时代文化格局形成的最佳例证之一。

辉发河上游石棚墓与同时期相关遗址关系的探讨与研究，将为东北亚地区石棚墓研究及东北地区周时期考古学文化时空框架的构建与丰富提供可参照的标尺。

社会价值

辉发河上游石棚墓是吉林省柳河县和梅河口市的重要文物资源，科学有效地实施墓群的保护、展示工作，有利于当地民众深入了解当地历史文化和提高文物保护意识，具有重要的社会价值。

文化价值

辉发河上游石棚墓是体现东北地区青铜时代独特的丧葬文化和民族文化等多种特征的物质载体。同时，石棚墓位于大兴安岭余脉的群山中，与周边山水自然环境完美融合，具有重要的文化景观价值。

挑参沟墓群 1 号墓

碱水墓群 1 号墓

碱水墓群 17 号墓

杨瓦房西山石棚墓

长安石棚墓群 4 号墓

龙头堡墓群 5 号墓

现状评估

　　辉发河上游的石棚墓现存病害主要有生物病害、结构病害、表面风化、裂隙、表面污染5大类。生物病害主要为植物病害；结构病害包括断裂、倾斜、倒塌；表面污染主要诱因为水锈结壳、人为污染、动物粪便堆积。

　　辉发河上游的石棚墓存在植物病害的墓葬为35座，约占总数的38.89%；存在断裂的墓葬为23座，约占总数的25.56%，存在倾斜的墓葬为12座，约占总数的13.33%，存在倒塌的墓葬为43座，约占总数的47.78%；存在裂隙的墓葬为36座，约占总数的40.00%，存在表面风化的墓葬为46座，约占总数的51.11%；存在表面污染的墓葬为8座，约占总数的8.89%。

现状评估一览表

名称	编号	形制	病害类型	病害程度	保存程度
挑参沟石棚墓群	TSG01	石棚墓	断裂、倒塌、裂隙、表面风化、表面污染	东侧壁石有断裂现象。盖顶石已向南侧倒塌，发生明显位移。盖顶石北端下侧存在明显裂隙。裸露石体均存在不同程度的表面粉化剥落病害。西侧壁石顶端有鸟类粪便	保存一般
	TSG02	石棚墓	倒塌	墓葬存在的主要病害是倒塌。由于当地老百姓把石块构件搬走建房，该墓葬的主体石块构件已经倒塌，散落有零星石块	保存差
	TSG03	盖石墓	植物病害、表面风化、裂隙	墓葬盖顶石上方覆盖大量腐殖土，并长有浅根系植物，仅余东侧墓口裸露在外。盖顶石东侧存在表面粉化剥落和裂隙	保存一般
	TSG04	盖石墓	植物病害	墓葬盖顶石上方覆盖大量腐殖土，并长有浅根系植物，地表只露出几块石头	保存差
	TSG05	盖石墓	裂隙	墓葬盖顶石地表仅露出一块较大石头。裸露的石块表面局部存在裂隙	保存差
	TSG06	盖石墓	断裂、裂隙、植物病害、表面风化	墓葬因人为盗掘原因，盖顶石于南端约60cm处断裂。盖顶石表面存在裂隙，并在裂隙处长有植物。盖顶石有表层粉化剥落现象	保存一般
龙头堡石棚墓群	LTB01	石棚墓	表面风化、表面污染	石材存在表面粉化剥落现象。壁石内侧有较大面积白色水锈结壳	保存较好
	LTB02	石棚墓	倒塌	墓葬已倒塌，地面以上仅出露局部，大部分埋于地下，其他病害情况不明	保存差
	LTB03	石棚墓	倒塌	墓葬已倒塌，墓顶石及壁石散落	保存差
	LTB04	石棚墓	倾斜、表面风化、裂隙	墓葬向北倾斜，北部塌陷。出露在地面以上的墓室石材存在局部表面粉化剥落现象，墓顶石和东侧壁石存在构造裂隙	保存一般
	LTB05	石棚墓	植物病害、倒塌、表面风化、断裂	墓葬北侧树木紧邻壁石生长，对墓葬造成了挤压。东侧壁石存在机械裂隙，已断裂为两部分。墓顶石向南滑落。石材存在表面粉化剥落现象，墓室内存在石材粉化剥落产生的碎石和粉尘	保存较好
	LTB06	石棚墓	表面风化	仅存一块壁石，一半埋于地下，出露地表的部分存在表面粉化剥落病害。其余构件不明	保存差
	LTB07	石棚墓	表面污染、倾斜、表面风化、裂隙	墓葬内有鸟类粪便污染。墓葬整体向北倾斜，一半塌陷。墓葬石材存在表面粉化剥落现象。墓顶石南侧存在构造裂隙	保存一般
	LTB08*	石棚墓	表面污染	墓葬已损毁，地面仅散落石块。石块上有鸟类粪便污染	保存差
碱水石棚墓群	JS01	石棚墓	倒塌、表面风化	墓葬倾倒，墓顶石坍塌于墓室内。石材表面粉化剥落严重	保存较差
	JS02	不明	植物病害	墓葬已损毁，主体构件已缺失，周边石块散落。墓葬周围植物生长密集	保存差
	JS03	石棚墓	断裂、倒塌、表面风化、裂隙	墓葬已倾倒，墓顶石断裂为两段。两侧壁石顶端有裂隙。石材均存在不同程度的表面粉化剥落	保存一般
	JS04	石棚墓	断裂、倒塌、表面风化	墓葬仅存两侧立壁石和墓顶石局部，其余构件缺失。墓顶石断裂倒塌于墓室内。石材存在不同程度的表面粉化剥落	保存较差
	JS05	石棚墓	断裂、倒塌、表面风化、植物病害	墓葬北侧壁石碎裂倒塌。墓顶石向南滑落，因树木生长长期破坏，断裂为两段。石材存在不同程度的表面粉化剥落	保存一般
	JS06	石棚墓	断裂、倒塌、倾斜、表面风化、裂隙	墓葬基本损毁，两侧壁石断裂、粉化剥落严重，残缺不全。两侧壁石均向东侧倾斜，墓顶石倒塌于墓室南侧。壁石及墓顶石存在多处构造裂隙	保存较差
	JS07	石棚墓	倾斜、断裂、表面风化、裂隙、表面污染	墓葬向南侧大幅度倾斜，即将倒塌。墓顶石断裂为两段。壁石及墓顶石存在大面积表面分化剥落、多处构造裂隙。墓顶石有鸟类粪便污染	保存较差
	JS08	石棚墓	断裂、倒塌、表面风化、裂隙	墓葬已倒塌，壁石断裂残损严重。墓顶石倾倒于地面，存在明显构造裂隙。石材存在不同程度的表面粉化剥落	保存较差
	JS09	不明	植物病害	墓葬已倒塌，基本损毁，主体构件缺失，地表仅见散乱碎石。墓石周围植物生长密集	保存差
	JS10	石棚墓	倒塌	墓葬已倒塌，仅余墓顶石和局部壁石，其余构件缺失	保存一般

续表

名称	编号	形制	病害类型	病害程度	保存程度
碱水石棚墓群	JS11	石棚墓	植物病害、倾斜、表面风化、裂隙	墓葬墓室内有树木生长，对墓葬整体造成破坏。壁石已倾斜，西侧壁石表面粉化剥落严重，局部存在构造裂隙	保存较差
	JS12	石棚墓	倾斜、断裂、倒塌、裂隙	墓葬壁石向东侧倾斜，墓顶石塌落东侧。两侧壁石均已断裂为两段，存在多处构造裂隙	保存较差
	JS13	盖石墓	植物病害	墓葬大部分埋于地下，裸露地表盖顶石表面有部分植被生长	保存好
	JS14	石棚墓	植物病害	墓葬已损毁，地面散乱倒塌碎石。墓石周围植物生长密集	保存差
	JS15	石棚墓	倾斜、裂隙	墓葬整体向西倾斜。墓顶石及壁石均存在较为严重的裂隙	保存较好
	JS16	石棚墓	植物病害	墓葬已损毁，地面散乱倒塌碎石。墓石周围植物生长密集	保存差
	JS17	石棚墓	表面风化、裂隙、表面污染	墓葬整体保存较好，有横向构造裂隙。壁石外侧存在表面粉化剥落，内侧有较大面积水锈结壳	保存好
	JS18	石棚墓	植物病害、倒塌、表面风化、裂隙	墓葬已倒塌，墓石叠压。墓顶石裸露在外，存在较大的机械裂隙，裂隙中有植物生长。墓顶石有表面粉化剥落现象	保存较差
	JS19	石棚墓	植物病害	墓葬已损毁，地表仅见散乱碎石。墓石周围植物生长密集	保存差
	JS20	石棚墓	断裂、倒塌、表面风化、裂隙、表面污染	墓葬墓顶石向北倾倒，斜搭在壁石上。北侧壁石已断裂为数段，仍直立部分也存在较多机械裂隙。墓顶石存在明显构造裂隙。西侧壁石存在大面积水锈结壳。两侧壁石表面粉化剥落现象严重	保存一般
	JS21	石棚墓	断裂、倒塌、表面风化	墓葬向西倒塌，墓顶石断裂为两段。石材表面粉化剥落严重	保存较差
	JS22	石棚墓	倾斜、表面风化	墓葬向西倾斜，石材表面粉化剥落严重	保存较好
	JS23	石棚墓	断裂、倒塌、表面风化、裂隙	墓葬墓顶石向北侧倾倒，东侧壁石断裂残损。南北侧壁石表面粉化剥落严重。墓顶石有局部表面粉化剥落，存在水平方向构造裂隙	保存较差
	JS24	盖石墓	表面风化、裂隙	墓葬盖顶石裸露于地表，石材有局部表面粉化剥落，水平方向存在较多构造裂隙	保存好
	JS25	盖石墓	表面风化、裂隙	墓葬盖顶石裸露于地表。有局部表面粉化剥落，存在垂直方向构造裂隙	保存好
杨瓦房西山石棚墓	YWF01	石棚墓	断裂、倾斜	墓葬仅存四面立壁石，北侧立壁石断为两截，四面壁石均向外倾斜	保存较差
宋家油坊石棚墓（白石东山石棚墓）	SJYF01	石棚墓	倒塌、表面风化、裂隙	墓葬西侧壁石缺失，墓内散落石块。墓顶石倒塌搭靠在东侧壁石上。墓顶石和壁石边缘均有构造裂隙，表面存在粉化剥落病害	保存一般
大沙滩石棚墓	DST01	石棚墓	表面风化、裂隙、表层污染	墓葬盖顶石及壁石零星可见鸟类粪便污染。石材均存在不同程度的表面粉化剥落。盖顶石西南角与东南角构造裂隙、表层朊闪现象明显。墓室壁石内外局部存在水锈结壳	保存好
	DST02	石棚墓	植物病害、断裂、倾斜、表面风化、裂隙、表面污染	墓葬北侧紧邻树木对墓葬挤压较为严重。盖顶石及壁石多处有鸟类粪便污染。西侧壁石发生劈裂，威胁墓葬整体结构稳定。壁石多处存在裂隙。盖顶石的表面粉化剥落病害明显。墓室内壁因人为祭祀烟熏污染，造成石壁变色	保存好
	DST03	石棚墓	倒塌	墓葬坍塌	保存差
三块石石棚墓群	SKS01	石棚墓	植物病害、倒塌、表面风化	墓葬仅存一侧壁石直立，另一侧壁石倒塌。倾倒在地壁石上方有杂草生长。石材均存在孔洞状风化	保存较差
	SKS02	盖石墓	植物病害、表面风化	墓葬仅墓口裸露在外。墓口下墓内区域生长有植物。墓口石材存在孔洞状风化病害	保存一般
	SKS03	石棚墓	植物病害、表面风化	墓葬盖顶石表面有细小植物生长，并存在孔洞状风化	保存较好
	SKS04	石棚墓	植物病害、倒塌、表面风化	墓葬仅存两侧壁石，已倒塌，其余不存。壁石表面存在孔洞状风化，并附着有细小植物生长	保存较差
	SKS05	盖石墓	植物病害、表面风化	墓葬盖顶石表面有植物生长，并存在孔洞状风化	保存差
	SKS06	盖石墓	植物病害、表面风化	墓葬盖顶石表面有植物生长，并存在孔洞状风化	保存一般
	SKS07	石棚墓	表面风化	一侧壁石顶端局部缺失。石材均有孔洞状风化病害	保存好
	SKS08	不明	表面风化	墓葬大部分位于地下。地表以上部分表面存在孔洞状风化病害	保存差
太平沟石棚墓群	TPG1	石棚墓	植物病害	墓葬两侧壁石仅余部分，其余构件缺失。墓石周围植物生长密集	保存较差
	TPG2	盖石墓	植物病害	墓葬盖顶石局部裸露地面，墓石周围植物生长密集	保存一般
	TPG3	盖石墓	植物病害	墓葬盖顶石仅局部裸露地面，墓石周围植物生长密集	保存一般
	TPG04	石棚墓	断裂、倒塌	墓葬已倒塌，墓石断裂为多段错置于地面	保存较差
	TPG05	石棚墓	植物病害	墓葬仅剩一侧壁石，其余构件缺失。墓石周围植物生长密集	保存较差
	TPG06	石棚墓	倒塌	墓葬墓顶石倒塌于地面。其余墓石散落	保存较差
	TPG07	石棚墓	倒塌	墓葬墓石倒塌于地面	保存较差
	TPG08	石棚墓	植物病害、倒塌	墓葬仅余一侧壁石，其余构件缺失。壁石顶端堆积中有植物生长	保存较差
	TPG09	石棚墓	倒塌	墓葬已倒塌，仅见盖顶石	保存较差
	TPG10	盖石墓	裂隙	墓葬仅见盖顶石。盖顶石局部有裂隙	保存好
	TPG11	石棚墓	倒塌、倾斜、裂隙	墓葬一侧壁石倒塌，其余部分大幅度倾斜。墓顶石有较多裂隙分布	保存一般

名称	编号	形制	病害类型	病害程度	保存程度
	TPG12	盖石墓	表面风化	墓葬盖顶石裸露于地表，局部有表面粉化剥落病害	保存差
	TPG13	石棚墓	倒塌、裂隙	墓葬已倒塌。倒塌的壁石侧面存在裂隙	保存较差
	TPG14	石棚墓	倒塌	墓葬已倒塌，局部构件缺失	保存较差
	TPG15	石棚墓	倒塌	墓葬基本残毁，墓石倒塌叠压，局部缺失	保存差
	TPG16	石棚墓	断裂、表面风化、裂隙、表面污染	墓葬侧壁石存在小块断裂及局部机械裂隙。壁石外侧表层片状剥落明显。壁石内部有人为刻画的痕迹	保存较好
	TPG17	盖石墓	植物病害	墓葬盖顶石裸露于地面，墓石周围植物生长密集	保存一般
	TPG18	石棚墓	断裂、倒塌	墓葬已残毁，倒塌为碎石堆积，局部断裂	保存差
	TPG19	石棚墓	断裂、倒塌	墓葬已倒塌，墓顶石断裂为三段，壁石被盖压	保存差
	TPG20	石棚墓	断裂、倒塌	墓葬基本残毁，现状倒塌断裂为碎块	保存差
	TPG21	石棚墓	倒塌	墓葬已倒塌残毁，石块散落	保存差
	TPG22	盖石墓	表面污染	墓葬盖顶石表面有鸟类粪便污染	保存好
大花斜石棚墓群	DHX01	石棚墓	植物病害、倒塌、裂隙	墓葬已倒塌，有局部缺失。两侧壁石受旁边生长树木挤压。局部石材表面出现裂隙	保存较差
	DHX02	盖石墓	植物病害	墓葬埋在地下，地面仅露出四角，存在浅根系植物生长现象	保存差
	DHX03	不明	倒塌、表面污染	墓葬已残损、倒塌，主体缺失，地面仅留残石。石材上存在鸟类粪便污染	保存差
林家沟石棚墓群	LJG01	石棚墓	植物病害、倒塌	墓葬已倒塌，墓内及周边有植物生长	保存较差
	LJG02	盖石墓	植物病害、裂隙	墓葬受到周围树木生长挤压。盖顶石边缘存在裂隙	保存一般
	LJG03	盖石墓	植物病害、表面风化、裂隙	墓葬受到周围植物生长挤压、覆盖。盖顶石表面存在粉化剥落和裂隙	保存一般
	LJG04	石棚墓	倒塌、断裂	墓葬已倒塌损毁，断裂为多块	保存较差
长安石棚墓群	CA01	石棚墓	倒塌、表面风化	墓葬已倒塌，仅见墓顶石。石材表面存在孔洞状风化病害	保存较差
	CA02	石棚墓	倒塌、表面风化、裂隙	墓葬南侧壁石仅存局部，墓顶石散落距离较远处。北侧壁石表面存在粉化剥落和裂隙病害	保存较差
	CA03	石棚墓	倒塌、表面风化、裂隙、植物病害	墓葬已倒塌，局部构件缺失。壁石表面存在粉化剥落和裂隙病害。壁石受树木挤压	保存较差
	CA04	石棚墓	断裂、倒塌、表面风化、裂隙病害	墓葬已倒塌，墓顶石下方石构件断裂。石材表面存在粉化剥落和构造裂隙	保存较差
集安屯石棚墓	JAT01	石棚墓	倾斜、表面风化、裂隙	墓葬壁石已倾斜。三面壁石均存在较为严重的纵向机械裂隙、构造裂隙病害，表面呈表层片状剥落病害	保存较好
通沟石棚墓群	TG01	盖石墓	植物病害、表面风化、裂隙	墓石周边植物生长茂盛，对墓葬造成挤压和覆盖。石材还存在表层片状剥落和表层脏闪病害	保存好
	TG02	盖石墓	倒塌	墓葬已倒塌，仅余一块墓石，已倒塌，其余构件缺失	保存差
	TG03	石棚墓	植物病害、断裂、表面风化、裂隙	仅余一侧壁石直立，其余构件不存在。壁石一段断裂。墓葬一侧受到植物生长挤压。墓石顶端存在裂隙和构造裂隙，墓石整体存在表面粉化剥落和表层片状剥落病害	保存较差
野猪沟石棚墓	YZG01	盖石墓	植物病害、表面风化、裂隙	墓葬盖顶石裸露于地面，一侧有树木生长挤压盖顶石。墓石整体存在表面粉化剥落。石材侧面有裂隙	保存好

太平沟墓群 1 号墓（图片来源：柳河县文物管理所）

碱水墓群 3 号墓

14 **辉发河上游石棚墓保护规划**
Conservation Planning of the Stone-shed Tombs on the Upper Reaches of Huifa River, Tonghua City, Jilin Province

091

保护规划

　　保护范围的划定根据遗址本体的分布情况和周边自然环境，采用沿山脊线外扩 50m 和参考地形中等高线加连线等方式。其中：

　　挑参沟石棚墓群、龙头堡石棚墓群、碱水石棚墓群、大沙滩石棚墓群、大花斜石棚墓群、林家沟石棚墓群、长安石棚墓群、集安屯石棚墓、通沟石棚墓群和野猪沟石棚墓 10 个墓群，划定保护范围是以墓群所在山体山脊线外扩 50m 范围为界。

　　杨瓦房石棚墓、白石东山（宋家油房）石棚墓、三块石石棚墓群 3 个墓群，划定保护范围是以墓群所在山体等高线加连线外扩 50m 范围为界。

　　太平沟石棚墓群 1 个，划定保护范围是以墓群所在山体山脊线外扩 50m 范围，西南侧以现状道路为边界。

　　14 个墓群保护范围总用地面积约 56hm²，其中梅河口市石棚墓群保护范围用地面积约 38.46hm²，柳河县石棚墓群保护范围用地面积约 17.54hm²。

　　建设控制带以遗址所在区域的地形、地貌、自然环境和现状村庄道路为界划定。规划建设控制地带用地面积约 999.64hm²，其中梅河口市内石棚墓建设控制地带用地面积约 726.87hm²，柳河县内石棚墓建设控制地带用地面积约 272.77hm²。

挑参沟墓群保护区划示意图

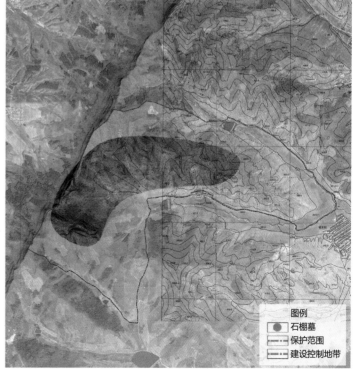

碱水墓群保护区划示意图

15 兴宁陵保护规划

Conservation Planning of Xingning Mausoleum in Xianyang City, Shaanxi Province

项目区位：陕西省咸阳市。

规划范围：兴宁陵的规划范围北至墓冢向北330m田耕路，西至墓冢向西350m田耕路，南至头道塬边界和村庄建设用地边界，东至墓冢向东380m处，面积约69.92hm²。

文物概况：兴宁陵又名唐代祖元皇陵，是唐高祖李渊的父亲李昞之墓，现位于陕西省咸阳市渭城区后排村以北的咸阳台塬二级台地上。按照"封土为陵"的帝陵葬制营建，陵园平面呈正方形，边长约347m。兴宁陵是第七批全国重点文物保护单位，现状地表尚存陵墓封土和石刻。

规划特点：兴宁陵地上遗址受自然和人为因素的影响，现状破坏速度较快，现存封土整体缺失较为严重，现存地表石刻多已残损、保存状况较差，亟待采取有效的保护措施。兴宁陵现状可达性较差，不利于保护利用工作开展。目前无专门管理机构，管理工作较为薄弱，尚不能满足文物保护的需要，监管力度亟须进一步加强。消除或减缓现状破坏威胁，建立科学、全面的保护管理架构，是规划重点所在。

编制时间：2016年。

项目状态：已通过国家文物局评审。

兴宁陵在咸阳市的区位示意图

兴宁陵在秦汉新城的区位示意图

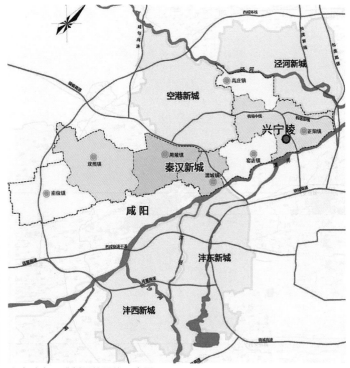

兴宁陵在西咸新区的区位示意图

历史背景

　　李昞是唐高祖李渊的父亲。唐建德元年（572），李昞卒，葬于咸阳。唐武德元年（618），高祖李渊追尊其父为元皇帝，庙号世祖，升墓为陵。

　　兴宁陵营建的时间及过程史书并无记载，仅可知兴宁陵有专人负责管理。唐初在各陵都设置了专门的管理机构，对陵园管理人员的人数、级别和分工也作出了新的规定，并明确了祭祀活动的制度、护陵的人数及陵园维修时间。关于兴宁陵的祭祀活动和时间，朝廷都作出了明确规定。按节气祭祀，场面宏大，所用物品种类繁多。

文物构成

　　兴宁陵遗址本体包括陵墓、垣墙、围沟、门址与门阙、角阙、乳阙、神道和石刻。其中地表尚存的遗址本体包括陵墓封土和4对8件石刻，地表无存的地下遗迹包括除封土以外的陵墓本体、垣墙及围沟、门址与门阙、角阙、乳阙、神道和地下埋藏的4对9件石刻（3件石刻佚失）。

墓塚

东侧独角兽石刻

兴宁陵东二石马图

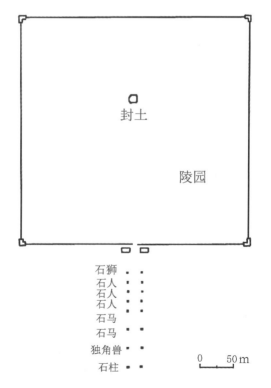

兴宁陵石道分布示意及石柱图

兴宁陵石人图
（以上图片来源：《关中唐祖陵神道石刻的年代》）

价值评估

历史价值

兴宁陵是唐朝建立后追封的祖陵，是唐初陵墓制度的典型代表，对以后唐代帝陵制度产生了较大影响，为研究唐代早期陵墓演变和我国古代陵墓史提供了重要实物资料。

兴宁陵石刻为研究唐代初期石刻特征和陵墓制度提供了重要的实物资料，在唐早期帝陵石刻布局、形制、造型等方面的研究上具有重要地位。

艺术价值

兴宁陵石刻继承了北朝浑厚质朴的传统，又融合了南朝甚至中西亚石刻风格，真实反映了初唐艺术特点，具有极高的艺术欣赏价值。

现状评估

现状病害评估

1. 地表遗存病害

现状封土病害主要包括缺失、坍塌、冲沟、植物病害。

现存石刻病害主要包括局部缺失、表层片状剥落、表面溶蚀、孔洞状风化、裂隙、水锈结壳。

2. 地下遗存病害

现状地下遗存主要病害包括陵墓本体存在道路占压，地下石刻本体缺失严重。

环境现状评估

1. 土地利用现状

现状兴宁陵周边用地性质以农林用地为主，南侧分布少量的村庄建设用地，但有向北拓展的趋势，已形成两处向兴宁陵方向伸展的沟谷地带。

2. 道路交通现状

现状兴宁陵遗址分布区内有田埂路穿过，对遗址造成了占压。现周边尚未建设高等级对外联系道路，通达性较差。

封土冲蚀病害

封土植物病害

石刻表层片状剥落病害

石刻裂隙病害

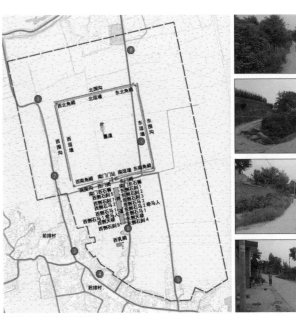
道路交通现状示意图

遗址保护展示

保护策略

1. 保护区划

规划将兴宁陵保护区划划分为保护范围和建设控制地带，其中保护范围划分为重点保护区和一般保护区。

重点保护区内的用地性质调整为文物古迹用地，其他单位不得随意占用,在该区内设置安全围栏保证遗址安全。

一般保护区内的用地性质维持现状农林用地不变,该区内的耕作活动必须依据考古研究成果,确认土层扰动深度,不得种植大型乔木植被。

2. 技术性保护措施

遗址本体技术性保护措施：包括加固保护、覆土保护、清理植被、取消占压道路。

石刻技术性保护措施：包括地基处理、补配修复、表面清洗、渗透加固、机械加固、封护处理。

3. 管理防护措施

对兴宁陵地下遗址本体,采取包括保护性征地、防灾减灾措施、消防措施等管理防护措施。

展示策略

1. 展示分区

规划兴宁陵展示分为三个功能区：文化展示区、综合配套服务区、生态环境保护区。

2. 展示道路

规划兴宁陵展示道路分为两个等级,分别为与城市道路对接的机动车道、连接各功能区和展示区的步行道。

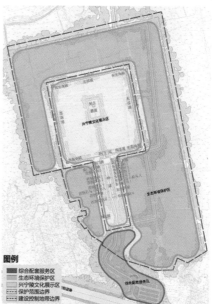

兴宁陵保护区划规划示意图

兴宁陵展示分区规划示意图

文化展示对象

生态环境保护对象

16 湘峪古堡文物保护规划

Conservation Planning of Xiangyu Ancient Castle in Shanxi Province

山水环抱的湘峪村（图片来源：沁水县旅游文物局）

湘峪村历史照片（图片来源：沁水县旅游文物局）

项目区位：山西省晋城市沁水县。

规划范围：规划研究范围为湘峪古堡及其周边密切相关的自然与村庄环境的范围，面积约为 53.86hm²。规划范围为湘峪古堡保护区划范围（保护范围与建设控制地带），面积约为 20.43hm²。

文物概况：湘峪古堡于 2006 年被列为第六批全国重点文物保护单位。湘峪村于 2010 年被列为第五批"中国历史文化名村"，2012 年，湘峪村被列为第一批中国传统村落。2013 年 9 月，国家文物局将其列为全国 6 处具有代表性的古村落之一，作为开展古村落保护利用综合工作的试点。

规划特点：规划梳理了遗产构成体系，对遗产进行价值、保存状况、展示利用、管理现状等专项评估，从而提出遗产地定位，调整原保护区划，提出保护措施和环境整治措施，确定古堡的展示陈列体系，划定功能分区，规划展示路线，为古堡的保护、利用提供规划依据。

编制时间：2011 年。

项目状态：已上报国家文物局。

湘峪古堡全景照片

文物概况

　　湘峪古堡地处沁河流域，沁河流域是山西三大古村落聚集区之一，现存古村落 31 个，其中湘峪村、窦庄村、郭壁村、润城村、西文兴村、皇城村、郭峪村 7 个村落为国保集中成片的传统村落。

　　湘峪古堡是明代晚期户部尚书孙居相、右副都御史孙鼎相兄弟的故居，由孙鼎相在明万历年间（1573—1619 年）主持修建，因其排行第三，故古城又名"三都古堡"，其故居名"三都堂"。湘峪古村历史悠久，最早可追溯至西

周时期（3000 年前）。明代时原名相谷村，清代时因其山环水绕，环境优美，故在"相谷"二字上加上"氵"字和"山"字，更名为湘峪村。

　　古堡背靠凤凰山，西依虎丘，面南向阳。湘峪河自东向西流过湘峪古堡南侧，常年流水不断。同时，古堡（大寨）利用周边山体设置东西南北四个兵寨，反映了建造过程中受到明代军事防御制度的影响。

沁河流域古村落布局示意图

湘峪古堡大寨与兵寨位置关系示意图

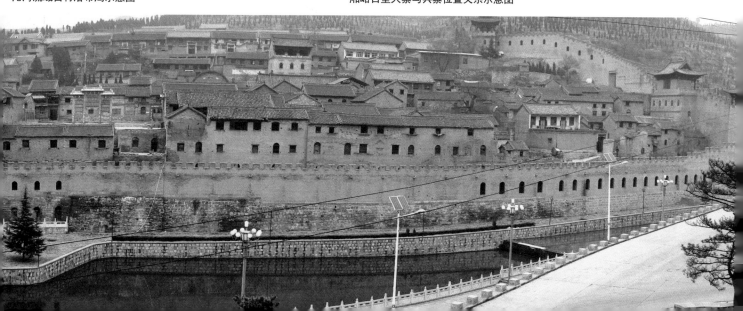

历史沿革

湘峪古堡先后经历过两次集中建设。

第一次是明末时期，家族的兴盛与自我保护的需要促使孙氏家族筑堡御敌，村落主体格局由此形成。

第二次是改革开放以来，煤矿业的发展激发了对居住空间的需求，村落呈组团式扩张。

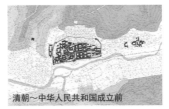

明末早期　　　　　明末后期　　　　　清朝～中华人民共和国成立前　　　中华人民共和国成立后至今

湘峪村历史沿革示意图

价值评估

历史价值

湘峪古堡是研究明末清初当地社会生活、人文历史及民俗民风的重要物证。

艺术价值

湘峪古堡独特的空间形态和整体景观形态具有较高的审美价值；湘峪古堡建筑形式和材料工艺具有一定的独特性；古堡内存有牌匾、彩画、雕刻等，具有很高的艺术价值。

科学价值

湘峪古堡的选址和布局形态具有一定的科学研究价值；湘峪古堡在同类古堡建筑中防御功能尤为突出。

社会价值

孙氏兄弟同朝为官，清廉公正的事迹广为传颂，对现世具有教育意义，警醒后人；湘峪古堡是明末古堡建筑群的珍贵遗存，对带动当地的社会、经济、文化发展具有积极意义。

眉檐垂柱

木雕

彩绘

石雕　　　　　砖雕

匾额

现存孙氏族谱

（以上图片来源：沁水县旅游文物局）

藏兵洞内部转角

藏兵洞内部通道

藏兵洞观察窗

保护对象

本次规划认为文物本体、附属文物及遗存、文物环境、非物质文化遗产四大要素是湘峪古堡的重要保护要素。

其中文物本体包括以下几类：

（1）堡寨格局：内城堡墙、外城堡墙及堡门、角楼、藏兵洞等。

（2）历史街巷：东西向两条、南北向九条巷道。

（3）院落建筑：棋盘院北院、双插花院、三都府、绣楼院、孙氏祠堂、玉皇庙（东岳庙）、帅府、十大宅院等。

（4）特色构筑物：过街楼、牌楼、涵洞等。

附属文物及遗存指与孙氏家族、村落生活密切相关的历史景观要素，主要包括碑刻、牌匾、影壁、胸径超过20cm的大树、古井、磨盘、墓葬等。

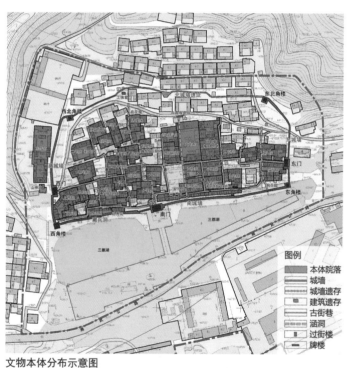

文物本体分布示意图

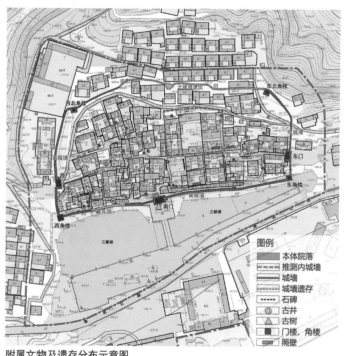

附属文物及遗存分布示意图

藏兵洞

（以上图片来源：沁水县旅游文物局）

巷道

三都堂

过街楼

牌楼

现状评估

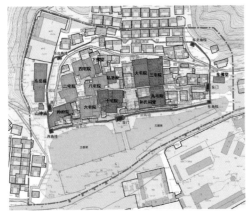

现状历史院落功能分布示意图

图例
- 官宅院落
- 商宅院落
- 公共院落

现状文物院落铺装材料评估示意图

图例
- 传统材料（青色条砖、方砖、条石）
- 现代材料（水泥、水磨砖、耐火砖）

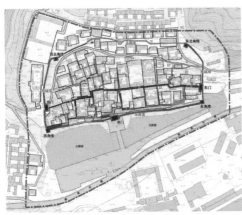

现状历史街巷材质评估示意图

图例
- 青石板路面
- 人造石路面
- 沙土路面
- 砖石路面
- 水泥路面

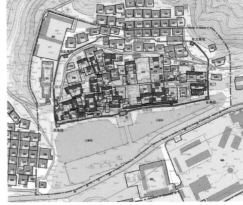

现状建筑年代分析示意图

图例
- 明代建筑
- 清代建筑
- 民国建筑
- 中华人民共和国成立后至 20 世纪 80 年代建筑
- 20 世纪 80 年代后建筑

现状建筑高度分析示意图

图例
- 一层建筑
- 二层建筑
- 三层建筑
- 四层建筑
- 五层建筑

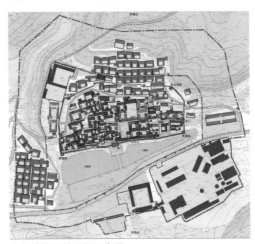

现状建筑风貌分析示意图

图例
- 文物本体
- 有价值的传统建筑
- 与传统风貌协调的建筑
- 与传统风貌不协调的建筑

保护区划

区划划定

湘峪古堡保护区划分为保护范围、建设控制地带和环境协调区。

其中保护范围面积 8.32hm²，建设控制地带 20.43hm²，环境协调区 53.86hm²。

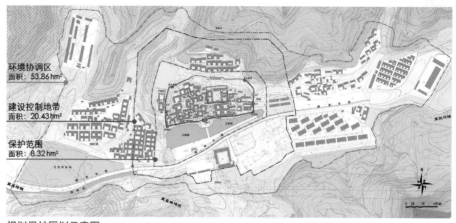

规划保护区划示意图

保护措施

文物建筑（包括文物院落中的文物建筑和历史院落中有价值的传统建筑）修缮保护措施按照残损级别分为四种类型。

重点修复针对Ⅳ类残损以及村委会确定的重点修复院落；现状整修针对Ⅲ类残损；防护加固针对Ⅱ类残损；日常保养针对基本完好的Ⅰ类残损文物建筑以及其他经过修缮的文物建筑。

对文物院落中用现代材料铺装的院面采取全部揭取，用青灰手工条砖或方砖进行重新铺墁，墁地方式皆为细墁。

对院落中已使用多种传统材料，如青灰条砖、方砖、块石杂墁的地面，予以揭取，需采用统一的传统材料重新铺墁。

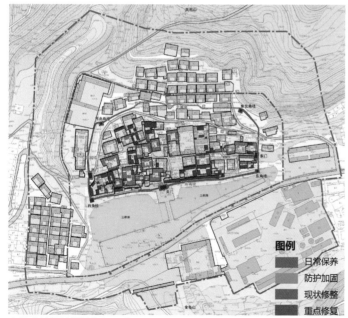

文物建筑保护措施规划示意图

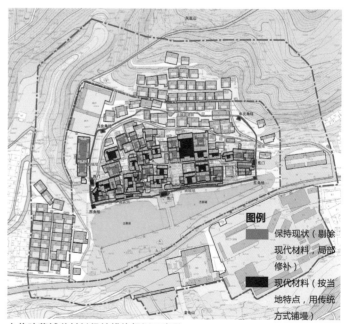

文物院落铺装材料保护措施规划示意图

环境整治

在景观整治方面，保护和利用现有山、水等资源，充分利用沟塘等进行绿化，改善环境质量；对湘峪河进行整治、疏通河道；重点整治对上游河道造成污染的环保不达标企业，改善湘峪河水域环境；改造古堡南侧湘峪桥，使之与湘峪古堡古色古香的景观特质相协调；改造建设具有地方特色的湘峪广场，同时配套建设停车场，满足游客需求；远期条件成熟时，搬迁煤矿，建设工业遗产主体公园，以改善古堡周边景观环境。

在建筑整治方面，保留与传统建筑体量和风貌协调、质量较好的建筑；整修改造与传统风貌协调但质量较差的建筑、与传统风貌不协调但有改造潜力的建筑；拆除近年来加建的、风貌极差无法改造的及破坏历史风貌格局的散落建筑，无法通过降低层数、立面整治等措施使其与古村落风貌相协调时，进行拆除清理，辟为绿地或开敞空间。

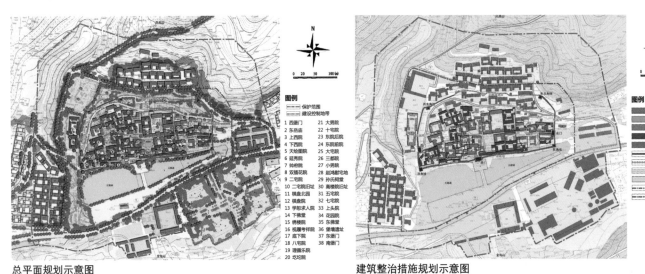

总平面规划示意图

建筑整治措施规划示意图

电力电信工程规划示意图

环卫工程规划示意图

展示利用

以堡寨格局、文物院落为主要展示单元，充分体现湘峪古堡丰富的文化内涵，主要包含堡寨文化、晋南民俗、传统民居、宗教文化、特色商品等五大板块。

堡寨文化展示点：展示湘峪古堡作为古代防御性建筑的典范。

晋南民俗体验点：展示湘峪古堡十大宅院的恢宏格局和精巧设计。

传统民居展示点：展示湘峪古堡流传至今的曲艺、风俗及生活场景。

宗教文化展示点：展示古堡泛神论的多元宗教信仰。

特色商品展示点：展示湘峪古堡带有地域特色的传统手工艺、医药、书画等商品，以及精美舒适的民宿（客栈）。

图例

☐ 堡寨文化展示
☐ 晋南民俗体验
☐ 传统民居展示
☐ 宗教文化展示
☐ 特色商品展示
--- 涵洞
--- 虎蹄路
▨ 文物展示院落
■ 堡墙
▨ 堡墙遗址

展示陈列功能布局规划示意图

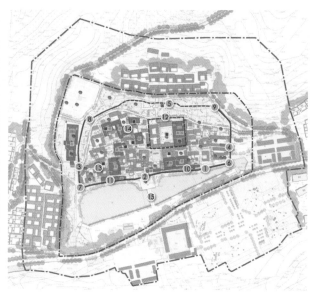

① 堡墙　⑤ 北城墙遗址公园　⑨ 东北角楼　⑬ 帅府院
② 南堡门　⑥ 东南角楼　⑩ 藏兵洞　⑭ 运兵通道
③ 西堡门　⑦ 西南角楼　⑪ 天绘图院　⑮ 护城河及吊桥(旧址)
④ 东堡门　⑧ 西北角楼　⑫ 内堡墙

堡寨文化展示布局规划示意图

登高望远

兵洞连城

以堡寨文化展示为例，设计三种展示主题，串联起不同的堡寨文化节点：

登高望远——外堡墙、城楼、角楼、望楼；

兵洞连城——藏兵洞、天绘图院、古涵洞；

兵临城下——帅府院、护城河、吊桥旧址。

17 吉家营历史文化村落保护与发展规划

Conservation & Development Planning of Jijiaying Historical-cultural Village, Xinchengzi Town, Miyun District, Beijing

项目区位：北京市密云县。

规划范围：吉家营村位于北京密云县的新城子镇西南，吉家营村是由吉家营行政村，以及上河北、齐庄子、车往地、印子峪、关门 5 个自然村构成，村域面积 9.52km²。本次规划范围就是吉家营行政村的范围。村庄规划面积为 8.28hm²。

遗址概况：吉家营村是明代长城防御体系的重要组成部分，是历史上护卫京城的具有重要战略地位的城堡，是体现明代长城附属建筑风貌的典范，以文化旅游、影视基地为辅助的历史文化村落。吉家营地处群山环抱的丘陵地带，

在新城子南十里，是当时的培训军兵营。城堡设有东、西二门，城墙是砖石结构，中间加夯土。城周长 1km，城高 7m，顶宽 4m。城东门外有演武厅、点兵台、教练场等军事设施。此处是曹家路口的军事培训中心。如今东、西城门及部分城墙仍存在。

规划特点：吉家营村是历史文化村落，具有一般村庄的基本功能，它的保护不能冻结在某一时段，如何在保护历史文化遗迹的基础上，满足村庄社会、经济的发展与生活环境改善的需要，是本次规划的重点。

编制时间：2007 年。

吉家营村全景（2007 年）

现状分析

　　吉家营村被古城墙分为城内和城外两个部分，城内的格局在建城之初就已形成，目前仍基本保持着原有的村庄肌理。城外部分由于人口增长导致用地规模扩大。城内基本维持明代堡城格局，继承了连排军营的形式，以一合院为主。由于战乱，明清时期的建筑已经不复存在，现存的只有村落空间形态、街巷肌理及一些构筑物等。吉家营村共有 153 个院落，一合院数量最多，共 73 个，占总比例的 47.7％。其次是"正房＋厢房"的形式，共有 45 个，约占总数的 30％。

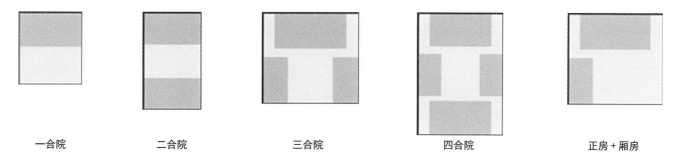

| 一合院 | 二合院 | 三合院 | 四合院 | 正房＋厢房 |

保护内容

　　（1）保护村庄周边的环境和自然地形地貌。

　　（2）保护街道、胡同形成的历史空间结构和肌理。

　　（3）保护城门、城墙及城墙基础。

　　（4）保护其他有价值的历史建筑或建筑局部（石鼓、影壁、瓦当、围墙等）。

　　（5）保护屋顶形态，延续现有屋顶颜色、材料。

　　（6）保护其他历史遗迹（古庙遗址、古碾子、古井、古门洞、上马石等）。

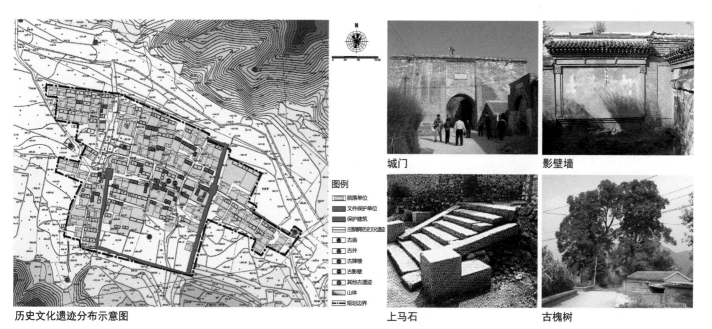

历史文化遗迹分布示意图

城门　　影壁墙

上马石　　古槐树

保护范围

　　根据不同的保护要求，本次规划分两个层次保护，第一层次为保护区；第二层为保护区外围的环境协调区。保护区分为重点保护区和建设控制区。

　　1. 重点保护区：是集中体现村落历史景观和传统风貌的特殊地区，是对建筑风格及其整体风貌必须进行重点保护管理的区域。规划要求区内的建筑物、道路街巷、绿化等基本保持近现代的风貌，并保持其原有的功能性质。规

划划定的重点保护区是城墙以内的区域，占地 4.6hm²，是构成吉家营村历史文化风貌的主体，是传统村落肌理最重要的部分。

　　2. 建设控制区：村庄规划范围内除去重点保护区和文物保护单位以外的区域，占地 3.68hm²。

　　3. 环境协调区：是指保护区外围，视线所能看见的各个山顶的连线所构成的区域。

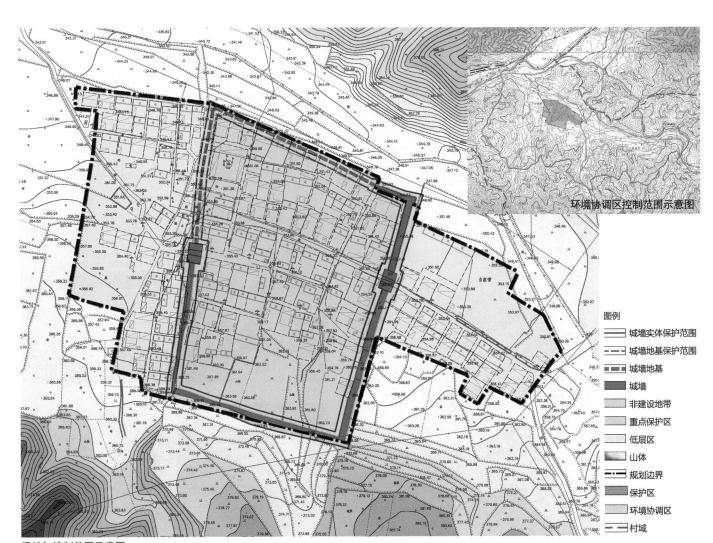

环境协调区控制范围示意图

图例
城墙实体保护范围
城墙地基保护范围
城墙地基
城墙
非建设地带
重点保护区
低层区
山体
规划边界
保护区
环境协调区
村域

保护与控制范围示意图

建筑保护与整治

1. 文物类建筑：对已划定为县级文物保护单位的城门、城墙，应严格按相关法律和法规进行保护管理。

2. 保护类建筑：对那些尚未被列入文物保护单位名单，但却具有一定历史文化价值的传统建筑，应参照对文物保护单位保护的相关办法和法规进行保护，并在改善或复原的基础上妥善保护。

3. 改善类建筑：具有清晰和典型的传统建筑空间布局形态和传统建筑形式的历史建筑。其中质量为"一般"的，可对其内部进行修缮和更新，以改善居住条件，但建筑外部应基本复原，要做到"修旧如故"；建筑质量为"较差"的，应采取改善的方式，充分利用这些历史构件或元素来真实地反映村落的历史风貌和地方特色，要以循序渐进的

方式进行更新保护。

4. 保留类建筑：对于和传统风貌比较协调的现代建筑，建筑质量评定为"好"的，要予以保留。个别形态、色彩、细部与历史建筑不相协调的可基本保留，采用整饰的手法，使之与传统风貌相协调。

5. 更新类建筑：建筑风貌上无保留价值、建筑质量较差的搭建房要逐步拆除，更新改造后的建筑与原有建筑的体量、空间形态、色彩等应保持一致。新建的居住建筑中对村庄的传统风貌有很大影响的，近期必须对其建筑外观进行整饰，在条件成熟时应予以拆除，新建建筑要同历史建筑相协调。

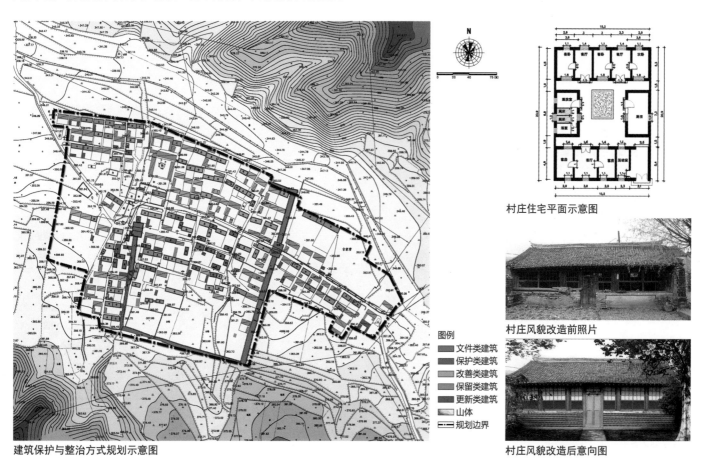

村庄住宅平面示意图

村庄风貌改造前照片

图例
- 文件类建筑
- 保护类建筑
- 改善类建筑
- 保留类建筑
- 更新类建筑
- 山体
- 规划边界

建筑保护与整治方式规划示意图

村庄风貌改造后意向图

18　王家大院保护规划

Conservation Planning of Wang Family Grand Courtyard in Lingshi County, Shanxi Province

项目区位：山西省晋中市灵石县。

规划范围：本次保护规划通过对王家大院周边地形地貌三维模型的分析，确定以北部山脊线、南部静升河、东西两侧现状路为界，包含所有本体在内的完整的地理单元为规划范围。规划范围面积约 55.51hm²。

文物概况：王家大院位于山西省灵石县城东 12km 处的静升镇，建于明万历元年至清嘉庆十六年（1573—1811 年）。现存大部分为清代建筑，部分为明代建筑。于 2006 年被国务院公布为第六批全国重点文物保护单位，属古建筑中的宅第民居类。

规划特点：王家大院鼎盛时期形成了"五巷六堡五祠堂"

等庞大的建筑群，总面积达 25 万 m² 以上。现存院落 123 座，房屋 1118 间，占地面积 4.5万 m²。基于静升村与王家大院传统肌理、规模等方面的研究，针对王家大院及相关遗存，规划从宏观上分析和考虑保护对策，微观上有针对性地提出保护措施，以达到整体保护的目的，保护文物本体及历史环境的真实性与完整性。改善当地居民生活质量与生活环境，凸显王家大院的社会价值，促进社会、经济、文化和谐发展。

编制时间：2012 年。

项目状态：已通过山西省文物局评审。

游客服务中心（图片来源：灵石县文物旅游局）

王家大院在灵石县的区位示意图

王家大院现状照片（图片来源：灵石县文物旅游局）

价值评估

历史价值：王家大院是反映明清社会面貌、见证晋商兴衰成败的重要遗存。王家大院即王氏家族的宅第，始建于元末，扩建于明清，是现存保存较为完整的城堡建筑代表作。

科学价值：王家大院作为明清时期中国北方官商城堡式住宅的典型代表，在居住建筑学领域具有极高的研究价值。为研究王家大院的选址、建筑布局、建筑形式和建筑结构等内容提供了宝贵实物。

艺术价值：王家大院艺术价值主要体现在建筑艺术、装饰艺术和藏品艺术三方面。王家大院沿袭我国传统居住类建筑群的格局，建筑布局磅礴大气，主次有别，开合有度，虚实有致，巧连妙构，大量运用木雕、砖雕、石雕艺术作为造型装饰，"三雕"雕刻工艺繁杂考究，图案精美，人物、花鸟鱼兽栩栩如生，寓意深刻，具有较高的艺术价值。

社会价值：王家大院是历史文化普及教育和遗产保护宣传的重要基地，也是地方发展的重要引擎。

文化价值：王家大院是了解晋商文化的重要窗口。将"儒、道、佛"的思想，以及福禄喜寿的夙愿融汇在统一的风格中，体现出中国传统文化兼容并蓄的内涵，是研究封建礼教和传统道德的宝贵史料。

红门堡建筑群现状照片

翁方纲书法木刻牌匾

木雕满床笏

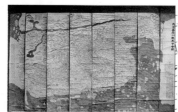

大清万年一统天下全图

孝义家祠祭田碑记

静升王氏源流碑记

端木书屋议定条规

石雕竹子门框　　石雕墙基石

现状评估

遗址病害

屋面修缮不当，导致屋顶瓦件局部松动、泥背脱落、脊饰整体倾闪倒塌、部分构件残缺等；部分建筑屋顶漏雨，部分建筑大木构架梁柱沤朽、风干裂缝，望板、椽飞糟朽；小木构件由于常年受雨水冲刷，风吹日晒，致使木构件糟朽开裂，油饰剥落；部分装修改造为现代门窗；部分酥碱墙体维修时抹制水泥层做假缝，墙体抹制的水泥层泛碱；部分建筑的基础软化局部沉陷；宜安院和当铺院地面条砖40%碎裂，院面局部抹制水泥等。

破坏因素

依据《古建筑木结构维护与加固技术规范》

GB 50165—1992 评估标准，结合现场勘查，人为因素和自然因素是导致文物建筑残损的主要原因。人为因素主要包括当年维修技术不规范、施工工艺粗糙、选材不当等，导致屋面漏雨、墙体抹制水泥等；自然因素主要包括雨水侵蚀、屋顶渗漏木构架洇湿沤朽、木构架风干裂缝、地基软化下沉；综合评估结果：

Ⅰ类建筑共计 240 座，其中高家崖 89 座，红门堡 142 座，孝义祠 9 座；

Ⅲ类建筑共计 58 座，其中高家崖 9 座，红门堡 49 座；

Ⅳ类建筑共计 25 座，其中高家崖 2 座，红门堡 2 座，宜安院 13 座，当铺院 8 座。

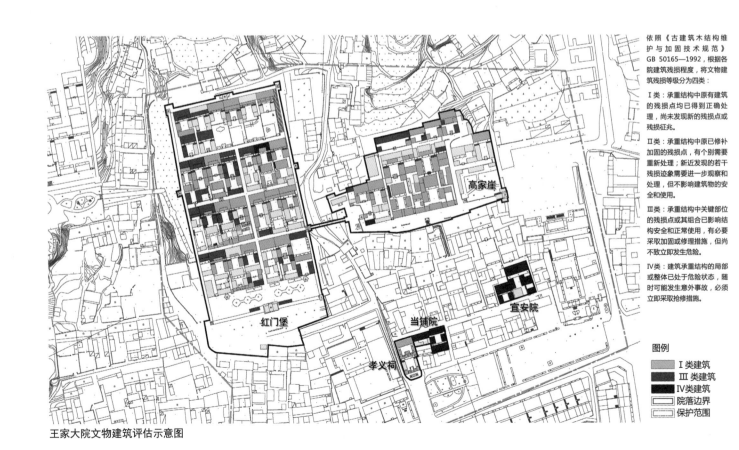

依照《古建筑木结构维护与加固技术规范》GB 50165—1992，根据各院建筑残损程度，将文物建筑残损等级分为四类：

Ⅰ类：承重结构中原有建筑的残损点均已得到正确处理，尚未发现新的残损点或残损征兆。

Ⅱ类：承重结构中原已修补加固的残损点，有个别需要重新处理；新近发现的若干残损迹象需要进一步观察和处理，但不影响建筑物的安全和使用。

Ⅲ类：承重结构中关键部位的残损点或其组合已影响结构安全和正常使用，有必要采取加固或修理措施，但尚不致立即发生危险。

Ⅳ类：建筑承重结构的局部或整体已处于危险状态，随时可能发生意外事故，必须立即采取抢修措施。

图例
- Ⅰ类建筑
- Ⅲ类建筑
- Ⅳ类建筑
- 院落边界
- 保护范围

王家大院文物建筑评估示意图

保护规划

区划依据

本次保护区划的划定依据现状保护区划、现状文物建筑、文物院落分布情况、相关文物分布情况以及现状地形地貌进行划定。其中保护范围包含文物本体和与之密切相关的区域，建设控制地带包含临近的各级文物保护单位、第三次普查文物及对王家大院视线景观产生影响的区域。

保护区划

本次保护规划区划分为保护范围和建设控制地带两个层次，其中保护范围包括重点保护区、一般保护区两个区域，建设控制地带分为一类建设控制地带和二类建设控制地带。其中保护范围占地面积为 13.64hm^2，包括重点保护区 3.43hm^2、一般保护区 10.21hm^2；建设控制地带占地面积 41.87hm^2，包括一类建设控制地带面积 4.68hm^2；二类建设控制地带面积 37.19hm^2。

保护措施

王家大院文物建筑本体保护工程分类根据《文物保护工程管理办法》（2003）第五条，文物保护工程分为：保养维护工程、抢险加固工程、修缮工程、保护性设施建设工程、迁移工程等。文物建筑本体共计 240 座，主要分布在高家崖、红门堡和孝义祠。

附属文物包括碑碣、竹木类、石质类和书画类。其中碑碣 6 通（方），竹木类 8 件，石质文物 3 件，书画类 6 件。碑碣、石质类采取原址保护的措施。竹木类、书画类要求加强日常看护措施，避免游客对文物的直接接触；加强日常监测，设置防火、防盗的监测设施。

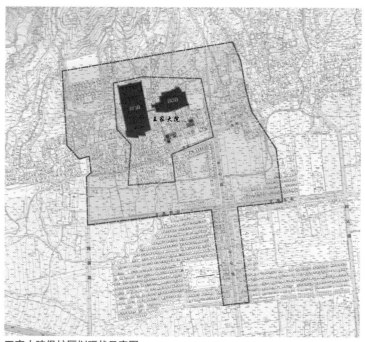

王家大院保护区划现状示意图

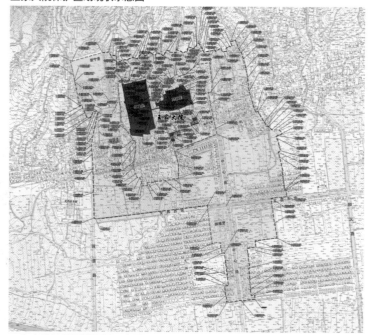

王家大院保护区划规划示意图

19 北杜铁塔保护规划

Conservation Planning of Beidu Tower in Xixian New Area, Shaanxi Province

项目区位：西安市西咸新区。

规划范围：北杜铁塔保护规划的规划范围包括文物建筑及周边环境。四至范围为东至规划铁塔东路以东文化设施用地东边界；南至咸阳机场的用地北边界；西至隆平路东路沿线；北至北杜大街南路沿线。面积为 27.88hm²。

文物概况：北杜铁塔是明万历年间南书房行走太监杜茂铸造，始建于明万历三十三年，万历三十八年建造完成，塔高 21.5m，是我国现存最高的一座千佛铁塔，也是我国不可多得的佛教铁质建筑文物遗存。2013 年被国务院公布为第七批全国重点文物保护单位，受到地方政府及民众的高度关注。

规划特点：针对铸铁构件残损严重、周边违建等现状问题规划要求建立有效、长期的监测机制，深入研究北杜铁塔铸铁及青砖材料成分、慢氧化过程实验，明确建筑形制、建造工艺，寻求科学的保护方法，对现有残损铸铁构件进行修缮。充分衔接上位规划，根据现状建设情况，合理调整保护区划，使其更具有操作性，便于管理。同时，完善现有管理体系，建立有效的管理培训机制，加快推进北杜铁塔"三防"设施建设工程。严格控制周边建设用地，协调建筑风貌。

编制时间：2018 年。

项目状态：已通过西咸新区文物局评审。

北杜铁塔在空港新城的区位示意图

北杜铁塔区位示意图

北杜铁塔现状照片

铁塔四大金刚照片

价值评估

历史价值：北杜铁塔是我国现存最高的千佛铁塔，反映出宋明时期佛教文化的兴盛和发展，也为研究福昌寺历史格局提供重要的史料，历史价值重大。

科学价值：北杜铁塔为研究明代金属建造工艺和雕刻技法提供了珍贵的实物资料，也体现了中国古代建筑在材料应用方面的高度成就。

艺术价值：北杜铁塔构件精致，外轮廓挺拔秀美，其周身罗列千余座佛像，形态逼真，动植物浮雕图案栩栩如生，是研究明代重大铸造、雕塑工艺和咸阳地区佛教文化的重要实物，也反映了明代铸造业的发达和高超的建筑水平。

社会价值：北杜铁塔为空港地区的文化事业发展起到了推动作用。

文化价值：北杜铁塔作为空港新城佛教建筑代表之一，是空港新城地区宗教文化多样性的实证。

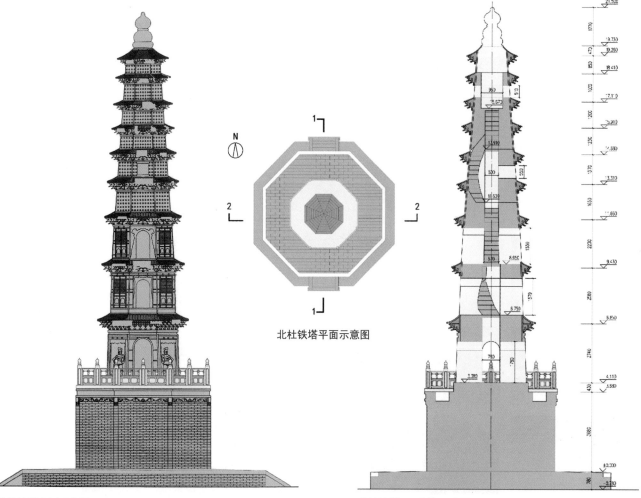

北杜铁塔平面示意图

北杜铁塔立面示意图

北杜铁塔 2-2 剖面示意图

现状评估

遗址病害

北杜铁塔塔基整体保存较好，铸铁塔青砖月台保存较好，无明显病害，且增设了安全围栏，禁止游客随意攀爬。青砖台座局部出现轻微硝碱、剥落。铸铁塔本体保存较好，塔体八面均有轻微残损和缺失，部分构件残缺不全，主要包括斗栱残缺；屋檐残缺和由于锈蚀出现的孔洞，其中二层塔檐屋面及斗栱残失60%，四层塔檐屋面残失50%；雕刻小佛像残缺，四大天王的脚、手有残缺。现状铁塔内部保存良好，部分墙面存有早期人为刻画痕迹，现铁塔已安装铁栅栏门，游人不得随意攀登铁塔。

破坏因素

自然因素：导致北杜铁塔残损主要的自然因素包括酸雨、冻融等对外部铸铁构件的腐蚀和对月台、台基等青砖构件的影响。目前，缺少动态监测，对铁塔外部由于铸铁构件锈蚀导致的孔洞、缺失等病害没有准确的记录和监测。

人为因素：北杜铁塔现状主要人为因素破坏为城市建设对铁塔本体的影响，例如机场建设中飞机产生的震动对铁塔的影响。城市化建筑体量、风貌、景观等要素对铁塔环境的影响。

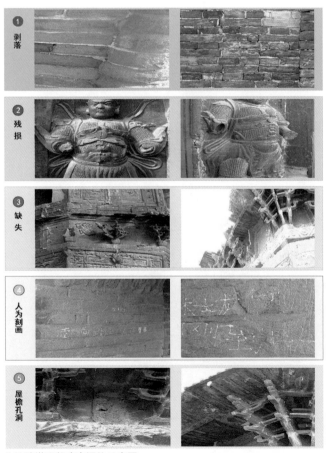

北杜铁塔现状病害评估示意图

图例
① 硝碱、剥落
② 残损
③ 缺失
④ 人为刻画
⑤ 屋檐孔洞

保护规划

建立长效监测机制，创研科学保护方法。

规划要求建立有效、长期的监测机制，深入研究北杜铁塔铸铁及青砖材料成分、慢氧化过程实验、明确建筑形制、建造工艺，寻求科学的保护方法，对现有残损铸铁构件进行修缮。

调整保护区划，完善管理体系，加强管理力度。

充分衔接上位规划、根据现状建设情况，合理调整保护区划，使其更具有操作性，便于管理。同时，完善现有管理体系，建立有效的管理培训机制，加快推进北杜铁塔"三防"设施建设工程。

严格控制周边建设用地，协调建筑风貌。

有效保证北杜铁塔的视线景观，严格控制铁塔周边城市建设用地的高度、强度及景观风貌，保证与北杜铁塔的整体风貌相协调。

深入研究福昌寺格局，科学阐释文物价值。

现状新建寺庙严重破坏了北杜铁塔的真实性，规划应优先考古研究工作，深入、全面地研究北杜铁塔的历史沿革及福昌寺的历史格局，为整体保护北杜铁塔的历史环境提供真实、可靠的基础资料。

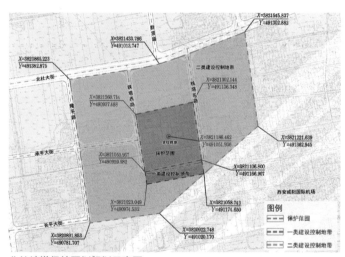

北杜铁塔保护区划规划示意图

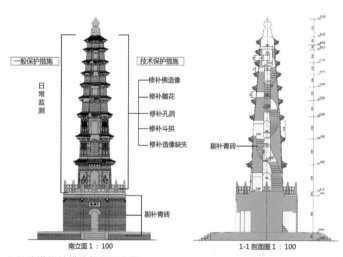

北杜铁塔保护措施规划示意图

北杜铁塔纹饰与铁质造像细部图

20 安化风雨桥保护规划

Conservation Planning of the Wind-rain Bridges in Anhua County, Hunan Province

项目区位：湖南省益阳市安化县。

规划范围：本次规划范围包括永锡桥、思贤桥、马渡桥、十义桥、燕子桥、仙牛石桥、复古桥等七座风雨桥的文物本体及周边环境，总规划面积约 120.46hm²。

文物概况：安化风雨桥是第七批全国重点文物保护单位，是湘中地区重要的历史文化遗产，也是安化县茶马古道的重要组成部分。分布于安化县境内的风雨桥，单体数量较多，保存相对完好，是清代至民国时期风雨桥建造工艺的体现，对于研究湘中地区风雨桥建造历史及地区文化，具有重要的历史价值。

规划特点：风雨桥所在河流是安化县境内的中小型溪流，其周边山体、农田与村落构成的自然环境，与风雨桥和谐统一，是重要的文物环境。规划结合风雨桥本体周边的历史地理环境、现状建设情况、视域范围等因素调整风雨桥的保护区划，以满足文物完整性要求和保护工作可操作性的需要。

编制时间：2013 年。

项目状态：已通过国家文物局评审。

江南镇永锡桥
安化县规模最大、保存最为完好的清代木伸臂梁风雨桥

江南镇思贤桥

东坪镇马渡桥

梅城镇十义桥

梅城镇燕子桥   大福镇仙牛石桥   柘溪镇复古桥

风雨桥分布概况

中国廊桥多分布于南方丘陵地区，以闽、浙、湘、赣、黔为众。安化风雨桥是湘中地区廊桥的典型代表，历经岁月变迁，见证了湖南交通发展的历史进程。同时作为兼具道路交通与日常集会性质的桥梁，也是河道两侧居民通行、休憩的重要场所，其重要的使用价值延续至今。部分风雨桥因其特殊的地理位置曾具有驿站功能。

安化县境内风雨桥分布密集，至今仍保存有清代至民国时期的风雨桥共 29 座，其中 28 座为木伸臂梁风雨桥，是该类型风雨桥的集中分布区。已公布为全国重点文物保护单位的 7 座风雨桥即是木伸臂梁风雨桥的典型代表。

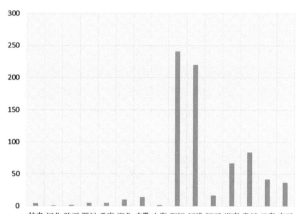

风雨桥在全国的分布情况

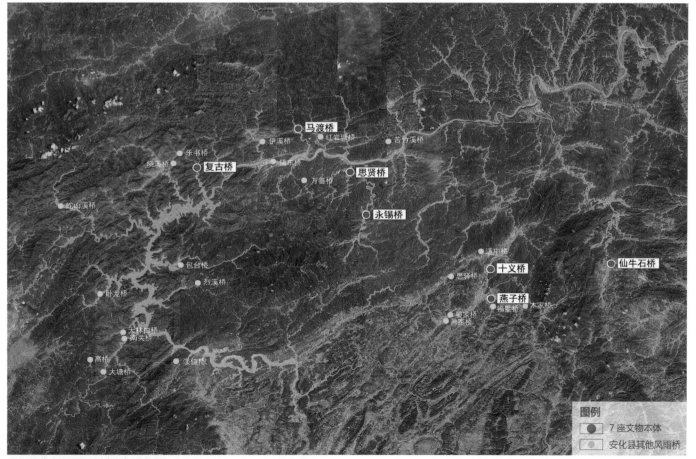

安化县境内主要风雨桥分布示意图

保护区划

安化风雨桥的保护区划分为三个层级：保护范围、一类建设控制地带、二类建设控制地带。

保护范围：主要沿用现状区划，为满足文物保护完整性、安全性和保护管理工作的可操作性等需要，结合桥梁周边道路和水路驳岸，根据文物分布、周边建筑分布及地理要素分布等情况予以微调。

建设控制地带：为了全面保护安化风雨桥的本体及环境，对现状建设控制地带进行了较大调整，采取分级控制措施。一类建设控制地带，重点为山、水、田、村与古桥构成的人文景观及自然景观格局的保护控制；二类建设控制地带，重点为文物周边的村庄集中建设区的发展控制。

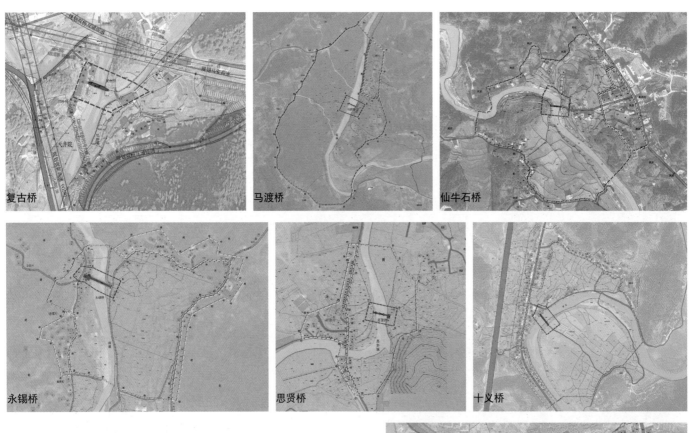

七座风雨桥保护区划图

本体保护措施、环境整治及展示利用

本体保护措施：安化风雨桥本体应采用传统技术、材料和组织形式进行日常保养维护和修缮。根据具体情况需进行的保护措施工程包括：木材的防腐和防虫、加固、修缮及保护性设施建设。

环境整治措施：包括优化景观环境，加强周边民宅风貌管控，整治与传统风貌不协调的建筑；改善电力、通信线路；清理垃圾与杂物，保持周边环境整洁；组织水系疏浚，控制污染排放；加强基础设施建设等。

展示利用策略：根据风雨桥的实际情况和客观条件，本着"适度展示、循序渐进"的原则，近期选取展示价值较大、交通较为便捷的永锡桥和思贤桥进行综合展示；其余诸桥近期以满足当地群众参观、休闲需要为主，远期将安化风雨桥整体资源纳入当地全域旅游发展体系。

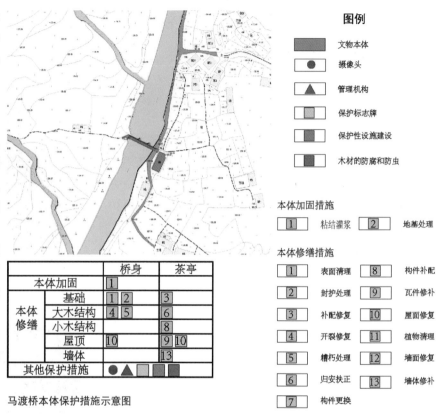

图例

	文物本体
●	摄像头
▲	管理机构
	保护标志牌
	保护性设施建设
	木材的防腐和防虫

本体加固措施

1	粘结灌浆	2	地基处理

本体修缮措施

1	表面清理	8	构件补配
2	封护处理	9	瓦件补配
3	补配修复	10	屋面修复
4	开裂修复	11	植物清理
5	糟朽处理	12	墙面修复
6	归安扶正	13	墙体修补
7	构件更换		

		桥身	茶亭
本体加固		1	
本体修缮	基础	1 2	3
	大木结构	4 5	6
	小木结构		8
	屋顶	10	9 10
	墙体		13
其他保护措施		● ▲	

马渡桥本体保护措施示意图

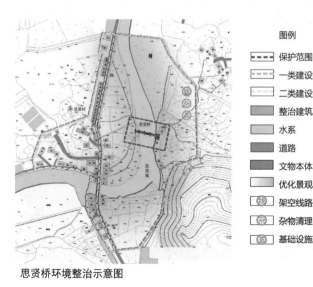

图例

- - - - 保护范围
- - - 一类建设控制地带
- · - 二类建设控制地带
整治建筑
水系
道路
文物本体
优化景观环境
架空线路整改
杂物清理
基础设施建设

思贤桥环境整治示意图

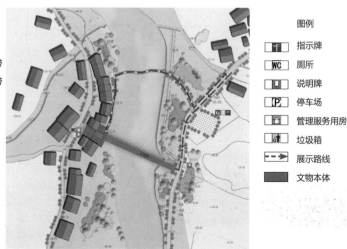

图例

指示牌
WC 厕所
说明牌
P 停车场
管理服务用房
垃圾箱
- - ▶ 展示路线
文物本体

永锡桥展示规划示意图

21 山东省邹城市明鲁王墓保护规划

Conservation Planning of Lu Princes' Tombs during Ming Dynasty in Zoucheng City, Shandong Province

项目区位：山东省邹城市。

规划范围：本规划分为研究范围和规划范围两个层次，研究范围包括明鲁王墓所包含的三座墓葬文物遗存及周边山水自然环境；规划范围为鲁荒王陵、鲁靖王墓、鲁钜野王墓3处墓葬的保护区划范围及周边环境，总占地面积275.97hm^2。

文物概况：明鲁王墓位于山东省邹城市东北部，包括：鲁荒王陵、鲁靖王墓、鲁钜野王墓3个墓葬，其中鲁荒王陵是目前山东省出土文物最丰富的明代墓葬，为古墓葬。2006年5月25日，被国务院公布为第六批全国重点文物保护单位。

规划特点：在对明鲁王墓整体缺乏系统考古的情况下，如何有效保护已发现的三座明代亲王墓葬的安全性、真实性、完整性以及其文物环境的和谐性、完整性、延续性，并以此为核心，与邹城文化旅游的发展相协调，使其在地方社会经济发展中发挥重要作用，成为本次规划的重点与难点。

编制时间：2013年。

明鲁王墓在邹城市的位置示意图

鲁荒王陵

汉鲁王墓（图片来源：山东省邹城市文物局）

鲁荒王陵鸟瞰

价值评估

历史价值

　　明鲁王墓中的鲁荒王陵为明代第一个营建的亲王陵墓，其选址与建造为朝廷制定亲王陵墓制度提供实例，为明代亲王陵寝体系奠定了基础。

　　鲁王是明代诸亲王中传世最长的一支，明鲁王墓群是鲁王世系的重要遗存，表现出复杂的时代特征，体现文物自身的发展变化，并反映出所处社会背景的历史变迁。

科学价值

　　明鲁王墓群中的鲁荒王陵是目前山东省发掘最完整、出土文物最丰富、陵区占地面积最大、地宫距地表最深的明代墓葬，为研究明朝亲王陵寝制度及演变提供了重要的历史资料。

　　明鲁王墓的选址、方位选择、环境处理手法等所反映出的风水格局对研究明代风水观念和堪舆理论具有重要价值。

　　明鲁王墓群中的鲁荒王陵陵园基址明确、整体格局清晰，各墓墓室保存基本完好，是研究明初建筑技术和工艺的重要实例。

　　明鲁王墓出土文物众多，包括珠宝、玉器、瓷器、漆器、木器、金属器皿、冕服等多种类型，为中国古代科技史相关材料制作工艺研究提供了重要资料。

社会价值

　　明鲁王墓群是邹城市的重要文物资源，该遗存的保护与利用可对邹城市及其所在区域的社会、文化、经济发展产生积极的促进作用。

　　明鲁王墓较为完整地展现了明初亲王陵墓的状况，反应了明初的社会经济情况，是中国古代丧葬文化的优秀遗产，重要的历史文化与考古科普基地。

　　明鲁王墓是重要的文化景观，对其实施科学保护可以提升明鲁王墓景区的景观品位，提高游览质量，有助于促进邹城市文化旅游事业的发展，进而促进相关产业的发展。

　　明鲁王墓在邹城市文化遗产保护格局中具有重要地位，对其进行科学保护与合理利用可以为文化遗产的公众化、社会化提供契机，引领邹城市文化遗产保护事业的发展。

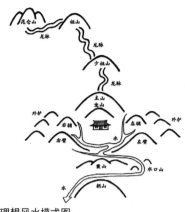

理想风水模式图

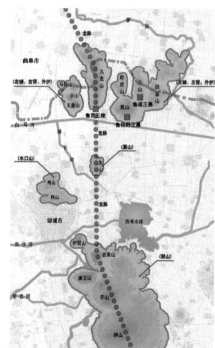

明鲁王墓周边文物环境格局示意图

朱山（海拔 207m）

明鲁王墓及周边山体剖面示意图

九龙山（海拔 217m）

御桥　南门　　凌恩门　　北门　　明楼（高 13m）
　　　　　　　　享殿　围墙（3.7m）

文物构成

文物本体

明鲁王墓包括鲁荒王陵、鲁靖王墓、鲁钜野王墓 3 座王墓。

鲁荒王陵是明太祖朱元璋第十子朱檀（1370—1389年，明洪武三年封）及其嫔妃汤妃、戈妃的陵墓。

鲁荒王陵陵区包括导引、陵园、陵寝三个部分。

导引区包括神道和御桥。

通过御桥进入陵园，陵园四周建有青砖围墙。陵园中间设一隔墙，分前后两进院落。陵园为长方形，后部为圆形墓冢，象征天圆地方。

陵寝区共有 3 个墓冢，中为朱檀墓，西侧 60 余米处为次妃戈妃墓，汤妃墓位置不明。

鲁靖王墓是鲁王朱檀庶第一子朱肇辉（1388—1466年）的墓葬，墓为凿石开圹砖砌室，长方形券顶，墓室为并列双室，墓前原有陵园，现已毁。

鲁钜野王墓是鲁靖王朱肇辉第四子朱泰墱（1416—1467 年）及其妃子的墓葬，墓为凿石开圹砖砌室，墓室为并列三室，长方形券顶。

可移动文物

鲁荒王墓出土的各类珍贵文物 1300 余件，为中国古代科技史的研究提供了重要历史资料。

主要文物类别包括冠服类的九旒冕、乌纱折上巾、织金缎龙袍；琴棋书画文房四宝类的天风海涛琴、围棋；葬仪品类的木雕彩绘俑 432 个、其他生活模型；家具类的盘顶描金漆箱、描金漆盒 2 件，案 1 张，桌 8 张；其他类的瓷器 6 件、锁 7 把、银筷 1 双及梳妆具。

牵马俑

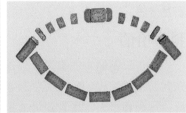
玉带

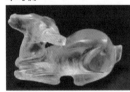
水晶鹿

戗金漆木盒

九旒冕

龙袍

白玉花型杯

玉带扣

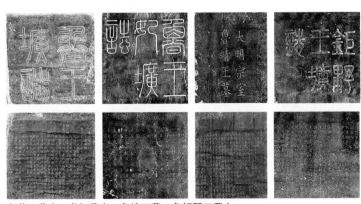
鲁荒王墓志、戈妃墓志、鲁靖王墓、鲁钜野王墓志（图片来源：山东省邹城市文物局）

21 山东省邹城市明鲁王墓保护规划
Conservation Planning of Lu Princes' Tombs during Ming Dynasty in Zoucheng City, Shandong Province

123

保护区划

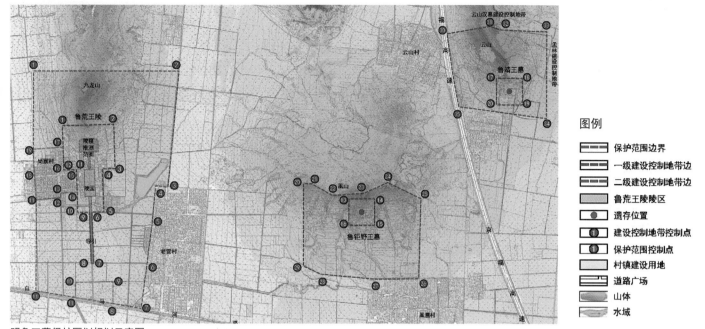

明鲁王墓保护区划规划示意图

保护范围

鲁荒王陵：北界自陵园墙外扩335m；东西界自陵园墙外扩60～160m，南段神道自中心线向东西外扩7.5m；南界至神道南端。

鲁靖王墓：以墓室中心为基点向四周各100m。

鲁钜野王墓：以墓室中心为基点向四周各100m。

规划保护范围面积：保护范围总面积28.46hm²。其中鲁荒王陵20.46hm²，鲁靖王墓4hm²，鲁钜野王墓4hm²。

建设控制地带

鲁荒王陵I级建设控制地带：北界以陵园北墙外扩745m；东至北段以陵园东墙外扩至村路，南段至老营村现状建成区西边界；南至陵园南墙沿神道向南白马河路以北；西至陵园西墙外尚寨村路。

鲁荒王陵II级建设控制地带：北界以今尚寨材北部边界；东至保护范围西边界；南至今尚寨材南边界；西界与I级建设控制地带西边界衔接。

鲁荒王陵II级建设控制地带（南部入口）：北界以陵园南墙外扩645m；东界以神道中心线向东150m；南至I级建设控制地带南边界；西界以神道中心线向西150m。

鲁靖王墓：北界以云山汉墓建设控制地带北边界；西至京福高速东边界；南界至官厅村村庄北边界；东界至孟林建设控制地带西边界。

鲁钜野王墓：北界以凰山山脊线；西至墓室中心以东约460m的现状道路；南界沿现状路至凰翥村村庄北边界；东至墓室中心以西460m。

建设控制地带总面积：鲁荒王陵150.50hm²（其中I级建设控制地带135.89hm²，II级建设控制地带14.61hm²），鲁靖王墓42.06hm²，鲁钜野王墓54.97hm²，总面积247.53hm²。

本体保护措施

鲁荒王陵

由专业机构对鲁荒王墓、戈妃墓墓室进行评估，制定专业保护措施。还原鲁荒王墓墓道原状，使用可拆卸阶梯；拆除戈妃墓入口展览室，恢复其原有形制。

对墓室内温度、湿度及结构进行监测记录。安装监控设施，保障文物安全。移出墓室内现有展示说明牌以及非墓室遗存展品，放置于园区外的新建展览室内。

对神道遗址进行考古发掘、清理。

享殿遗址铺设防渗层，修建散水，移栽遗址上方灌木，拆除与享殿形制无关的构筑物。

对于新建明楼进行标识说明，条件允许时进行拆除恢复陵寝区原有形制。拆除陵园内的卫生间、储藏间。

对神道以及复建建筑等进行标识说明，根据史料及考古成果进行修整，新建建筑在条件成熟时拆除，保护历史格局，体现信息的真实性。

御桥下方河道根据史料恢复原有形态，对蓄水量进行控制，应避免河道蓄水危害遗址。

对保护范围内的居民进行搬迁，埋设保护区划界桩。

神道遗址　　　　　　　　　　戈妃墓地宫

朱檀墓墓道　　　　　　　　　鲁钜野王墓

鲁钜野王墓墙体缺失　　　　　鲁靖王墓现状盗掘

戈妃墓木门缺失　　　　　　　戈妃墓棺木外漆剥落

鲁钜野王墓

对现状墓室进行考古发掘和清理，对墓室外部陵园进行考古勘探。由专业机构对鲁钜野王墓墓室进行评估，制定保护措施。

保护性征地并修建防护围栏，保护范围内植草，控制耕作扰土深度。埋设保护区划界桩。

对遗址温度、湿度及结构进行监测。安装监控设施，保障文物安全。墓室外安放标识说明牌及保护标志碑。对遗址周边现代坟进行搬迁。

鲁靖王墓

对现状墓室进行考古发掘和清理，对墓室外部陵园进行考古勘探。

由专业机构对鲁靖王墓墓室进行评估，制定保护措施，包括：填补盗洞、保护性征地并修建防护围栏、埋设保护区划界桩和保护范围内植草，其中植草时应控制扰土深度。

对遗址温度、湿度及结构进行监测。安装监控设施，保障文物安全。墓室外安放标识说明牌及保护标志碑。停止开山采石，恢复植被。

展示规划

展示分区

　　明鲁王墓的现场展示结构规划分为主要展示区和次要展示区。

　　1处主要展示区，为鲁荒王陵展示区，2处次要展示区，分别为鲁钜野王墓展示区、鲁靖王墓展示区。

展示内容

　　文物本体包括鲁荒王陵、鲁钜野王陵、鲁靖王陵。

　　文物环境包括九龙山、凰山、云山以及明鲁王墓周边的地形地貌、自然植被等。

　　历史信息和文化内涵包括明鲁王墓的历史沿革、背景环境、可移动文物、古代墓葬史、考古工作成就、保护人员事迹、遗产保护知识等。

　　展示对象包括文物遗存（明鲁王墓的规模、形制、出土器物）和自然景观（九龙山、凰山、云山等自然山水）等。

展示方式

　　原状展示：对于遗址遗迹地上可见部分在实施必要保护与整治工程后的直接展示。

　　标识展示：对于遗址遗迹地上不可见部分，在原址回填后进行地面标识展示，标识遗址存在的空间范围。

　　模拟复原展示：根据考古发掘与研究成果，在原址回填后对遗址进行模拟的展示方式。

　　可移动文物及相关资料综合展陈：采用可移动文物陈列及图文和多媒体综合展陈方式展示说明遗址背景、历史环境及历史文化信息。

交通流线

　　车行路线于白马河路设立外来机动车交通的停靠点。

　　展示流线为鲁荒王陵—九龙山—鲁钜野王墓—鲁靖王墓—云山汉鲁王墓—孟林。

朱檀墓前室

朱檀墓第二道墓门

戈妃墓壁龛

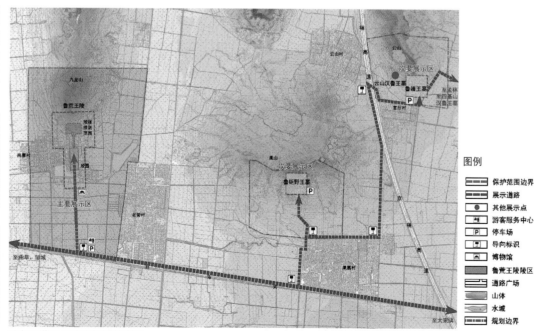
明鲁王墓展示利用规划示意图

22 井口天妃庙及套里古港保护规划

Conservation Planning of Tianfei Temple in Jingkou Village & Taoli Ancient Port in Changdao County, Shandong Province

项目区位：山东省烟台市长岛县。

规划范围：保护规划的范围包括遗存本体、相关环境要素和周边环境。遗存涉及范围北至砣矶镇井口村北街，西至井口天妃庙西侧土路坡顶，南至井口村南侧礁石连接线，东至井口村东街，面积约 18.4hm²。

文物概况：井口天妃庙及套里古港均为明代遗存，属山东省省级文物保护单位中的古建筑类。遗存本体包括，井口天妃庙：院落遗迹；②套里古港：西侧坝体水下部分遗存、套里古港东侧坝体水下部分遗存、挡浪坝基础部分遗存。

规划特点：遵照"保护为主、抢救第一、合理利用、加强管理"的文物工作方针，以保存和延续遗存井口天妃庙及套里古港的全部历史信息和价值为目标。贯彻科学发展观，统筹策划遗存保护管理与展示利用，正确处理遗存保护与长岛地区乃至山东省烟台市的文化、社会及经济建设等各方面的关系，促进文物保护与社会经济效益的协调统一。

编制时间：2014 年。

井口天妃庙及套里古港区位示意图

井口天妃庙及套里古港现存遗迹

价值评估

历史价值

井口天妃庙和套里古港是砣矶岛目前仅存的明代遗存，保存和反映了明代以来该岛居民生产生活方式、航海贸易、妈祖信仰等历史信息，具有较高的历史研究价值。

套里古港自明代以来沿用至今，反映和记录了古港自身建筑面貌和使用功能的发展变化，也侧面体现了砣矶岛的社会历史变化，是明代以来砣矶岛古代居民对岛屿的居住和开发的历史见证。

套里古港和井口天妃庙的发现，补正了历史文献记载的不足，为砣矶岛及长岛群岛地区的历史文化研究提供了宝贵的研究资料。

科学价值

套里古港的选址布局依托优良的自然地理环境，有效抵御了海洪灾害对港口的破坏，是体现明代港口规划和建设水平的优秀范例。

套里古港的建筑结构、材料和施工工艺是明代以来建造技术及工艺水平的反映，为古代海港建造的科技史研究提供了实物资料。

套里古港既是明代以来砣矶岛重要的进出海港口，更是渤海地区主要的军事和贸易的海上交通枢纽，是古代航海交通路线及航海技术研究的重要资料。

艺术价值

套里古港在发展过程中，由天然港口向人工港口不断转化，港口设施逐渐完善，充分反映了生产工艺和技术的发展演变。

套里古港的港口形制依然保持天然港口的形态，其建筑、景观构成独特的遗存风貌，具有很高的艺术价值。

社会价值

井口天妃庙及套里古港较为完整地展现了明代以来社会经济发展的过程，是重要的历史文化与考古科普基地，具有很高的社会价值。

井口天妃庙与套里古港是砣矶镇乃至长岛地区重要的文物资源，对提升该地区文化景观内涵有较大促进作用，为其发展旅游产业提供支撑。

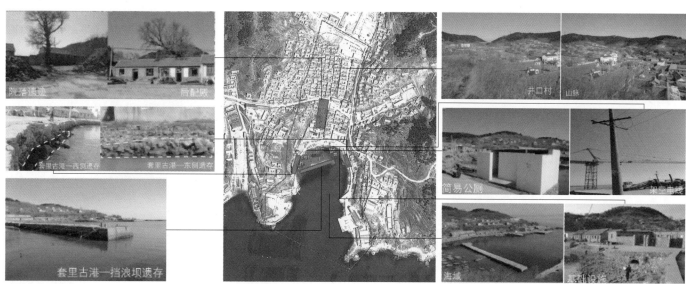

遗存分布现状图　　　　　遗存影像图　　　　　遗存周边环境评估图

保护区划

保护范围

规划划定井口天妃庙与套里古港保护范围总面积约 3.6hm²。

（1）井口天妃庙保护范围总占地面积约 0.3hm²，其四至边界为：北至井口村中心大街南侧边界，东至井口天妃庙院落东边界，南至井口天妃庙院落南边界，西至井口天妃庙院落西边界。

（2）套里古港保护范围总占地面积约 3.3hm²，其四至边界为：北至井口村南街，东坝外扩10m，南至东坝与西坝南端连接线，西坝外扩10m。

建设控制地带

规划划定建设控制地带面积约 14.8hm²，其四至边界为：北至井口村北街，东至井口村东街，南至井口村南侧礁石连接线，西至井口天妃庙西侧土路坡顶。

保护区划规划示意图

本体保护措施

套里古港

针对套里古港的遗存本体的不当修复病害，由相关部门完成修缮工程方案，剔除破坏风貌的材料，改为使用传统材料进行修补。相关部门完成抢险加固工程方案，并附保护材料，防止遗存本体继续遭受海水的侵蚀破坏。

井口天妃庙

由于未经考古勘探，井口天妃庙原基址不详，现阶段只进行清理和维护院落环境的工作，待考古勘探明确原建筑基址后，对原基址进行标识，并设立说明牌。

本体保护措施规划示意图

环境保护规划

生态环境保护措施

环境质量监测，保持井口前湾海域的生态系统，对相关环境要素保护加固，要求种植浅根系当地原生植物，避免破坏遗存及原建筑基址，降低养护成本，同时改善遗存及周边的生态环境。

环境整治措施

取消保护范围内的现状道路，在满足遗存安全的前提下进行道路养护和维修工作；改善电力线路；清理固体废弃物；控制村镇建设强度；道路路面应采用与环境相协调的砂石路面，且路缘石宜选用自然形状的天然石材。

展示利用策略

展陈方式

对于遗存遗迹可见部分在实施必要保护与整治工程后进行直接展示。对于地下及水下遗存，根据考古发掘及考古勘探成果，在确保遗存安全的前提下进行地面标识展示，标识遗存存在的空间范围和形制。

港口博物馆

建议选址在井口天妃庙南侧的现状建设用地内，占地面积以 $0.2hm^2$ 为宜，建筑规模不超过 $1000m^2$。港口博物馆设立陈列室、资料室，采用图文和多媒体综合展陈等方式展示，展示套里古港的历史环境及历史文化信息。港口博物馆建筑造型应强调简洁朴素，与遗存环境相协调。

环境整治措施示意图

展示利用规划示意图

保护工程，旨在不改变文物原状的基础上，全面保存、延续文物的真实历史信息和价值。保护工程重在"保护"，即根据文化遗产的价值内涵以及现状病害、破坏因素、破坏程度等，分轻重缓急实施不同类型的工程措施，维护遗产本体的安全性、稳定性，保护文化遗产的真实性、完整性。保护工程又不止于"保护"，因为以保护促利用、以保护促传承的理念拓展了文化遗产保护工程的外延，保护工程意味着作为历史见证的文化遗产即将以相对安全、稳定的状态存续下去，并有可能阐释其承载的历史信息、传承其蕴含的多重价值。

文化遗产保护工程

在我院承接的保护工程项目中，保护对象主要涉及不可移动文物中的古遗址、古墓葬、古建筑、近现代重要史迹及代表性建筑，保护工程类型以抢险加固工程和修缮工程居多。其中，城四家子城址部分城墙及城壕遗址保护工程方案，针对城四家子城址城墙现状面临的自然侵蚀威胁与人为破坏影响，提出以现状保护为主、标识城墙范围、采用传统工艺加固城墙等措施，尽可能降低保护过程中的外部干预对遗址真实性、完整性的影响；中东铁路建筑群公主岭俄式建筑群 J10 号机车厂检修车间修缮工程，以保护建筑的安全性为目标，提出对 J10 号建筑进行结构加固与维修的同时，尽可能保存其独特的建筑风格，以期未来更真实地展现该建筑作为中东铁路建筑群重要组成部分的历史信息。

23 汉书遗址北侧断崖抢险加固工程设计方案

Design Scheme of Emergency Reinforcement Project for the North Cliff of Haishu Site in Daan City, Jilin Province

项目区位：吉林省大安市。

设计范围：本方案的设计范围主要涉及汉书遗址标志碑南北约 230m 范围内的土崖壁，面积约 9400m²。

文物概况：汉书遗址是我国东北地区一处典型的青铜文化遗存，位于吉林省大安市月亮泡镇汉书村北部，月亮泡水库南岸台地上。遗址历经 1974 年和 2001 年两次考古发掘，发掘面积总计约 2700m²。汉书遗址土质边坡呈南北走向，坡向 300°，长约 230m，高约 24m。

设计特点：汉书遗址受月亮泡水库水位潮汐起落的侵蚀影响，遗迹文化层所在的台地有逐年被剥蚀的倾向。遗址区病害类型较多，病害范围存在逐年扩大的趋势，其中，遗址区边坡局部地段存在垮塌病害，坡体稳定性差。解决复杂自然环境中的遗址安全性问题、预防极端天气可能导致的边坡失稳风险，是本次设计的重点和难点。

编制时间：2015 年。

工程范围示意图

汉书遗址区全貌

汉书遗址北侧断崖

（以上图片来源：大安市文化广电新闻出版局）

现状勘察

场地稳定性与适应性评价

本次工程勘察场地地势较陡，悬崖坡度在 30°～45°，高差约 24m，存在滑坡、崩塌、液化等不良地质作用，场地相对稳定。崖下地下水位较高，设计、施工过程中应重视地下水对工程的影响。

边坡稳定性分析

边坡上部现有张拉裂缝，坡脚地段剥蚀严重，整个坡体垂直裂隙发育，调查判定坡体处于基本稳定—欠稳定状态，若遇暴雨或淋雨天气，易引起边坡失稳。

病害分析

遗址区病害发育较多，主要表现为冲沟、滑坡、地面坑穴和崩塌。导致病害发育的主要原因是：现无有效的排水措施，以粉细砂土层为主的场地土抗剪指标小，坡面植被裸露，受到人为耕作扰动影响。

汉书遗址边坡蠕动作用明显

汉书遗址边坡坡脚受湖水侵蚀严重

抢险加固方案

工程治理措施

根据汉书遗址北侧断崖具体情况，本方案确定的治理措施为：

1. 坡脚支挡结构：搅拌桩地基处理（+）毛石挡墙；
2. 冲沟治理措施：土工布（+）土工格栅防护网（+）锚杆；
3. 坡面绿化治理措施：坡面喷播客土及草籽进行绿化防护。

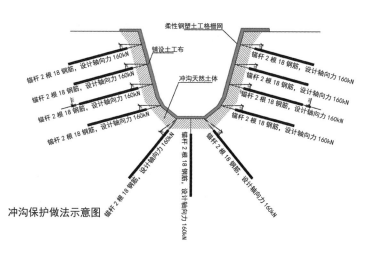

冲沟保护做法示意图

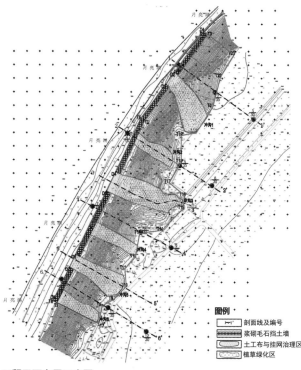

工程平面布置示意图

24 城阳城址太子城城墙保护修缮工程设计方案

Design Scheme of Conservation and Repair Project for Ancient Walls of Taizi City in Chengyang City Site, Xinyang City, Henan Province

项目区位：河南省信阳市北部。

设计范围：城址平面呈长方形，西、北两面临十字江，东西宽 150m，南北长 270m，墙基宽 20m，墙体保存较好，最高处高达 3m。以外壕沟为界的城址总面积不足 10hm²。

文物概况：太子城遗址位于河南省信阳市北 25km 处的城阳城址保护区，属第五批全国重点文物保护单位——城阳城址的重要组成部分。遗址坐落在淮河上游左岸的一处土岗上，地势西高东低，起伏不平。

设计特点：太子城遗址距今已有两千余年，期间一直不间断发生垮塌剥落、夯土缺失、耕作侵蚀等病害现象。由于太子城遗址城墙墙体病害逐年加剧，本方案针对城墙夯筑土缺失病害、垮塌剥落、不稳定边坡、冲沟、植物压占病害和耕作侵蚀病害提出措施和建议，确保文物本体安全。

编制时间：2016 年。

太子城遗址现状全貌照片

24 城阳城址太子城城墙保护修缮工程设计方案

Design Scheme of Conservation and Repair Project for Ancient Walls of Taizi City in Chengyang City Site, Xinyang City, Henan Province

135

现状病害

病害分类

太子城城墙遗址病害类型主要包括以下几种：（1）城墙夯筑土缺失；（2）垮塌剥落；（3）植物压占；（4）耕作侵蚀。

现场调查发现不良地质作用点两处，分别为不稳定边坡和冲沟。

病害发育特征

本次调查共发现城墙夯筑土缺失病害（QS1~QS7）7处；垮塌剥落（KL1~KL7）7处；不稳定边坡（PY1）1处；冲沟（CG1）1处；植物压占病害几乎普遍存在；耕作侵蚀病害在东城墙北段、南城墙西段和南城墙东段分布较多。

太子城遗址综合地质平面示意图

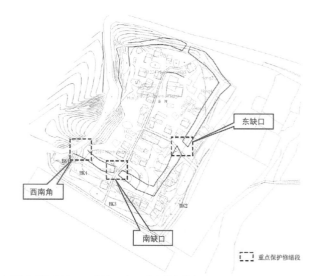

太子城城墙东缺口、南缺口和西南角位置图

太子城城墙南缺口现状

太子城城墙东缺口现状

抢险加固工程设计

工程治理措施

　　根据任务要求结合地质灾害体的现状特征,采取铅丝笼挡土墙、浆砌片石挡土墙、截排水设施、动态监测和城墙夯土补砌的综合治理措施。具体针对不稳定边坡 PY1 采取两级挡土墙和截排水设施治理措施,下部十字江河岸设置铅丝笼挡土墙,不稳定边坡 PY1 上部陡坎处设置浆砌片石挡土墙;针对城墙墙体病害垮塌剥落 KL7 采取夯土补砌的治理措施。

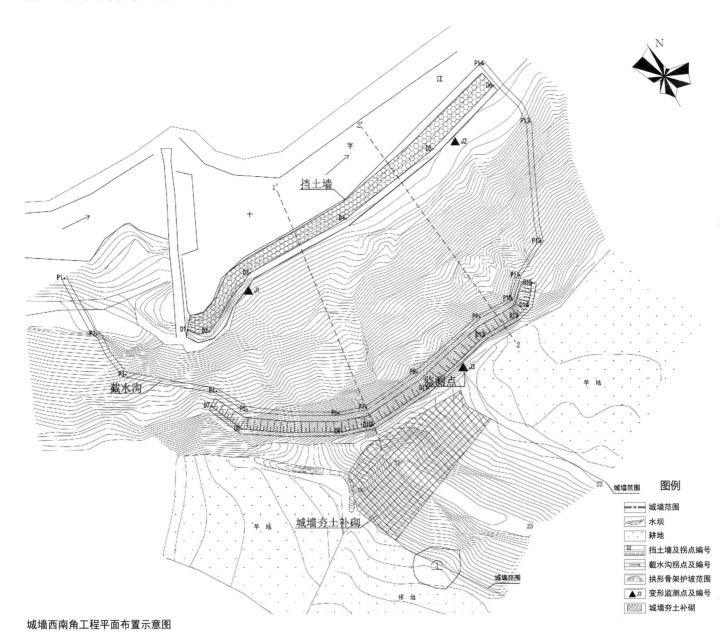

城墙西南角工程平面布置示意图

图例

━ ━ ━	城墙范围
	水坝
	耕地
D2	挡土墙及拐点编号
	截水沟拐点及编号
	拱形骨架护坡范围
▲ J3	变形监测点及编号
	城墙夯土补砌

24 城阳城址太子城城墙保护修缮工程设计方案
Design Scheme of Conservation and Repair Project for Ancient Walls of Taizi City in Chengyang City Site, Xinyang City, Henan Province

137

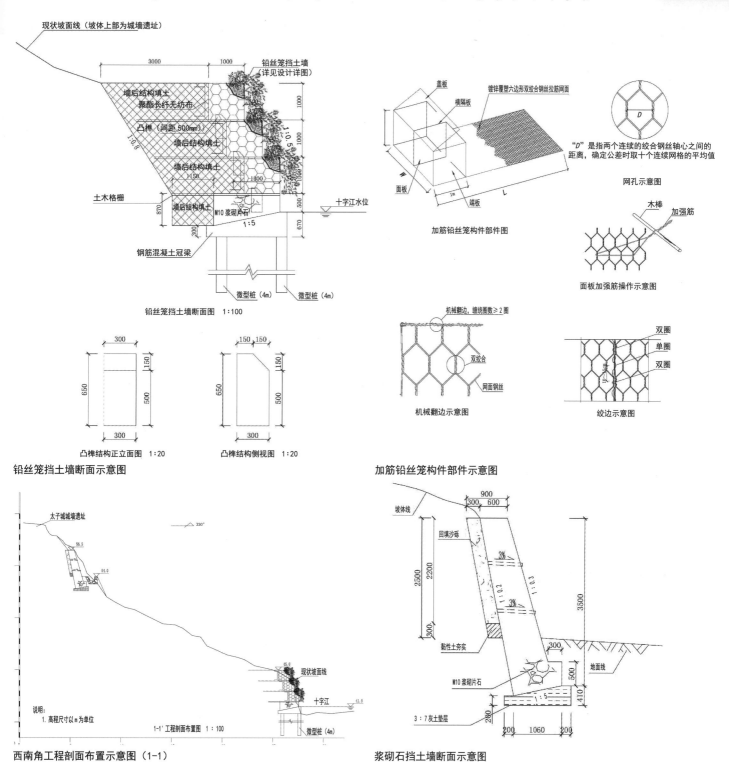

铅丝笼挡土墙断面图 1:100

凸榫结构正立面图 1:20

凸榫结构侧视图 1:20

铅丝笼挡土墙断面示意图

加筋铅丝笼构件部件图

网孔示意图

面板加强筋操作示意图

机械翻边示意图

绞边示意图

加筋铅丝笼构件部件示意图

1-1′工程剖面布置图 1:100

西南角工程剖面布置示意图（1-1）

浆砌石挡土墙断面示意图

25 赤柏松古城址东门及城墙东南两处冲沟排水治理工程设计方案

Design Scheme of Drainage Management Project for Two Gullies in Chibaisong Ancient City Site, Tonghua County, Jilin Province

项目区位：吉林省通化县。

设计范围：包括现状冲毁赤柏松古城址东城门遗址及部分东城墙遗址的两处冲积沟。

文物概况：赤柏松古城址是第七批全国重点文物保护单位，同时是吉林省长城——通化县汉长城遗址的重要相关遗存。遗址位于吉林省通化市通化县快大茂镇西南 2.5km 的二级阶地上。古城址平面呈不规则矩形，面积约 6.43hm²。古城址的东城墙呈南北走向，长 236m，残高 2.0 ~ 4.5m，为土石多层夯筑；东城门位于东城墙的北段，距东北角 62m。

设计特点：赤柏松古城址的东城门因受到山水常年冲刷，已形成一条上口较宽的冲积沟，该冲沟致使整个东门址全被冲毁，并破坏城墙长度 10.5m。古城址的东城墙南段冲沟，存在两道支冲沟，破坏城墙长度 6.5m。两处冲沟的发育面积和破坏区域均存在逐年扩大的趋势，对城址安全性具有较为严重的威胁影响，治理难度较大。

编制时间：2014 年。

项目状态：已通过吉林省文物局评审，已实施验收。

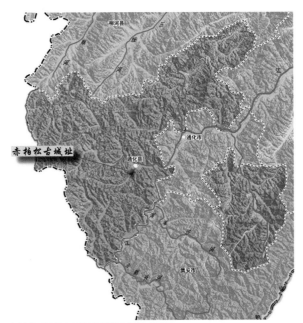

赤柏松古城址在通化县的区位示意图

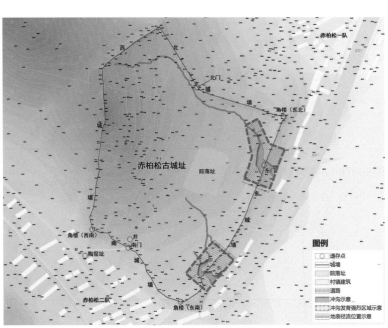

赤柏松古城址冲沟现状平面示意图

25 赤柏松古城址东门及城墙东南两处冲沟排水治理工程设计方案

Design Scheme of Drainage Management Project for Two Gullies in Chibaisong Ancient City Site, Tonghua County, Jilin Province

139

现状勘察

赤柏松古城址东门冲沟

冲沟位于赤柏松古城址东城墙北段、东门门址处。该处地势较低，为城内主要径流排水方向之一。

冲沟上游窄、下游宽，断面呈"V"字形，两侧坡度30°～50°，宽9m，长35m，深2～3m，在城内发育面积为92.5m²，在城外发育面积为50m²。

冲沟已导致东门门址、东城墙局部和城内临近区域被冲毁。

冲沟在赤柏松古城址的位置示意图

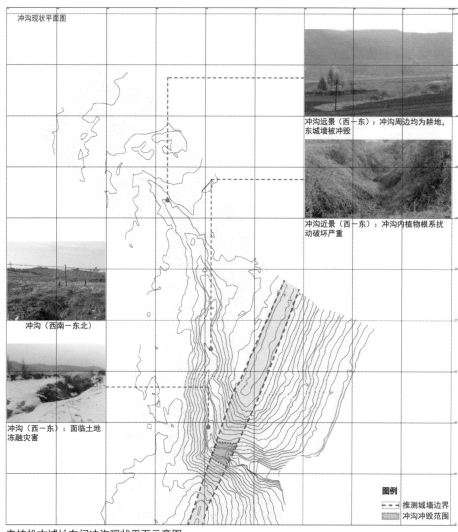

赤柏松古城址东门冲沟现状平面示意图

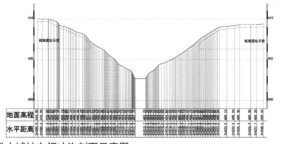

赤柏松古城址东门冲沟剖面示意图

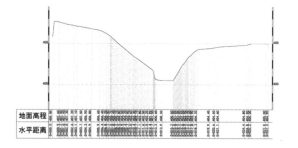

现状勘察

赤柏松古城址城墙东南冲沟

冲沟位于赤柏松古城址东城墙南段。该处地势较低，为城内主要径流排水方向之一。

冲沟呈支状发展，两侧坡度30°~50°，左侧支冲沟长8m，右侧支冲沟长4.5m，在城内发育面积为53.2m²，在城外发育面积为40m²。

冲沟已导致东城墙南段局部和城内临近区域被冲毁。

冲沟现状平面图

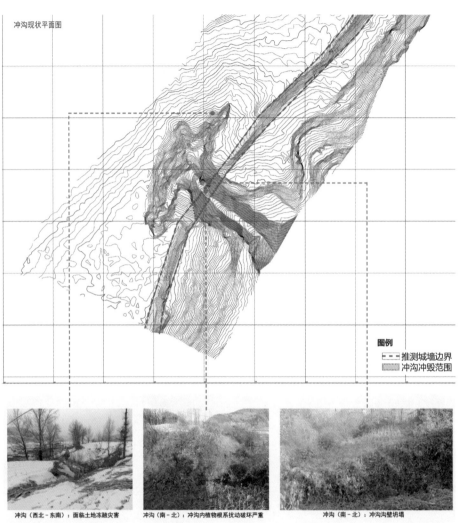

图例
推测城墙边界
冲沟冲毁范围

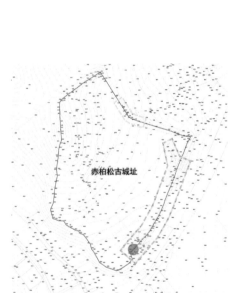

冲沟在赤柏松古城址的位置示意图

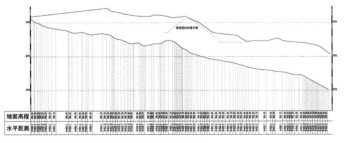

冲沟（西北-东南）：面临土地冻融灾害　冲沟（南-北）：冲沟内植物根系扰动破坏严重　冲沟（南-北）：冲沟沟壁坍塌

赤柏松古城址城墙东南冲沟现状平面示意图

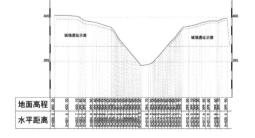

赤柏松古城址城墙东南冲沟剖面示意图

25 赤柏松古城址东门及城墙东南两处冲沟排水治理工程设计方案

Design Scheme of Drainage Management Project for Two Gullies in Chibaisong Ancient City Site, Tonghua County, Jilin Province

141

治理方案

地表径流加固设计

　　赤柏松古城址范围内考古及发掘工作未全部完成，本着最小干预原则对地表径流的两侧地表按现有坡度夯实，防止继续冲刷破坏。夯实宽度700mm，夯实系数大于等于0.93。

冲沟加固设计

　　冲沟发育强烈段位于城址东门及东城墙南侧，根据冲沟稳定性计算及过水量计算可知冲沟自身处于稳定状态，且满足百年一遇洪水流量要求。考虑到流水不断冲刷、掏蚀致使冲沟不断发育并严重影响到城址安全，因此阻止冲沟发育尤为重要。设计在原有冲沟底部布置A型浆砌石排水沟，并在冲沟两侧铺设空心六棱砖，铺砖范围在城墙遗址基础以下，坡面铺砖防止冲沟被持续冲刷破坏。

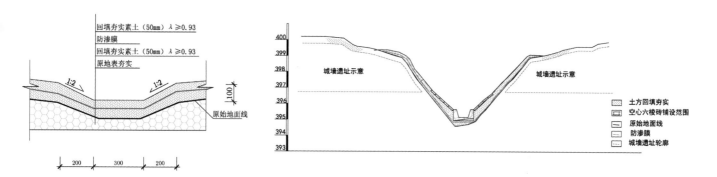

地表夯实做法示意图　　　　　城墙东南冲沟治理剖面示意图

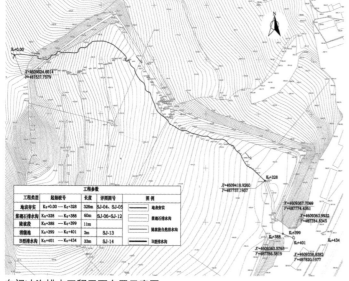

东门冲沟排水工程平面布置示意图

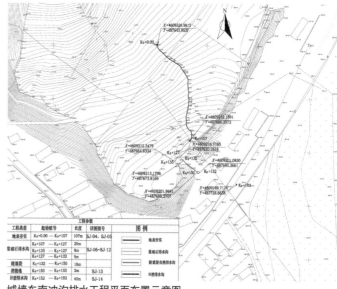

城墙东南冲沟排水工程平面布置示意图

26 城四家子城址部分城墙及城壕遗址保护工程方案

Conservation Project Scheme for City Walls and Moat Ruins of Chengsijiazi Ancient City Site in Baicheng City, Jilin Province

项目区位：吉林省白城市洮北区。

设计范围：本次保护工程的保护对象主要包括北城墙豁口、北城门遗址、东北角遗址、东南角遗址。其中北城墙豁口面积约 9923m²，北城门遗址面积约 13202m²，东北角遗址面积约 19161m²，东南角遗址面积约 18385m²。工程规模约 60671m²。

文物概况：城四家子城址是国务院公布的第六批全国重点文物保护单位。在《吉林省文物保护专项规划》 "五片一线六点" 的空间格局规划中，位于以白城松原地区为中心的辽金遗址片区，是吉林省重点项目之一。遗址主要由城四家子城址、北侧墓葬区及东侧大型辽金时期遗址（初步确定为辽代乐康县遗址）三部分组成，是吉林省辽金时期文化遗产的重要组成部分。平面大致呈长方形，周长 5748 米，占地面积 1.8km²。

设计特点：本次保护工程方案主要以现有考古发掘资料为依据，现状保护为主，完整地保护城墙。目前，城四家子城址的城墙正受到道路穿越、人为取土和耕作以及风雨不断侵蚀的威胁。方案主要采取的措施是以城墙的现状保护为主，整体标识出城墙范围，建立保护围栏，加强维护巡查管理，防止人为破坏。

编制时间：2014 年。

项目状态：已通过省文物局评审，已实施验收。

工程范围示意图

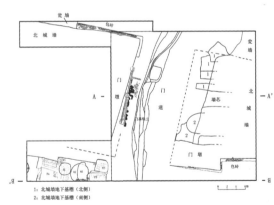

1：北城墙地下基槽（北侧）
2：北城墙地下基槽（南侧）

北门遗址考古示意图

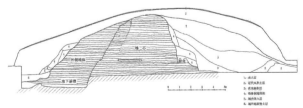

北城墙豁口考古示意图

（以上图片来源：《吉林白城城四家子城址北门发掘简报》，《边疆考古研究》2016 年 02 期）

26 城四家子城址部分城墙及城壕遗址保护工程方案

Conservation Project Scheme for City Walls and Moat Ruins of Chengsijiazi Ancient City Site in Baicheng City, Jilin Province

143

现状勘察

北城墙豁口：主要问题为道路占压和取土破坏。原有风吹土覆盖于遗址上，2013 年豁口东段遗址经省考古所考古发掘。东段城墙剖面存在雨水冲蚀和城墙底部风化坍塌等问题，西段城墙未经过考古勘探，残损情况尚不明确。

北门遗址：由风吹土覆盖，厚达 0.5m，2013 年对北城门进行了局部发掘，基本揭示了城门结构、年代、使用过程中的维修与改建等信息。北门、瓮城、1 号、2 号探沟由于回填后尚有局部遗址裸露，出现遗址风化开裂现象。

东北角遗址：主要问题为取土破坏和道路占压，尚未进行考古发掘，城角的形制不明，且现存遗址上覆盖回填土，残损情况尚不明确。

东南角遗址：主要问题为取土破坏和道路占压，南段西侧部分遗址出露，存在风化剥落现象。由于该遗址尚未考古发掘，形制尚不明确；现存遗址上覆盖风吹土，仅能观察到局部断面，其他部位残损情况尚不明确。城墙的其他病害主要为在城墙上耕种及道路占压。

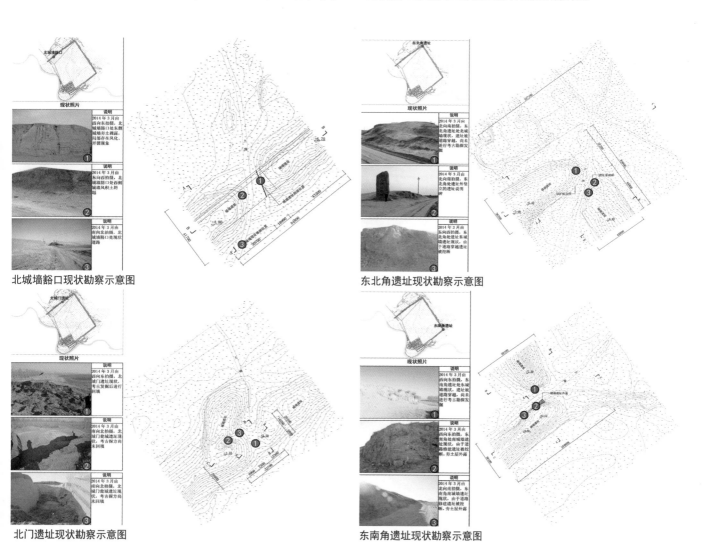

北城墙豁口现状勘察示意图

东北角遗址现状勘察示意图

北门遗址现状勘察示意图

东南角遗址现状勘察示意图

工程方案

　　本次保护工程对象的本体加固保护应贯彻最小干预原则,以传统工艺补夯、补砌为主。禁止在城墙遗址上耕种,标识出城墙遗址区域内禁止居民耕种扰土的范围,建设保护性围栏维护本体安全,城墙轮廓标识的宽度以考古成果为依据。

　　针对道路占压城墙的问题,近期暂时保留穿越城墙遗址的道路功能,结合搬迁前胡里村,逐步取消占压和穿越遗址的道路,结合北城门遗址的保护及今后东城门遗址的

保护工程,部分恢复原来城门的功能,允许游客和居民穿越。

　　针对雨水径流侵蚀等自然因素造成的城墙遗址表面的小冲沟问题,在补夯城墙前,先清理城墙剖面的浮土,附加土工布隔离层后实施覆盖保护。

　　针对本地区降水不多和遗址所在区域相对于周边地形较高的现状,本次遗址区域的排水设计主要结合遗址所在的自然地形和坡度,以地表径流和自然下渗的方式解决降水造成的地表排水问题。

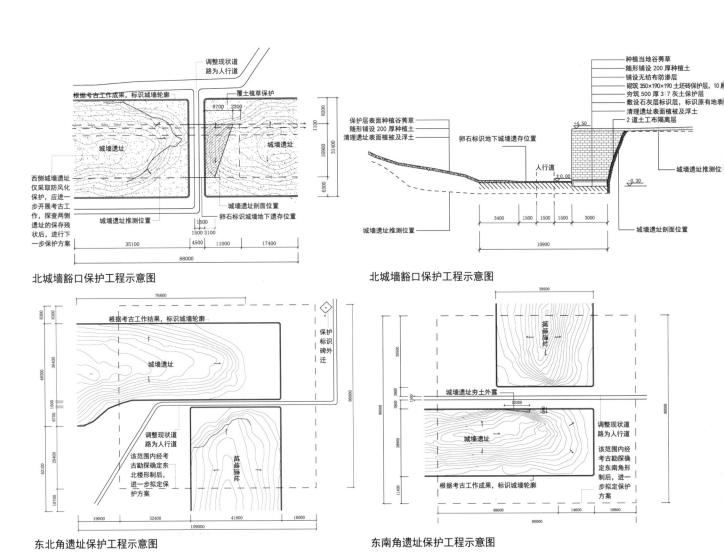

北城墙豁口保护工程示意图

北城墙豁口保护工程示意图

东北角遗址保护工程示意图

东南角遗址保护工程示意图

26 城四家子城址部分城墙及城壕遗址保护工程方案

Conservation Project Scheme for City Walls and Moat Ruins of Chengsijiazi Ancient City Site in Baicheng City, Jilin Province

145

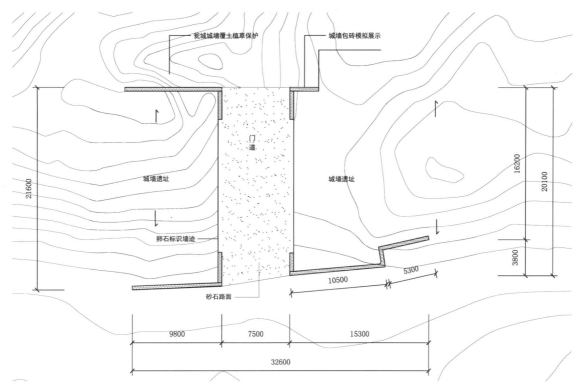

北城门遗址保护工程示意图一

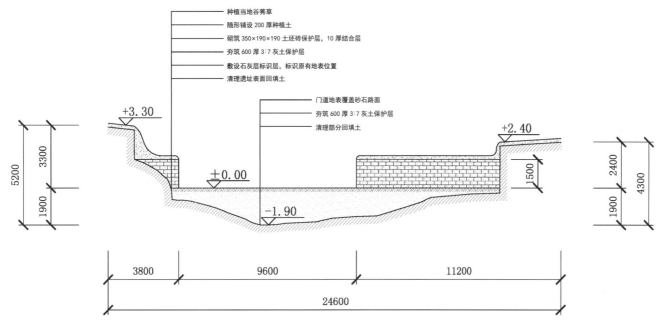

北城门遗址保护工程示意图二

27　庙岛显应宫万年殿和寿身殿抢险保护方案

Emergency Conservation Scheme for Halls of Wannian and Shoushen in Xianying Temple on Miao Island, Shandong Province

项目区位：山东省烟台市长岛县。

设计范围：庙岛显应宫及沙门寨故城址位于长岛县北长山乡庙岛村北部，距县城 3 海里。显应宫占地面积约为 1.3hm²。

文物概况：2006 年 12 月山东省人民政府公布庙岛故城址及显应宫遗址为第三批省级文物保护单位。2009 年遗址更名为庙岛显应宫及沙门寨故城址。

显应宫始建于北宋宣和四年（公元 1122 年）；1966 年"文化大革命"期间，庙内陈设被彻底破坏，1974 年，经请示省主管部门同意，显应宫被拆除；现存建筑为 1983—2003 年在原址上复建。

现状庙岛显应宫分外垣和内庭两部分：外垣包括戏楼、三元宫、武德宫和碟墙，共有建筑物 11 座，建筑面积约 540m²。内庭则分三进院落。前院有山门、钟鼓楼和前殿。中院以大殿（万年殿）为主体，包括前轩、东

西廊房。后院有后宫（寿身宫）、穿廊和左右配房（朝天殿、蒲阳殿）等，共有建筑物 12 座，建筑面积约 800m²。

设计特点：严格遵守不改变文物原状的原则，最大限度保留文物建筑的历史信息。把握好建筑时代特征、结构特点，结合现存状况和所处环境，以现存实物为主要依据在充分分析研究的基础上制定最终抢险保护方案。通过技术手段消除安全险情和隐患以达到文物建筑"延年益寿"的效果。各项保护措施，均需按传统形式、传统工艺施工，且尽可能使用原构件，凡补配、更换大木构件，应以现存实物为根本依据，需修复部分亦应按历史原样(原形式、原工艺、原尺寸等)进行修复。凡是新加固或维修的部分，原则上都应具有可逆性，不影响文物建筑遗构将来的再次加固与保护。适度整治文物建筑周边环境，保持好历史景观面貌。

编制时间：2014 年。

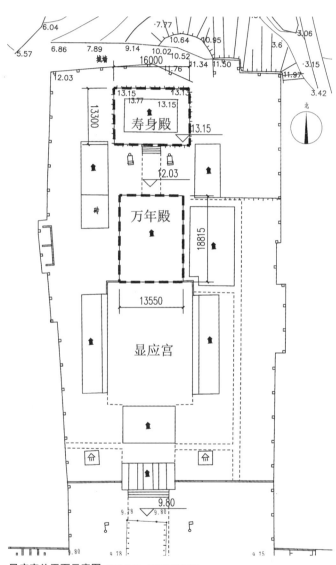

显应宫总平面示意图（图片来源：长岛县博物馆）

价值评估

历史价值

　　庙岛显应宫是中国北方地区第一座妈祖庙，为妈祖信仰在北方地区的广泛传播奠定了基础，在我国北方妈祖信仰与妈祖文化中具有较高的历史影响力。

　　庙岛显应宫作为宋代以来北方海路运输的中转站与宗教的传播中心，印证了史籍记载宋代以来庙岛群岛在航海交通中的重要地位，对于研究该时期我国南北航海交通以及海运贸易具有重要的史料价值。

科学价值

　　显应宫位于沙门寨故城址中，而沙门寨故城址是现存少有的处于海岛环境中的宋代城址，其平面布局和城墙构造具有鲜明的地域环境特色，是研究宋代沿海军事寨城规划以及建筑技术的重要实例。

艺术价值

　　庙岛显应宫内的宋代妈祖造像是目前存世的唯一一尊宋代妈祖造像，其造型风格与宋代绘画中的侍女人物及石刻造像极相似，对于研究宋代塑像艺术等具有很高的价值。

社会价值

　　庙岛显应宫妈祖祭祀大典已被列为国家非物质文化遗产，建筑的保护对于弘扬妈祖精神、保护与传承妈祖文化遗产、提高公众的文物保护意识等具有重要的社会价值。

　　庙岛显应宫是我国北方妈祖文化传播的中心，是我国与海外妈祖文化交流的重要纽带，在世界的妈祖文化交流中也具有重要的地位，有利于推动海峡两岸和平统一。

　　庙岛显应宫反映了庙岛丰厚的历史底蕴，其留传的神话和民俗是弘扬传统文化和促进当地旅游事业发展的重要文物资源。

显应宫现状图

东山内墙局部现状

外墙抹灰已粉化

寿身殿立面

万年殿立面

前檐隔扇

寿身殿翼角跑兽

建筑保护措施

工程性质

　　本项目通过对文物建筑的抢险修缮保护和相关环境整治，以期达到消除险情、隐患和病害，使文物恢复健康、完整的历史景观面貌。严格遵守不改变文物原状的原则，分析其历史、艺术等价值，制定保护方案，通过技术手段消除险情和隐患，适度整治文物建筑周边环境。

万年殿和寿身殿保护措施

　　万年殿保护措施：屋顶揭瓦，整修加固木构架、修换木基层、拆砌砖墙、重做油漆，恢复台明周边的散水等。

　　寿身殿保护措施：拆修屋面、拆砌砖墙、更换糟朽的木基层、重做油漆，恢复台明周边的散水。

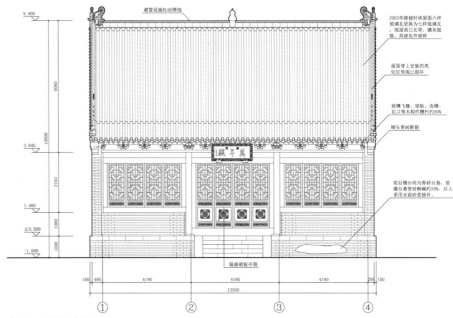

万年殿正立面示意图

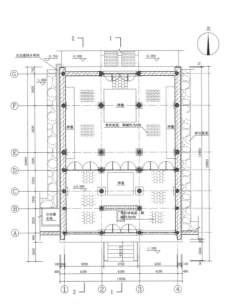

万年殿平面示意图

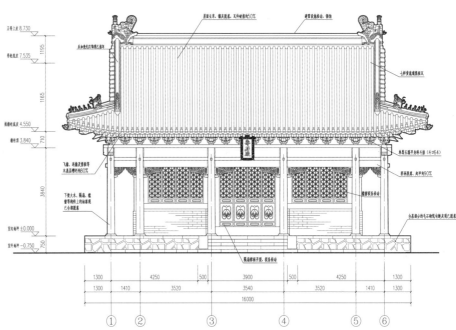

寿身殿正立面示意图

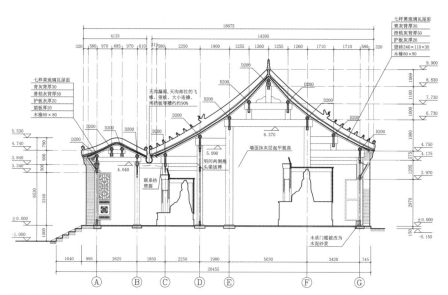

万年殿剖面示意图

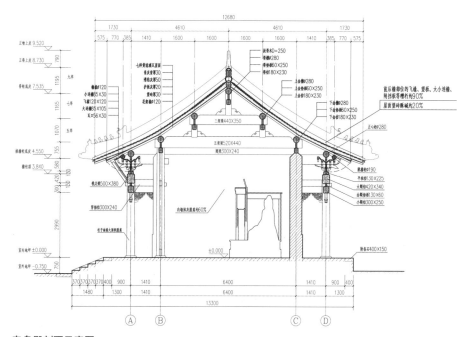

寿身殿剖面示意图

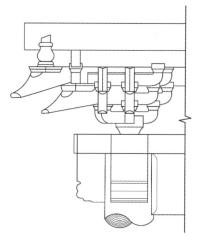

角科斗栱正立面示意图

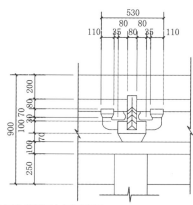

万年殿斗栱正立面示意图

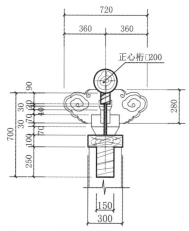

万年殿斗栱 1-1 剖面示意图

28　安化风雨桥——十义桥保护修缮工程方案

Conservation and Repair Project of Shiyi Wind-rain Bridge in Anhua County, Hunan Province

项目区位：湖南省益阳市安化县。

设计范围：工程包括安化风雨桥——十义桥本体（桥基、桥跨、桥屋等）。十义桥全长约65m，高10.2m，宽3.9m，占地面积约328.4m²。

文物概况：十义桥，建于清光绪十三年（1887年），全长约65m，桥跨为伸臂梁木结构，坐落于安化县梅城镇十里村旁的洢溪之上，是安化县茶马古道的重要组成部分。由于年久失修及不当的使用，十义桥桥体出现了木结构下沉弯曲、脱榫、倾斜、扭曲等多种病害。

设计特点：本次修缮方案主要涉及两类保护措施：一为对十义桥桥跨部分的加固措施、二为对桥屋及桥墩台的现状整修。现状整修主要是对桥屋木构架歪闪、坍塌、错乱和修补残损的部分进行规整，清除经评估为不当的添加物；清理规整和补齐桥墩台上缺失构件以及补砌残缺的挡雨砖墙。桥跨部分的加固措施主要是集中对木梁、横梁和伸臂梁保护构造进行加固支撑。

编制时间：2014年。

项目状态：通过湖南省文物局批复（2015年），已实施验收。

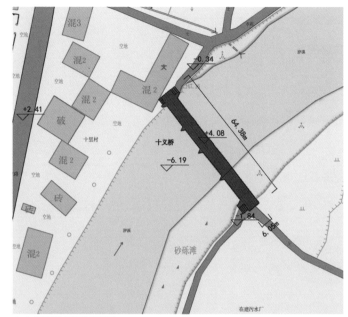

十义桥现状平面示意图

修缮前十义桥全景（图片来源：安化县文物管理所）

保护范围

图例

▭ 保护范围
▭ 一类建设控制地带
▭ 二类建设控制地带

十义桥保护区划示意图（图片来源：《湖南省安化县安化风雨桥保护规划（2016-2035）》）

十义桥现状桥屋

十义桥修缮前东侧窗

十义桥残损腰檐

工程方案

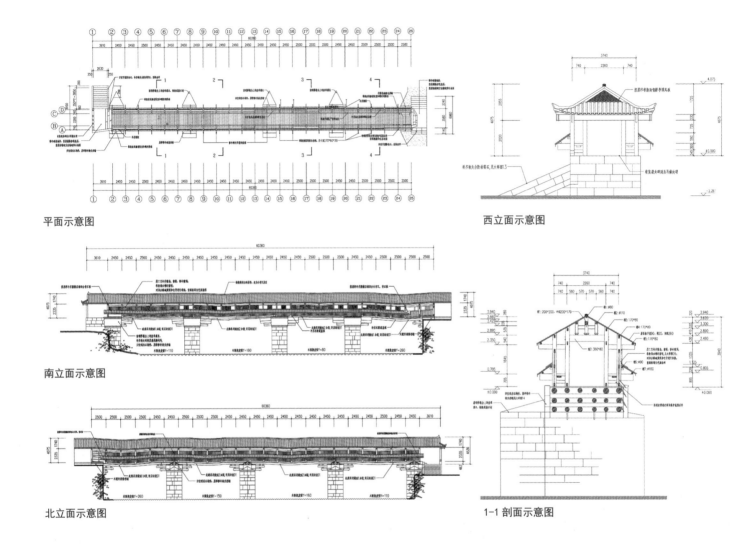

平面示意图

西立面示意图

南立面示意图

1-1 剖面示意图

北立面示意图

　　本次修缮方案针对各种病害制定相应的修缮措施。主要有：①设置工字钢三角支撑和加强伸臂梁构造，有效缓解竖向挠度较大对桥跨木梁和伸臂梁与横木的破坏以及由此产生的木构架整体歪闪的发展，分流荷载，且三角支撑为可逆的构造措施，对桥体的影响较小，对景观影响较小；②对弯曲大梁实施裂缝灌注和碳纤维布构造加固措施，有效增加大梁的承载力，且对木材本身影响最小；③桥屋实施现状整修，原样补齐缺失构件，保证十义桥的安全和使用的可靠性；不再恢复已毁吊脚茶亭，不增加桥体荷载；④继续沿用原有桥体木结构体系，保持整体稳定性，有效处理病害，加固主要残损点；⑤合理安排十义桥的日常维护和管理工作，延续古桥木结构体系的寿命。

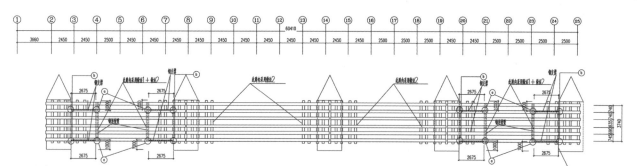

十义桥平面做法示意图

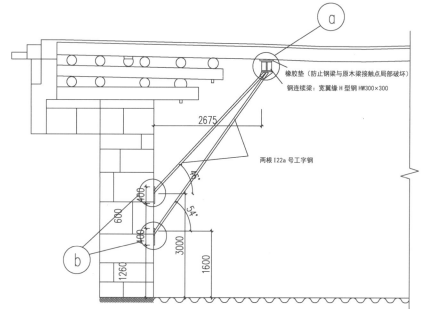

做法 1 立面钢支撑做法示意图

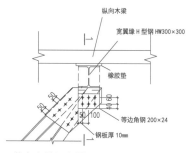

a 节点大样示意图

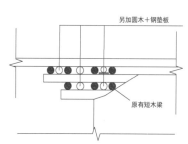

做法 2 正立面面桥墩上部做法示意图

修缮后内部　　　修缮后三角形斜撑

修缮后桥身

29 中东铁路公主岭俄式建筑群 J10 建筑修缮工程方案

Repair Engineering Scheme of J10 Building in Russian Architectural Complex of Middle East Railway, Gongzhuling City, Jilin Province

项目区位：吉林省四平市公主岭市。

设计范围：公主岭俄式建筑群现存文物建筑 10 栋（编号为 J1–J10），其中的 J10 为机车厂检修车间（其余建筑与机车厂关系待考），J10 建筑平面呈"L"形，总建筑面积约 1640m²。本次工程包括中东铁路建筑群公主岭俄式建筑群中的 J10 号机车厂检修车间文物建筑本体和环境，总面积约 3015m²。

文物概况：2013 年公主岭俄式建筑群被并入第六批全国重点文物保护单位——中东铁路建筑群。J10 建筑外墙体为青砖、红砖混合砌筑，内部结构为木框架，屋顶结构为三角桁架、铁皮屋顶。其建筑立面、扶壁以红砖为主，使用青砖装饰图案，门、窗洞口顶部采用拱形，檐口层层出挑，有较强的韵律感，体现出典型的俄式建筑风格。

设计特点：本规划对文物本体各建筑构件进行详细全面的现状评估，通过专业翔实的建筑结构检测、建筑材料检测、建筑保存现状分析等，总结现状问题，进而对文物本体建筑整体及建筑各个构件采取针对性强、科学合理的保护措施与修缮方法。

编制时间：2015 年。

项目状态：已通过吉林省文物局复核。

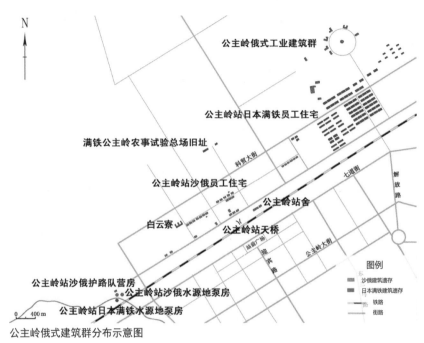

公主岭俄式建筑群分布示意图

公主岭俄式建筑群旧照（图片来源：公主岭市文化广电新闻出版局）

29 中东铁路公主岭俄式建筑群 J10 建筑修缮工程方案

Repair Engineering Scheme of J10 Building in Russian Architectural Complex of Middle East Railway, Gongzhuling City, Jilin Province

155

J10 建筑价值评估

1. 现存唯一的中东铁路"L"形机车厂检修车间；
2. 近现代大跨度砖木结构的典型实例；
3. 研究近现代俄式建筑的重要资料。

J10 建筑南立面全景

J10 建筑与周边环境

J10 建筑内部屋顶结构

建筑保护措施

工程性质

　　本次保护工程属于修缮工程。本次修缮工程的主要内容为对 J10 建筑屋顶、墙体、木结构等部分的现状整修和加固以及 J10 建筑周边场地的整治和排水设计。

保护措施

　　根据《吉林省公主岭市中东铁路建筑群——J10 结构检测报告》（2015）的检测结论，对 J10 建筑应采取加固措施。修缮工程施工中应遵照"先顶撑，后加固"的程序进行施工，保证维修加固整个施工过程的安全，本次工程采取的保护措施包括以下内容：

　　（1）整顿清理；（2）安全防护——搭建防护架及满堂脚手架、修建临时防护棚；（3）地面修整；（4）立面修缮；（5）墙体修缮；（6）木结构修缮；（7）屋顶修缮。

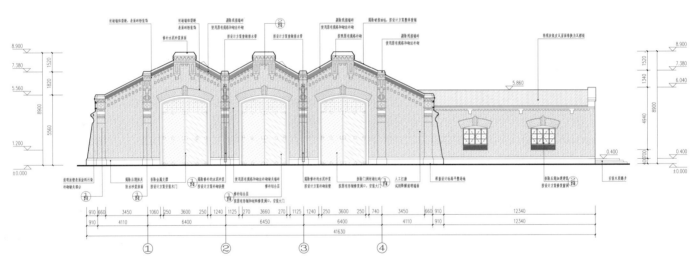

J10 建筑南立面规划示意图

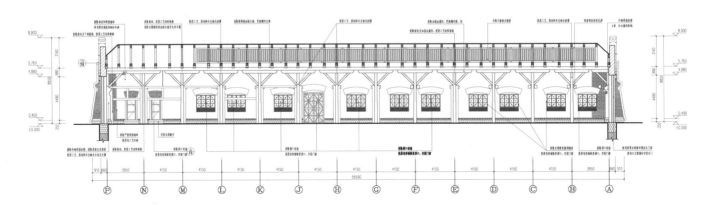

J10 建筑南北向剖面规划示意图

29 中东铁路公主岭俄式建筑群 J10 建筑修缮工程方案

Repair Engineering Scheme of J10 Building in Russian Architectural Complex of Middle East Railway, Gongzhuling City, Jilin Province

157

环境整治措施

拆除加建建筑物

拆除 J10 建筑东侧、北侧与其相连的后期加建建筑物 6 座，总占地面积约 400m²；拆除加建建筑后按原有样式修复开洞的墙体，清理室外地面，恢复铺装及绿化。

在今后条件允许时，搬迁北侧草料厂厂房及堆场大棚。

建筑周边竖向及排水设计

方案拟采取降低室外地坪措施，根据室外高程和室内设计地坪重新确定室外场地坡度。

重做 J10 建筑四周散水，建筑散水采用干铺卵石散水，向外找坡 3%。

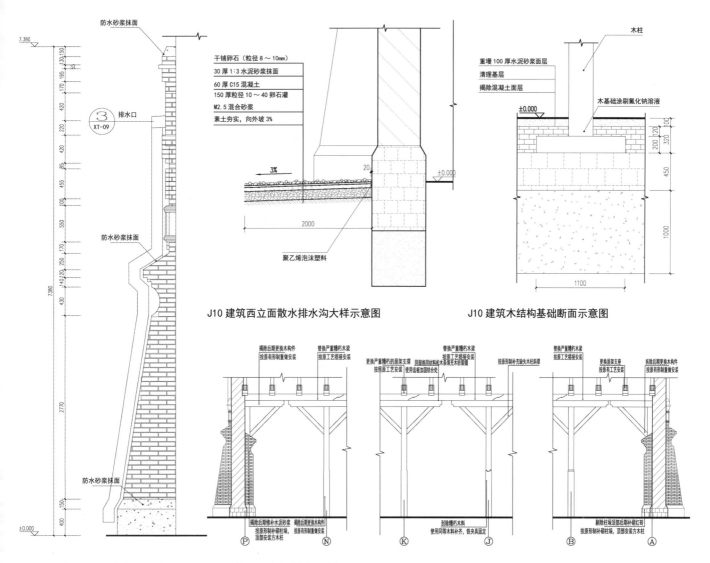

J10 建筑西立面散水排水沟大样示意图

J10 建筑木结构基础断面示意图

J10 建筑扶壁、雨水口大样示意图

J10 建筑木柱修复大样示意图

展示工程是在切实保护文物的基础上，合理利用文物资源，充分阐释文物的历史价值、艺术价值、科学价值，传播传承优秀文化，促进社会文明进步的重要实现途径。根据 2018 年中共中央办公厅、国务院办公厅印发的《关于加强文物保护利用改革的若干意见》，"加强文物价值的挖掘阐释和传播利用，让文物活起来，发挥文物资源独特优势"是开展文物展示工程必须坚持的重要原则。

文化遗产展示工程

　　我院承接的展示工程项目，遵循"在保护中发展，在发展中保护"的理念，针对不同时期、类型各异的展示对象，分别编制出凸显其文化特征和价值内涵的展示利用方案。在此呈现的重点项目中，裴李岗时期文化遗址——贾湖遗址保护展示方案，以考古遗址公园的形式整体展示遗址已发掘区域的格局，通过整合提炼四大展示主题设置不同的展示分区，生动揭示贾湖人的生产生活特征，突出阐释贾湖遗址的重要文化价值；西汉帝陵系列保护展示工程，在对帝陵文物本体制定严格保护措施的基础上，以突出各个帝陵的形制特征及格局构成为切入点，展示内容各有侧重——长陵侧重展示陵园整体格局、渭陵侧重展示陪葬墓园格局、安陵邑侧重展示陵邑格局。

30 贾湖遗址保护展示方案

Exhibition Project Scheme of Jiahu Archaeological Site in Wuyang County, Henan Province

项目区位：河南省漯河市舞阳县。

设计范围：规划范围西界沿尚庄村南北向乡道以及尚庄村西侧围堰至贾湖西岸线，与漯平公路相连；北界为漯平公路；东界以沿巩庄村至漯平公路的乡村公路为界；南界由许泌公路至菜园店刘村的乡村公路，面积约为 284.26hm²。

文物概况：贾湖遗址是一处规模较大、保存完整、文化积淀极为丰厚的新石器时代中期遗存，是淮河流域迄今所知年代最早的新石器文化遗存。2001 年 6 月贾湖遗址被国务院公布为第五批全国重点文物保护单位，并被确定为 20 世纪全国 100 项重大考古发现之一。自从 1983 年开始发现并开展田野考古工作以来，共进行了 8 次考古挖掘，成果累累，遗迹及出土文物众多，具有重大的历史、科学、艺术价值。规划分别对第一至七次发掘（部分）、第八次发掘的两片区域做了保护展示工程方案。

设计特点：本次展示方案将村庄发展与遗址保护和展示利用相结合，针对不同时期、不同类型的遗存采用不同的展示策略和手段，恰当阐释贾湖遗址丰富的文化内涵，是本次展示工程项目的难点。

编制时间：2015—2017 年。

项目状态：已通过河南省文物局审批。

贾湖遗址第八次发掘区域（图片来源：舞阳县贾湖遗址阿岗寺遗址管理委员会）

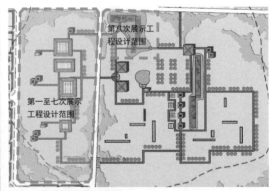

展示工程设计范围示意图

墓葬（图片来源：舞阳县贾湖遗址阿岗寺遗址管理委员会）

展示策略

1. 突出展现贾湖遗址中晚期与裴李岗亲缘文化之间存在的密切联系；
2. 突出展现贾湖人当时在祭祀或房屋奠基等行为的仪式内容；
3. 突出展现贾湖人当时在身份、地位、财富等方面的等级分化；
4. 突出展现当时原始宗教的自然崇拜、巫术仪式卜筮等生活场景；
5. 突出展现当时人类社会的劳动生产方式。

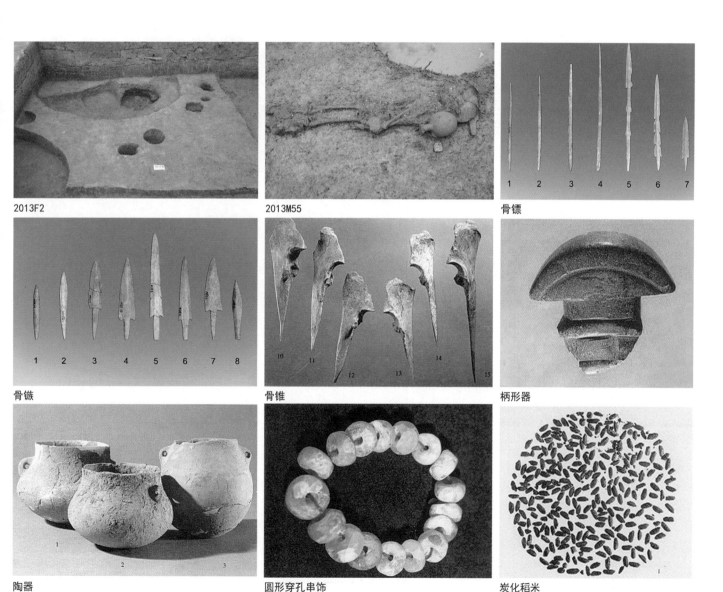

2013F2

2013M55

骨镖

骨镞

骨锥

柄形器

陶器

圆形穿孔串饰

炭化稻米

（以上图片来源：舞阳县贾湖遗址阿岗寺遗址管理委员会）

展示主题

根据贾湖遗址价值构成要素的类型、重要性等因素，设计从聚落形态变化、各时期地层关系、农业、原始宗教、酿酒文化、骨笛、陶制品制作工艺、制石和制骨工艺、出土文物等多个要素中对最能体现贾湖遗址价值的要素进行整合，提炼出可反映贾湖遗址突出特征的展示主题：通过设置农业文明、狩猎渔牧、宗教艺术、工艺技术四大主题分区，对涵盖 12 个方面内容的出土文物进行原址展示，阐释贾湖遗址的重要价值和贾湖人的生产生活面貌。

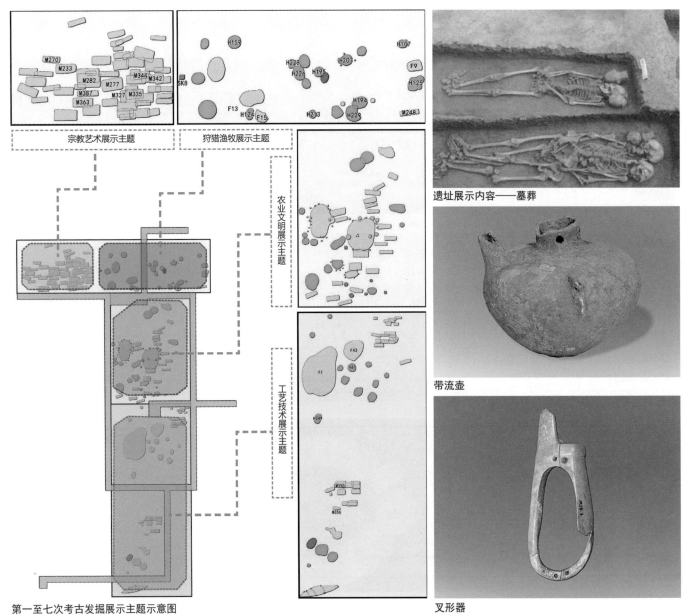

遗址展示内容——墓葬

带流壶

叉形器

第一至七次考古发掘展示主题示意图

（以上图片来源：舞阳县贾湖遗址阿岗寺遗址管理委员会）

展示方式

地表模拟展示

　　根据既有考古资料，在重点展示区覆土保护层上对经筛选的三期展示对象实施分期、分层模拟，以再现贾湖遗址的重要遗迹及其地层关系。

墓葬

　　以当地红砂岩石块标识每个墓葬的形状边界，用粒径为 8mm 的石子压实标识墓葬内部。

地面标识展示

　　重点展示区内采用护栏、植被、石块等对贾湖遗址遗迹的边界进行标识，对各类型遗迹的基本形式进行简洁明晰的表现。

房址

　　用防腐木标识房址边界，以防腐木模拟房址承重柱与护围柱。房址内部以粒径 8mm 石子压实进行标识。

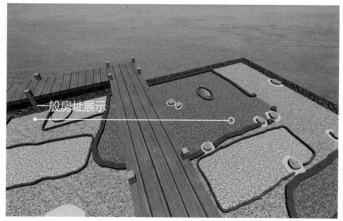

灰坑

　　灰坑展示设计以展现灰坑的原本形状为主。以 8mm 耐锈钢板模拟灰坑标识边界。灰坑内部以粒径 8mm 石子压实进行标识。

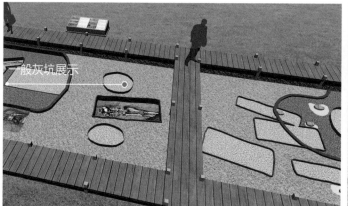

兽坑

　　以当地红砂岩石块标识每个兽坑的形状边界，用马赛克拼成兽坑发掘现场状态。

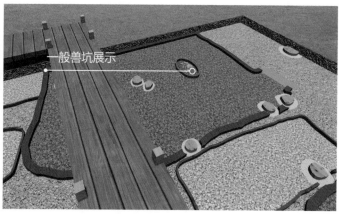

展示方式

遗址考古现场模拟展示

遗址考古现场模拟展示主要位于第八次发掘区域的重点展示区，在遗迹现场地表模拟展示的基础上，将部分重点遗迹出土的具有代表性的文物遗存（复制品）进行还原发掘现场的模拟展示。从而揭示当时贾湖人的生产生活习惯，以便向参观者直观地再现贾湖遗址考古发掘现场的场景。

遗产古环境修复展示

用于未实施考古发掘区域的遗址考古预留区，在不破坏遗址安全的前提下，以植被恢复为主，对遗址环境实施初步修复，并为之后的考古发掘预留较为完整的空间。

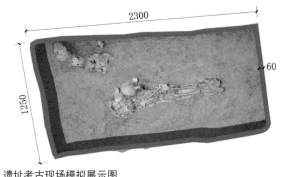

遗址考古现场模拟展示图

展示效果

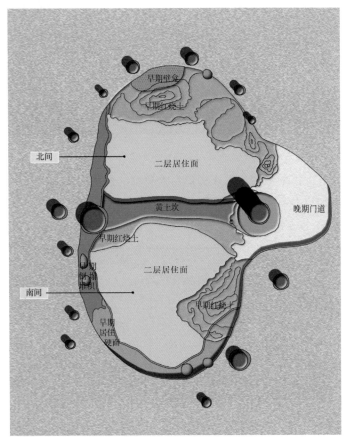

房址 F5 保护展示方案效果图

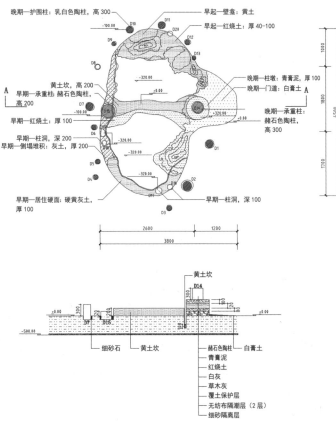

房址 F5 保护展示方案设计示意图

第一至七次发掘区域展示实景图（图片来源：舞阳县贾湖遗址阿岗寺遗址管理委员会）

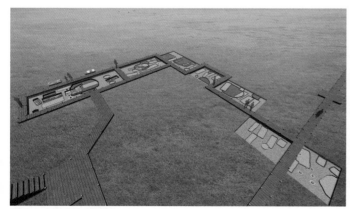
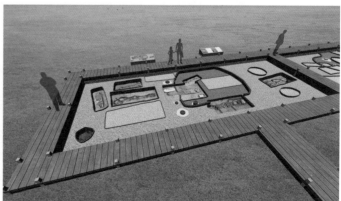

第八次发掘区域鸟瞰图

第八次发掘区域展示效果图

31 景德镇御窑厂窑址遗址本体展示工程

Exhibition Project of the Ancient Royal Porcelain Kiln Sites in Jingdezhen City, Jiangxi Province

项目区位：江西省景德镇市珠山地区。

设计范围：御窑厂珠山南麓遗址和北麓遗址以及 2014 年考古发掘的作坊遗址。遗址总面积约 2390m²，总展示面积 4260m²。

文物概况：景德镇御窑厂是明、清两代御用瓷器的专职制造场所，也是我国烧造时间最长、规模最大、工艺最精湛的官办瓷厂。2006 年成为第六批全国重点文物保护单位。

设计特点：本方案在保证遗址本体文物安全的前提下，通过烧艺、制陶工艺、瓷器的艺术和地层之谜这四大主题，展现御窑遗址考古学文化内涵，包括遗迹类型、地层关系、制瓷流程等考古信息内容，充分彰显景德镇御窑厂窑址的历史、艺术、科学价值，弘扬御窑文化。设计过程中恰逢考古工作持续进行，展示设计方案需要配合周边考古进展，不断调整既有展示对象和新揭露遗址的衔接关系。

编制时间：2017 年。

项目状态：已通过国家文物局评审（函审）。

遗址保护区划示意图（资料来源：《景德镇市历史文化名城保护规划（2013-2020）》）

遗址周边道路现状示意图

31 景德镇御窑厂窑址遗址本体展示工程
Exhibition Project of the Ancient Royal Porcelain Kiln Sites in Jingdezhen City, Jiangxi Province

167

考古历程

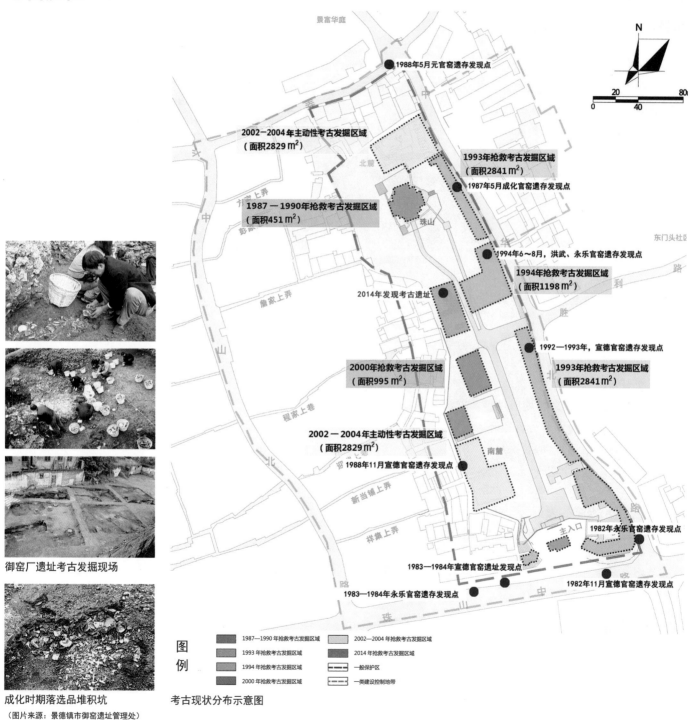

景富华庭

N

20　　　　80
0　　40

1988年5月元官窑遗存发现点

2002—2004年主动性考古发掘区域
（面积2829 m²）

1993年抢救考古发掘区域
（面积2841 m²）

北麓

御窑上弄

1987年5月成化官窑遗存发现点

1987 — 1990年抢救考古发掘区域
（面积451 m²）

珠山

东门头社区

1994年6～8月，洪武、永乐官窑遗存发现点

1994年抢救考古发掘区域
（面积1198 m²）

詹家上弄

2014年发现考古遗址

华胜利路

1992—1993年，宣德官窑遗存发现点

2000年抢救考古发掘区域
（面积995 m²）

1993年抢救考古发掘区域
（面积2841 m²）

程家上巷

南麓

2002 — 2004年主动性考古发掘区域
（面积2829 m²）

1988年11月宣德官窑遗存发现点

新当铺上弄

1982年永乐官窑遗存发现点

祥集上弄

主入口

1983—1984年宣德官窑遗址发现点

1982年11月宣德官窑遗存发现点

1983—1984年永乐官窑遗存发现点

珠山中路

御窑厂遗址考古发掘现场

成化时期落选品堆积坑

图
例

■ 1987—1990年抢救考古发掘区域	▨ 2002—2004年抢救考古发掘区域
■ 1993年抢救考古发掘区域	■ 2014年抢救考古发掘区域
■ 1994年抢救考古发掘区域	--- 一般保护区
■ 2000年抢救考古发掘区域	--- 一类建设控制地带

考古现状分布示意图

展示对象现状

北麓遗址

已建有保护房，窑炉遗迹、匣钵墙、窑业堆积，个别瓷器堆积坑遗迹尚存，大部分瓷器堆积坑和灰坑已经考古清理。窑址本体保护方案已通过国家文物局审批待实施。

根据现状考察，展陈设计可利用遗址区内南侧陡坡空间。

2014 年考古发掘区

考古发掘遗迹共计 60 处，房基 11 座、墙基 10 道、灰坑 30 个、水沟 2 条、天井和路面各 1 个、辘轳坑 3 个、澄泥池 2 个以及缸 2 个。现已全部回填。

南麓遗址 2004 年考古发掘区

已建有临时开敞保护大棚。窑址本体保护方案已通过国家文物局审批待实施，窑炉遗迹现状能清晰保留的有 8 座，辘轳坑遗迹在本遗址区中东部只保留一个，其余已被清理。

南麓遗址 2016 年考古发掘区

已清理完成，遗址揭露未回填，遗迹形态基本清晰可见，个别遗址内由于雨水侵蚀，积水严重。

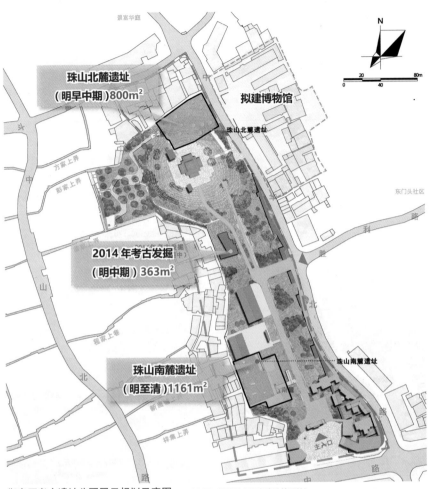

御窑厂考古遗址公园展示规划示意图（图片来源：景德镇市御窑遗址管理处）

墙基　　　　辘轳坑

2004 年南麓考古发掘遗址

2014 年考古发掘现场

（以上图片来源：景德镇市御窑遗址管理处）

2016 年南麓考古发掘遗址

31 景德镇御窑厂窑址遗址本体展示工程
Exhibition Project of the Ancient Royal Porcelain Kiln Sites in Jingdezhen City, Jiangxi Province

169

展示设计

北麓遗址

　　北麓遗址展示区以遗址本体考古现场展示为主，附以小型灰坑或落选埋藏坑的考古模拟展示。为体现原有的遗址格局，将现有的高架栈道拆除，改为进入遗址内，更加贴近遗址地面的轻钢结构钢格栅栈道。根据遗址的院落格局，合理串联起窑址区、落选瓷器埋藏区、老水井、匣钵墙等各个遗存点。

窑业堆积

井台

匣钵墙

北麓遗址—窑炉遗址展示效果图

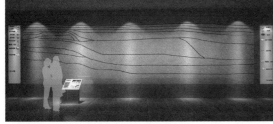
北麓遗址—考古地层剖面展示效果图

北麓遗址—埋藏坑展示效果图

北麓遗址—入口门厅效果图

2014 年考古发掘区

依据考古报告，2014 年考古发掘揭露的是御窑厂的制瓷作坊遗迹。本方案原位模拟展示御窑厂作坊院落的空间格局，外围用砖墙标识考古发掘的探坑范围，范围内先实施 300mm 覆土保护原地层，在覆土层上模拟出反映原格局的重要墙基、房基、辘轳坑、澄泥坑、灰坑、缸等考古信息。墙基延伸至未考古挖掘的部分，通过绿色植被标识的方式表现整体格局。

重点模拟探方 TN33W16 内遗迹和瓷片的积层剖面。

2014 年考古发掘区—整体展示效果图

2014 年考古发掘区—整体展示效果图

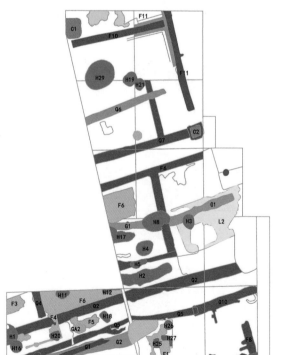

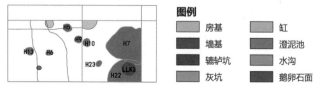

图例

▨	房基	▨	缸
▨	墙基	▨	澄泥池
▨	辘轳坑	▨	水沟
▨	灰坑	▨	鹅卵石面

2014 年考古发掘区考古遗迹平面示意图（资料来源：《2014 年景德镇御窑遗址考古发掘主要收获》）

31 景德镇御窑厂窑址遗址本体展示工程
Exhibition Project of the Ancient Royal Porcelain Kiln Sites in Jingdezhen City, Jiangxi Province

171

南麓遗址

　　根据南麓遗址考古发掘信息以及甲方提供的南麓遗址保护方案，南麓遗址展示可细分为遗址本体展示区、出土遗物展示区、制瓷工艺模拟区。

　　遗址本体展示区：展示考古发掘的明代中期马蹄窑遗址、清代作坊遗址。

　　出土遗物展示区：展示考古发掘的瓷器、窑具、制瓷工具、建筑构造物等。

　　制瓷工艺模拟区：南侧以三维实体模型还原制瓷工艺作坊。北侧设置结合VR 技术的制瓷工艺体验区。

南麓遗址—观察平台效果图

马蹄窑现状照片

辘轳坑现状照片

南麓遗址—步行栈道效果图

32 ～ 34 西汉帝陵系列保护展示工程——长陵、渭陵、安陵邑

Conservation and Exhibition Series Projects for the Western Han Dynasty Emperor Mausoleums, Shaanxi Province

项目区位：陕西省，西咸新区秦汉新城。

设计范围：长陵、渭陵工程范围以最新考古资料中的长陵、渭陵遗址分布范围为主要参考依据，包括陵园、陵邑和陪葬墓三部分，安陵邑工程范围为陵邑区域。

文物概况：西汉 11 座帝陵分为两大陵区，9 座位于渭河北侧的咸阳原上，自西向东分别是茂陵、平陵、延陵、康陵、渭陵、义陵、安陵、长陵、阳陵。长安城东南的白鹿原、少陵原上则分布着霸陵、杜陵。长陵、渭陵、安陵邑，是五陵塬上的 9 座帝陵的组成部分。1988 年 1 月 13 日，长陵被国务院公布为第三批全国重点文物保护单位。2001 年 6 月，西汉帝陵被国务院公布为第五批全国重点文物保护单位。2019 年汉唐帝陵列入中国世界文化遗产预备名录。

设计特点：本次长陵、渭陵和安陵邑方案在保护措施方面，针对遗址的各类病害提出保护措施，保证遗址本体的安全性。在展示利用方面，长陵、渭陵和安陵邑的展示重点不同，其中长陵侧重于陵园整体格局展示，渭陵侧重于陪葬墓格局展示，安陵邑侧重于陵邑格局展示。长陵作为汉代初期第一座帝陵，承袭秦制，陵园布局特点突出。渭陵为西汉中期帝陵，是西汉帝陵制度发生变革和趋于完善的代表。安陵邑以其"文艺城"为主题，展示西汉陵邑文化。

编制时间：2015 年。

项目状态：已通过陕西省文物局评审。

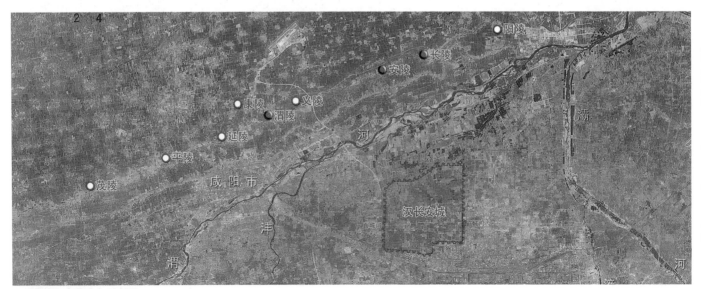

五陵塬西汉帝陵分布示意图

长陵帝陵

长陵后陵

渭陵帝陵

渭陵后陵

俯瞰安陵邑

现存西汉安陵邑城墙

价值评估

长陵价值评估

历史价值：长陵是中国古代帝陵由"集中公墓"到"独立陵园"发展演变的实证；见证了陵邑制度的形成；展现了汉帝陵建制的初创；真实反映了西汉时期"日祭于寝"的礼仪制度；体现了"视死如生"的丧葬文化和制度；见证了历朝历代的盗墓和陵墓修复史。

科学艺术价值：长陵为研究帝陵的选址、设计思路提供了宝贵的材料；为研究西汉的军事、手工业提供了大量的实物证据；是我国汉文化研究和帝陵制度研究的重要实物证据；汉长陵的布局是对大地艺术内涵的深刻体现。

社会价值：长陵是了解历史、认识国情、学习文化的重要途径和生动教材；长陵的保护与开发可以有效改善和整治周边的生态环境；长陵的保护与开发，可以进一步推动当地的经济发展与建设。

渭陵价值评估

历史价值：渭陵是研究汉元帝生平重要遗存，为研究西汉晚期陵寝制度与陪葬制度提供可靠依据；为研究西汉晚期的政治、经济和外交提供了重要的实物资料；渭陵的保护将为研究当时汉匈关系起到重要作用。

科学艺术价值：渭陵陵园选址、布局和陵墓建筑反映了西汉的帝陵建筑思想和国家工程建设实力；渭陵采集的玉辟邪是目前我国发现最早的同类实物，不仅反映了当时玉器制作水平，还对东汉的辟邪制度产生深远影响；渭陵遗址区发现的玉奔马等器物，不仅造型精美，还反映出"昭君出塞"之后，当时百姓安居乐业的太平景象；渭陵遗址区发现的大量精美玉物，可能对后代的丧葬制度产生了影响；渭陵采集的各种文物反映了当时的工艺制作水平，对研究当时的科技发展水平具有重要的科学价值。

社会价值：渭陵是重要的历史文化教育基地；渭陵的保护与利用对增强爱国主义热情，促进中华民族的多元统一具有重要作用；汉元帝渭陵是有待开发的西汉帝陵大遗址群中的重要一环；渭陵的保护与开发，可以进一步推动当地的经济发展与建设。

长陵现状照片

渭陵现状照片

安陵邑价值评估

陵邑是安陵重要的组成部分，对研究安陵的格局、形制、帝陵建制以及汉代初期社会制度都有重要的意义。

西汉一代11座帝陵，有9座分布在咸阳市的咸阳塬上，其中包括5座陵邑（西汉总共有7座帝陵设了陵邑，霸陵和杜陵的陵邑在塬下），陵邑设置的由有到无体现了西汉帝陵形制的变化，对研究西汉帝陵形制的演变具有重要的地位。

安陵邑中居住的贵族、官宦众多，且人才辈出，如"班式五杰"、冯唐、袁盎等，是历史名人居住生活的重要场所，历史地位重要。

安陵邑的垣墙保存较好，尤以东墙为优，对研究当时的科技发展水平有着重要的科学价值。

安陵邑是从早周时期就有居民居住于此，后依托陵邑建设发展壮大，成为了解历史、认识国情、学习传统文化的重要途径和生动材料，在促进爱国主义教育和建设和谐社会方面将起到重要的作用。

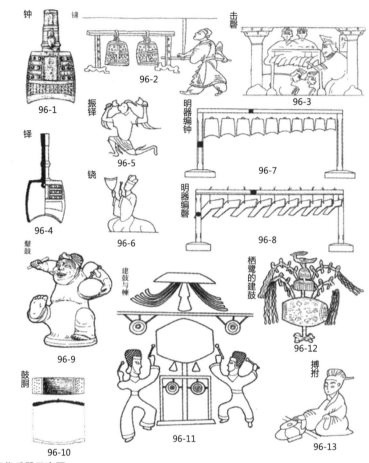

汉代乐器示意图（图片来源：孙机.《汉代物质文化资料图说》，2008年5月）

安陵邑照片

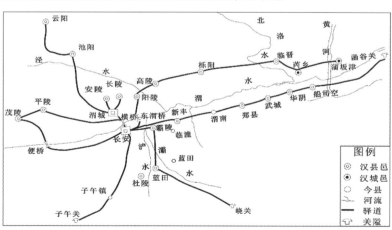

西汉诸陵交通示意图

历史研究

帝陵制度演变

　　商周时期，王及诸侯方国国君（或包括夫人、宗族成员在内）实行多代集中埋葬于同一公共墓地的公墓制度。"集中公墓制"作为一定历史阶段的产物，随着社会的发展也必然发生变化，春秋战国时期以每代国君为中心的"独立陵园制"出现，但尚处在创立与发展阶段，到秦汉时期，由于大一统帝国的建立及君主集权的高度强化，"独立陵园制"最终确立并进一步完善，从而奠定了之后中国近两千年专制社会帝王陵园制度的基础。

　　西汉帝陵的"独立陵园制"基本上是继承了秦始皇陵园的布局结构而又有所发展。每座陵园都有自己的陵园名称、寝殿、便殿、陵邑等设置更为完善，陵园管理功能进一步加强。长陵作为开国皇帝的陵墓，一方面继承秦制，"上具天文，下具地理"，另一方面加以重新规制，形成了具有独立陵园，墓穴和封土，祭祀的陵庙、寝园、外藏坑、陪葬墓、陵邑、道路系统的规模化的形制要素，创建了汉帝陵建制。汉元帝时期，是西汉王朝由盛转衰的重要节点，而汉元帝渭陵也在西汉帝陵的变迁史中表现了其特殊性。不同于之前西汉帝陵格局，渭陵是西汉十一陵中，第一个没有陵邑的帝王陵墓且缩小了外藏坑及陪葬墓的数量。

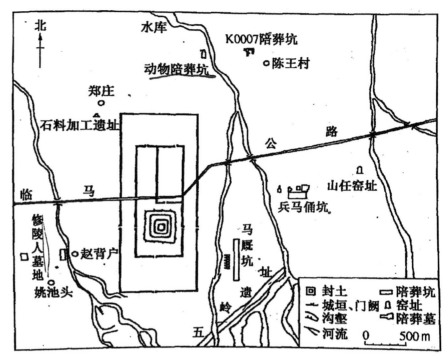

秦始皇陵平面布局示意图（图片来源：《秦始皇陵园 K0007 陪葬坑发掘》）

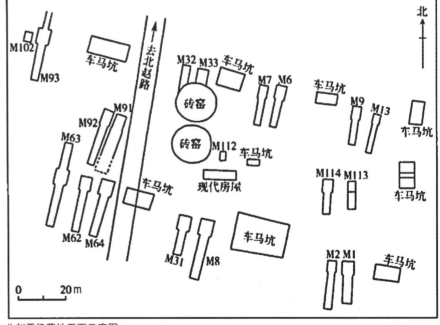

北赵晋侯墓地平面示意图（图片来源：《从商周"集中公墓制"到秦汉"独立陵园制"的演化轨迹》）

汉代陵邑制度形成

西汉一朝在高、惠、文、景、武、昭、宣七帝帝陵和薄太后、赵婕妤二后后陵都设置了陵县。长陵邑是西汉设置的第一个正式陵邑，作为特殊行政区，存在于西汉王朝的大部分时段，它与西汉京师长安关系密切，对整个西汉社会发展影响深远。

五陵塬上西汉陵邑特点分析

长陵邑和阳陵邑因居住著名或重要的官员被誉为"高官城"；安陵邑因伍仟倡优和汉书撰写地被誉为"文艺城"；茂陵邑是西汉疆土扩张的重要时期，英雄辈出，且居于陵邑内，因此被誉为"英雄城"；平陵邑居住多以名士、大儒为主，是文化中心，故被誉为"学术城"。根据历史价值和现状情况综合比较，本次保护展示工程方案选择形制相对较为完整，规模较小，用地性质较为单一的安陵邑作为五陵塬上陵邑保护展示示范工程。

安陵邑历史名人

艺人："徙关东倡优乐人五千户以为陵邑。"（《关中记》）

宠臣：高帝时籍孺，惠帝时闳孺徙安陵。（《史记·佞幸列传》）

群盗：袁盎之父以群盗自楚徙安陵。（《汉书·袁盎传》）

高訾富人：安陵杜氏，家訾钜万。（《汉书·货殖传》）

六国贵族：赵大臣后人，冯唐之父。（《汉书·张冯汲郑传》）

名儒名士——班氏家族（班彪、班固、班超等）居安陵。（《后汉书·班彪传》）

五陵塬上西汉陵邑特点分析统计表

序号	名称	规模（km²）	与陵园的相对位置	皇帝	保护展示条件	陵邑性质考古定位
1	长陵邑	2.6	陵园北部	汉高祖刘邦	汉朝初创陵邑制度，建制尚未成熟；历史意义和社会影响巨大，目前的保护展示手段尚处于尝试性的阶段，不适合率先在长陵邑开展	高官城
2	安陵邑	1.7	陵园北部	汉惠帝刘盈	安陵邑规模适中；此时汉代陵邑制度更加趋向成熟；安陵邑内村庄占压不多，遗址范围内没有公路横穿；考古调查、勘探工作提供了丰富的考古材料和理论基础	文艺城
3	阳陵邑	4.5	陵园东部略偏北	汉景帝刘启	遗址大部分被城市建设用地所占压，保护展示利用条件较差	高官城
4	茂陵邑	5.5	陵园东北部	汉武帝刘彻	茂陵其历史地位和社会影响举足轻重，对茂陵邑的保护展示要慎重对待，同长陵邑一样，应在保护展示手段相对成熟的条件下再开展相关工作	英雄城
5	平陵邑	7.4	陵园东北部	汉昭帝刘弗陵	总面积是几座陵邑中面积最大的，保护展示困难较大；遗址区内的村庄占压较多，拆迁难度大、成本高，另有长庆路东西向横穿遗址区	学术城

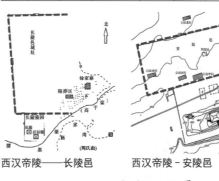

西汉帝陵——长陵邑　　西汉帝陵-安陵邑

西汉帝陵-阳陵邑

西汉帝陵-茂陵邑

西汉帝陵-平陵邑

总体思路（长陵）

保护思路

　　本次设计对长陵陵园、陵邑的垣墙以及陪葬墓中尚存地上封土的所有地上遗存提出修补和加固方案；对于长陵地下遗存，通过取消占压道路和移栽大型乔木等工程措施减少对遗址地下遗存的干扰，防止再度破坏。方案优先使用物理保护措施，保证保护措施的可逆性。

展示思路

　　本次设计将长陵陵园区域作为展示对象，重点展示长陵陵园作为汉代早期帝陵的空间布局和功能组成。方案以纪念性为主题，地上遗存以原状展示为主，不增加过多干预；地下遗存埋藏深度均超过 1m，以绿植或碎砂石进行地面标识展示为主，凸显帝陵、后陵空间关系，阐释陵园历史价值。

节点效果图

长陵效果图

重要节点（长陵）

长陵陵园主入口

设计根据长陵陵园坐西面东的整体格局，以陵园东门址作为陵园主入口，旨在营造具有明确指向性的序列空间，将观览者逐步带入长陵的整体展示氛围。

陵园东垣墙、东门门址进行标识展示，门址处散铺砂石，以便今后开展考古工作。

东门址外司马道两侧设计集散广场，占地面积约 3690m^2，集散广场上包括电瓶车停靠站和休憩广场，广场中心设计有景观花池。

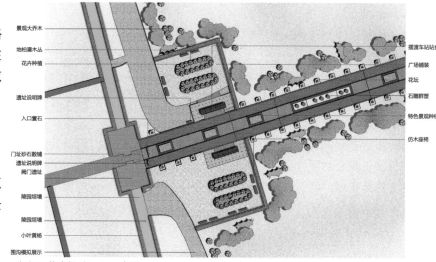

景观大乔木   摆渡车站站台
地柏灌木丛   广场铺装
花卉种植   花坛
遗址说明牌   石雕群塑
入口置石   特色景观种植
门址砂石散铺   仿木座椅
遗址说明牌
阙门遗址
陵园垣墙
陵园垣墙
小叶黄杨
围沟模拟展示

主入口节点设计平面示意图

主入口节点设计效果图

长陵陵园次入口

设计以一号建筑遗址北侧的北门门址作为陵园的次入口，垣墙内外各设计一处集散广场。

对门址处残存垣墙进行覆土保护，门址处铺砂石；门址内广场以仿古青砖和碎石子铺装为主，连接园内展示道路；门址外广场设计放置一组汉阙形象的景观雕塑。

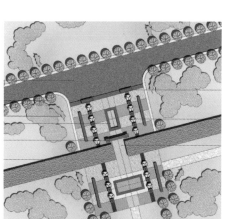

次入口节点设计平面示意图   次入口节点设计效果图

总体思路（渭陵）

保护思路

　　根据现状不同类型的病害现象分类制定具有针对性的保护工程方案：对于渭陵帝陵、王皇后陵、陵园内陪葬墓园以及陵园外陪葬墓的现存封土等主要地上遗存，在消除破坏影响的基础上保护现存封土的安全性与稳定性；对于渭陵陵园内略高于现地表的地上遗存，现阶段均以原状保护为主，后续需经考古勘测确认其详细遗迹信息后再实施具体的保护工程；对于作为遗址环境的渭陵陵园现状无地上、地下遗存区域，通过整治与遗址本体不协调的各类环境因素，加强遗址环境的安全性。

展示思路

　　严格控制展示区域范围及展示工程量、展示深度，渭陵展示工程以保护渭陵遗址安全为前提，以经考古确认的地上、地下遗存为展示对象，全面展示渭陵陵园的整体格局、帝陵陵园、王皇后陵园、傅昭仪陵园、陵园内陪葬墓园的规模和布局以及 4 号、5 号建筑遗址格局，重点展示陵园内陪葬墓园的遗存特征。其中，对现存封土的墓葬拟在原状保护的基础上实施原状展示，对现状地表封土无存的墓葬仅用石材标识考古钻探的边界。

渭陵陵园效果图

32~34 西汉帝陵系列保护展示工程——长陵、渭陵、安陵邑
Conservation and Exhibition Series Projects for the Western Han Dynasty Emperor Mausoleums, Shaanxi Province

181

重要节点（渭陵）

陵园内陪葬墓园

陵园内陪葬墓园是渭陵陵园中地上遗存规模较大、格局特征突出的一处墓园，是渭陵保护展示的重要区域。鉴于该墓园独立成园、现存封土呈一定规模且已经考古确认的遗存分布格局清晰，设计将其作为渭陵展示序列核心，向观览者提供找寻历史文化景观及其空间体验的多种可能性。在 M3 以南设置含集散、阐释、短时驻留及活动等功能的入口广场。

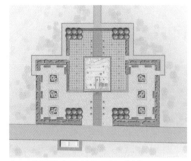

入口广场节点设计平面示意图

入口广场节点设计效果图

总体思路（安陵邑）

保护思路

　　通过对遗址地上、地下遗存详细评估，针对各类病害提出保护措施。根据考古部门提供的相关信息，与当地勘查测绘机构开展合作，对陵邑的垣墙进行详细勘查，根据实际情况提出了修复和加固方案；对于地下遗存，通过标识和围护减少对遗址地下遗存的干扰，防止人为破坏。

展示思路

　　通过现状遗存、陵邑民俗、历史名人等展示利用内容，游客充分了解陵邑作为皇家陵园的组成部分，其存在的意义和历史演变情况，达到文化宣传、历史教育等社会意义。安陵邑总体展示空间格局为"一环、多点"。

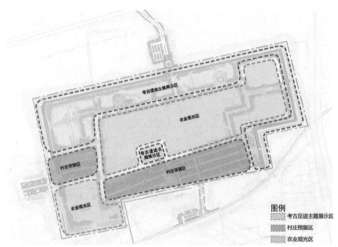

功能分区示意图

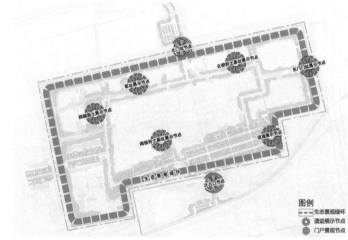

空间结构示意图

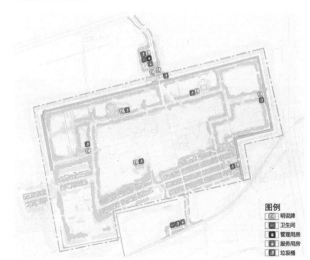

配套设施示意图

紫薇　　黄杨　　八宝景天　　紫叶小檗

遗迹标识展示区：该区域地下遗址丰富，为避免根系扰动地下文化层，植物配置多以花灌木、地被植物为主，植物入土根系不得超过1.5m。

农业观光区：为保证陵邑内展示工程实施后效果，建议调整陵邑内现有玉米地，选取具有经济性和观赏性相结合，且根系较浅，地上高度较低的农作物或药用植物。

陵邑内所有标识展示和绿化景观植被均选取咸阳本地特种，避免引用外来植物进行标识或绿化

黑松　　雪松　　圆柏　　银杏　　碧桃　　玉兰　　连翘

植物种植要求

重要节点（安陵邑）

安陵邑主入口设计

以考古垣墙北门址和围沟遗址为展示利用对象。通过由北向南依次设计景观大道、游客中心、阙门（检票口）、汉书广场、陵邑景观桥、北门以及北垣墙，构建轴线鲜明的对称空间，营造神圣、庄严的陵邑氛围。

图 例
1. 生态停车场
2. 休息长廊
3. 游客服务中心
4. 检票口
5. 展示说明牌
6. 雕塑
7. 围沟模拟展示
8. 北门门址

安陵邑主入口平面示意图

节点效果图

窑址设计

该节点以考古探明的窑址遗址和水池遗址为展示利用对象，通过模拟展示和标识展示，展现西汉陵邑内手工业特别是制陶业的文化价值，形成了解汉代制陶工艺、参观窑址断面展示、近观考古成果的参观序列设计。

图 例
1. 窑址说明牌
2. 室内展示房
3. 室外展示亭
4. 休息长廊
5. 露天模拟展示
6. 水池遗迹

窑址平面示意图图

节点效果图

垣墙断面设计

该节点以现状保存较为完好的垣墙遗址为展示利用对象，通过原状展示，以展现安陵邑垣墙规模、形制为重点，结合现状垣墙豁口展示垣墙夯土断面，并设计保护展示棚。

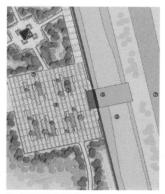

节点平面示意图

节点效果图

节点效果图

35 侵华日军东北要塞——胜山要塞展示工程（一期）设计方案

Design Scheme of Exhibition Project (Phase I) for Shengshan Fortress Constructed by Japanese Invaders in China, Heilongjiang Province

项目区位：黑龙江省孙吴县。

设计范围：本方案的设计范围以胜山要塞遗址的重点保护范围和现有地形图为基础，包括遗址周边环境，总占地面积约 6.25hm²。

文物概况：胜山要塞遗址是第六批全国重点文物保护单位——侵华日军东北要塞的重要组成部分，是日本帝国侵华期间（1931—1945 年）重要史迹及代表性建筑类文物。遗址位于黑龙江省孙吴县沿江乡境内，分布于黑龙江南岸的小兴安岭北麓山地之中，由胜山要塞主阵地及其两翼的毛兰屯野战阵地和胜武屯指挥中心组成。

设计特点：本次设计为胜山要塞展示工程的一期，设计对象为胜山要塞的核心——地下指挥中心。地下指挥中心建于山体内，格局复杂，其建筑中部已被炸毁尚有未清理的建筑遗存，坍塌残损的遗址本体尚未进行安全加固，现状仅以原状展示为主且展示配套设施相对单一、老旧。总结现状展示利用中存在的问题，在现状展示基础上进行展示提升、改造，实现胜山要塞红色旅游景区建设的提档升级，是本次设计的特点。

编制时间：2015 年。

项目状态：已通过黑龙江省文物局评审。

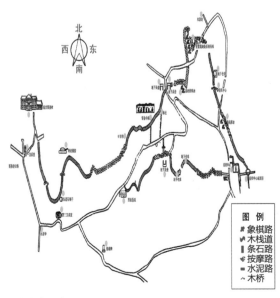

胜山要塞示意图

胜山远景

35 侵华日军东北要塞——胜山要塞展示工程（一期）设计方案

Design Scheme of Exhibition Project (Phase I) for Shengshan Fortress Constructed by Japanese Invaders in China, Heilongjiang Province

185

历史背景

1931年，"九一八"事变后，关东军东起吉林省珲春、经黑龙江省中苏边境、西至内蒙古海拉尔（今呼伦贝尔）阿尔山5000km的边境地带，修筑17处要塞。构筑工程分三期完成，第一期在东宁、绥芬河、鸡东、虎头、孙吴、瑷珲、黑河、海拉尔等地；第二期在吉林珲春、鹿鸣台、观月台、密山、黑河的法别拉等地；第三期工程主要在三江地区，包括富锦、凤翔等地。

孙吴霍尔漠津（胜山要塞原称）为侵华日军实施"北边镇护"计划即对苏联作战"筑城计划"中的第一期工程，是东北要塞重要组成部分。该要塞实际施工始于1937年，完工于1944年。1945年前苏军远东红旗兵团攻占。

文物构成

胜山要塞主阵地分为地上建筑（部分被炸毁）和地下建筑，主要工事有指挥中心、坦克阵地、地下仓库、地下兵舍、水源地、卫兵室、警备中队等。各工事由环山公路连成一体。

地下指挥中心位于胜山主阵地西南侧,建于山体内部，南北方向，水泥构筑。遗址共分三层，每层都有通向外部或战壕的出入口，总建筑面积为1070m²。

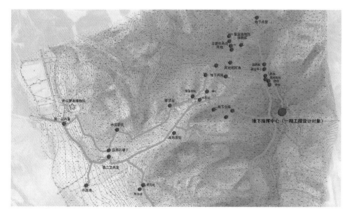

胜山要塞主阵地遗址分布示意图

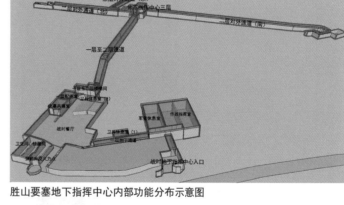

胜山要塞地下指挥中心内部功能分布示意图

地下指挥中心入口

地下指挥中心战时餐厅

地下指挥中心作战指挥室

遗址价值

　　胜山要塞为关东军"北部正面"最大的军事中心，其地理位置十分重要，直对苏联可伺机进攻，可实施防御，其两侧上有"北镇台"要塞，下有毛兰屯野战阵地，后有公路、机场、铁路连接，接近师团指挥中心，战略意义特殊。保存、研究和应用胜山史迹对过去现在和将来意义重大。胜山要塞结构坚固、设计细致，体现了20世纪30年代日本军国主义对侵略战争军事及科技的投入力度，体现了日本军国主义称霸世界的野心。该遗址具有军事和第二次世界大战历史研究价值，对发展本地旅游产业，促进县域经济发展，提高对外知名度，开展爱国主义教育均具有重要的现实意义。

现状评估

本体问题

　　遗址本体局部残损严重，不利于展示利用，且对游客参观游览安全构成一定威胁。

　　部分遗址尚未进行清理，且存在结构安全隐患，应在展示前进行结构加固等方案设计工作。

展示问题

　　胜山要塞地下指挥中心现虽对外开放，但其内部缺乏系统的观览游线组织，局部垂直交通存在安全隐患；缺乏相应的展示配套设施；现状展示方式单一、粗放，缺少必要体验环节，遗址的教育意义未得到充分阐释。

卫兵休息室

弹药库及火力点

二层对外通道

二层至三层直梯间

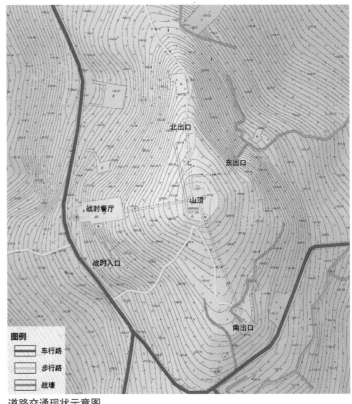

道路交通现状示意图

35 侵华日军东北要塞——胜山要塞展示工程（一期）设计方案

Design Scheme of Exhibition Project (Phase I) for Shengshan Fortress Constructed by Japanese Invaders in China, Heilongjiang Province

187

遗址展示

展示策略

本次展示设计方案将地下指挥中心一、二、三层进行整体设计，包括房间 15 间，有作战指挥室、卫兵休息室、配电室、碉堡及已坍塌的战时官兵餐厅等。指挥中心的出入口 6 个，其中一层 2 个，二层 3 个，三层 1 个，山顶平台为遗址的外部休憩和周边环境观赏的重要区域。本设计主要展示方式包括原状展示、文物展示和综合展示 3 类。以展现日本侵华罪证，凸显历史的残酷，感受先辈浴血抗日的历史，从而激发国人的爱国情怀。

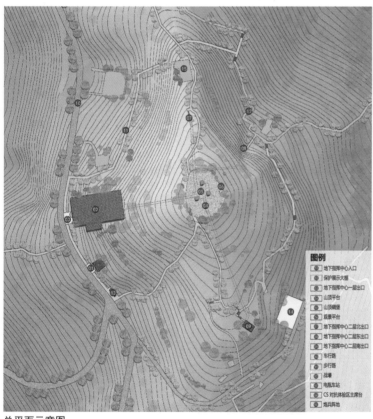

道路交通规划示意图

总平面示意图

车行道断面图

步行道断面图

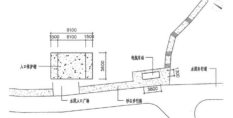

地下指挥中心入口节点平面示意图

地下指挥中心入口节点效果图

遗址展示

展示分区与展示方式

原状展示：包括军官休息室、卫兵休息室等，设计保持遗址战后原始状态，不做过多展示。

文物展示：包括作战指挥室、二层卫兵休息室等，遗址本体仍为原状展示，仅在建筑内部设置可移动展柜，主要展示胜山要塞出土的文物及与第二次世界大战有关的文物，为增强气氛，文物展示空间可多采用射灯。

综合展示：包括战时餐厅、一层至二层通道，是集原状展示、文物展示为一体的展示方式。

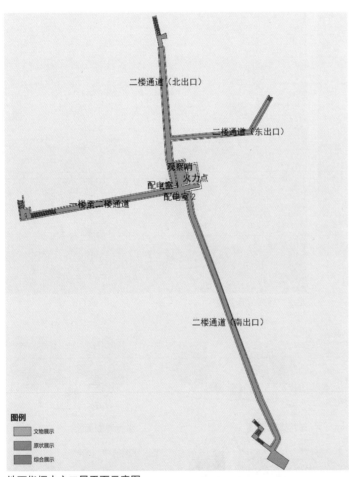

二楼通道（北出口）

二楼通道（东出口）

观察哨
火力点
配电室 1
楼至二楼通道　配电室 2

二楼通道（南出口）

图例
文物展示
原状展示
综合展示

地下指挥中心二层平面示意图

文物展示效果图

综合展示效果图

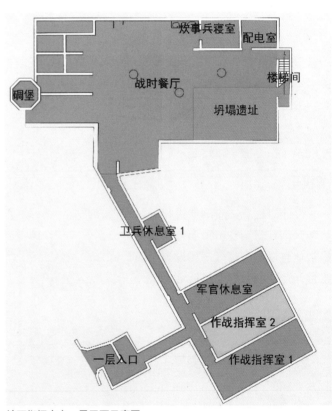

炊事兵寝室
配电室
战时餐厅
楼梯间
碉堡
坍塌遗址

卫兵休息室 1

军官休息室

作战指挥室 2

一层入口

作战指挥室 1

地下指挥中心一层平面示意图

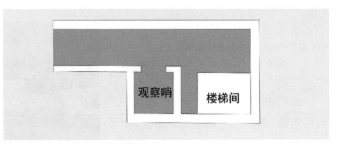

观察哨　楼梯间

地下指挥中心三层平面示意图

35 侵华日军东北要塞——胜山要塞展示工程（一期）设计方案

Design Scheme of Exhibition Project (Phase I) for Shengshan Fortress Constructed by Japanese Invaders in China, Heilongjiang Province

189

节点标识设计

保护展示棚节点

在地下指挥中心战时餐厅外部通过架设轻钢构架、覆盖彩钢板，作为此区域的保护展示棚。该保护展示棚可随时拆卸，对遗址安全不造成任何影响。同时，为营造战时餐厅曾经的覆盖围合感，远期在彩钢板上攀爬植物进行覆盖遮蔽。

地下指挥中心保护展示棚效果图

山顶平台节点

设计对现有三座碉堡进行原状展示。结合山顶平坦地势和开阔视野，在山顶西侧布置可移动休憩座椅，为游客提供休息设施。临江一侧设置半弧形铝合金围栏，形成观望台，游客可远眺黑龙江，展现地下指挥中心的战略位置。

地下指挥中心山顶平台节点效果图

展示标识

标识牌设计突出"简洁、肃穆"的特点，颜色以冷色为主色调，与环境形成对比；底座设计为残破的石材构件，表达战争的残酷性。室内标识牌采用有机玻璃材质。

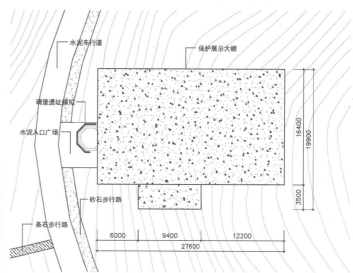

地下指挥中心保护展示棚平面示意图

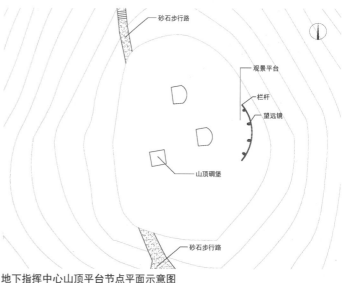

地下指挥中心山顶平台节点平面示意图

展示说明牌设计示意图

2006年，国家《"十一五"期间大遗址保护总体规划》中提出建设遗址公园；2009年，国家文物局发布了《国家考古遗址公园管理办法（试行）》及《国家考古遗址公园评定细则（试行）》；2010年、2013年、2017年，国家文物局分别公布了第一批、第二批、第三批国家考古遗址公园名单；2018年，国家文物局颁布了《国家考古遗址公园创建及运行管理指南（试行）》。

遗址公园规划设计

我院近几年承接了部分考古遗址公园项目，包括遗址公园规划、遗址公园周边区域规划、遗址公园展示方案三种类型。

遗址公园规划即遗址保护利用专项规划在保护大遗址基础上，以展示利用为重点，统筹公园总体布局，对重要节点进行详细设计。本书收录了包括华北地区旧石器时期文化的萨拉乌苏考古遗址公园、淮河流域迄今所知年代最早的新石器文化遗存贾湖考古遗址公园、高句丽时期山城特点的军事重镇罗通山城考古遗址公园、楚国文化和楚国都城的代表城阳城考古遗址公园等四项遗址公园规划案例。

遗址公园周边区域规划主要收录了秦代大型宫殿、苑囿建筑遗址的代表阿房宫考古遗址公园及周边区域概念性规划设计，该项目在有效保护遗址、保证考古研究的同时，改善遗址周边环境，满足西咸一体化的城市建设要求。

遗址公园展示方案主要收录了完整保存唐代城址格局的渤海中京国家考古遗址公园保护展示提升方案，该项目是展示工程方案设计，对文物本体及遗址环境的展示形式、展示方法、标识系统进行详细设计。

36 萨拉乌苏考古遗址公园规划

Master Plan of Sjara Osso-Gol Archaeological Site Park in Ordos City, Inner Mongolia Autonomous Region

项目区位：内蒙古自治区鄂尔多斯市乌审旗。

规划范围：本规划以其保护规划中划定的保护范围和一、二类建设控制地带为规划范围，面积约17.26km²。北至三岔沟湾的北桥及东西两侧的延长线、南至清水沟湾的南桥及东西两侧的延长线，东西至沟湾顶部稳定的沙化边界向外延伸200m。

文物概况：20世纪初，法国古生物学家桑志华和德日进在萨拉乌苏河进行调查、发掘，出土遗物中包括一枚人类牙齿化石，从此萨拉乌苏遗址闻名于世，同时揭开了中国旧石器考古的序幕。2001年6月25日，萨拉乌苏遗址由国务院公布为第五批全国重点文物保护单位。近年，鄂尔多斯市处于城市建设、经济发展的快速时期，但急速的城市扩张缺乏良好的文化体系作为支撑，导致城市文化缺失。依据国家文物局已经批准的《内蒙古自治区萨拉乌苏遗址（乌审旗段）保护规划》，借鉴国内外遗址保护和遗址公园建设的经验，开展具有自身特色的考古遗址公园规划工作。

规划特点：萨拉乌苏遗址位于内蒙古自治区鄂尔多斯市乌审旗，萨拉乌苏河沿岸，是中国华北地区旧石器时代中期遗址，属古遗址类。本次萨拉乌苏考古遗址公园规划将在《内蒙古自治区萨拉乌苏遗址（乌审旗段）保护规划》的指导下，在实现遗址本体和环境的整体保护的前提下，展示萨拉乌苏遗址的重大文化价值。为社会民众提供普及萨拉乌苏历史文化的平台、文化休闲活动的场所、科普教学的基地。为萨拉乌苏遗址未来考古、科学研究工作的顺利开展提供保障和支撑。促进当地的文化旅游，突出地方历史文化特色，提升乌审旗、鄂尔多斯市的文化品位、文化内涵和文化竞争力。

编制时间：2012—2014年。

项目状态：已通过国家文物局评审。

萨拉乌苏遗址（图片来源：乌审旗文化广播电影电视局）

规划范围

本规划以《内蒙古自治区萨拉乌苏遗址（乌审旗段）保护规划》中划定的保护范围和一、二类建设控制地带为规划范围。

四至边界：北至三岔沟湾的北桥及东西两侧的延长线、南至清水沟湾的南桥及东西两侧的延长线、东西至沟湾顶部稳定的风化边界向外延伸200m。

规划范围示意图

萨拉乌苏遗址分布示意图

萨拉乌苏遗址现状照片（图片来源：乌审旗文化广播电影电视局）

规划构思

　　萨拉乌苏遗址的展示对象包括反映地质时代演变的、独特完整的地质剖面；数万年前古人类活动的遗址地点；几千年来逐渐形成的沙漠河谷和近百年的考古、地质研究历史信息，四条线索沿着萨拉乌苏河蜿蜒交织在一起。

　　根据萨拉乌苏遗址的特点，归纳出考古遗址公园的主题为——"时空交错"，即"河流的印迹、自然的剖面、历史的窗口"。围绕该主题，提出以"自然"为基底；以"河流"为脉络；以"遗址保护"为源起；以"体验展示"为延伸的设计构思，具体如下。

以"自然"为基底

　　充分尊重萨拉乌苏沙漠河谷的景观格局，以萨拉乌苏特色地质景观和现有绿洲为基底。

以"河流"为脉络

　　以贯穿南北的水系为脉络，形成滨水景观空间，串联全园各级景点，与两侧遗址展示体验空间相辅相成。

以"遗址保护"为源起

　　萨拉乌苏遗址包含了大量的旧石器时代中期的文化信息，因此萨拉乌苏考古遗址公园的建设应始终以"遗址保护"为前提。

以"体验展示"为延伸

　　通过多种设计手法创造远古文明科普展示空间和参与体验游线，向游客提供丰富切实的游览内容。

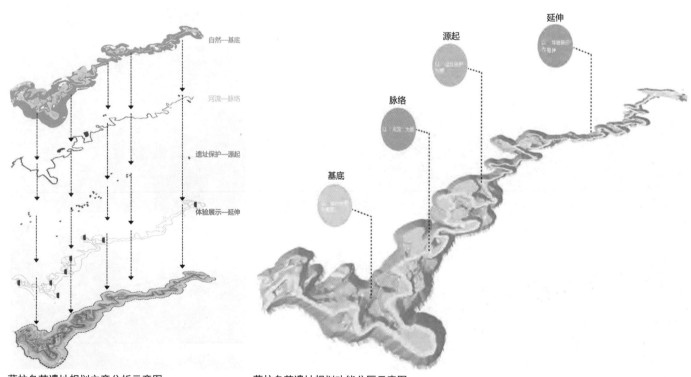

萨拉乌苏遗址规划立意分析示意图　　　　　　萨拉乌苏遗址规划功能分区示意图

36 萨拉乌苏考古遗址公园规划
Master Plan of Sjara Osso-Gol Archaeological Site Park in Ordos City, Inner Mongolia Autonomous Region

195

总体布局

由南至北划分为 5 个片区，依次为综合服务南区、核心展示区、科考研究区、生态涵养区和综合服务北区。综合服务南区和北区主要为游人提供综合服务；核心展示区集中园内主要节点进行核心展示；科考研究区作为科研工作者继续研究的工作预留区；生态涵养区保留原有生态环境，较少干预，作为全园的预留区域。

以范家沟湾和邵家沟湾为主体的 4km² 范围内，遗址分布密集，是遗址公园的核心区域。该区域在总体布局中属于核心展示区。

规划在总体布局的基础上，对该区域内遗址地点进行了详细分析，选取出适合展示节点，为下一步节点设计提供依据，同时对该区域的道路交通、配套服务设施以及现有民居改建措施均做出了详细规划。

萨拉乌苏考古遗址公园核心区鸟瞰图

规划节点

　　规划依据遗址地点价值的重要性与保护展示的可能性，选取核心展示区中 5 个重要节点进行了详细设计。5 个节点从不同的角度，共同诠释着萨拉乌苏遗址的历史内涵。

河套人门齿出土地点

　　该遗址地点是萨拉乌苏遗址最重要的河套人门齿化石的出土地点，具有极其重要的纪念意义。

王氏水牛化石出土地点

　　该遗址地点目前处于自然裸露状态，让人们可以一览文物本体所承载的历史信息。

"旺楚克"田舍展览室

　　该地点是为了纪念一位与萨拉乌苏遗址的发现密切相关的当地牧民，通过该节点设计丰富遗址公园的人文内涵。

考古体验棚

　　该地点是为了丰富游客观览感受，增强互动性，同时普及考古学知识。

范家沟湾观景台

　　该处是观赏范家沟湾、邵家沟湾及沙漠背景的最佳地点。

河套人门齿出土地节点效果图

36 萨拉乌苏考古遗址公园规划
Master Plan of Sjara Osso-Gol Archaeological Site Park in Ordos City, Inner Mongolia Autonomous Region

197

王氏水牛化石出土地点效果图

考古体验棚节点效果图

37 贾湖考古遗址公园规划

Master Plan of Jiahu Archaeological Site Park in Wuyang County, Henan Province

项目区位：河南省漯河市舞阳县。

规划范围：规划范围西界沿尚庄村南北向乡道以及尚庄村西侧围堰至贾湖西岸线，与漯平公路相连；北侧以漯平公路为界；东界沿巩庄村至漯平公路的乡村公路为界；南界由许泌公路至菜园店刘村的乡村公路，面积约为 284.26hm²。

文物概况：贾湖遗址是一处规模较大、保存完整、文化积淀极为丰厚的新石器时代中期遗存，是淮河流域迄今所知年代最早的新石器文化遗存。2001 年 6 月贾湖遗址被国务院公布为第五批全国重点文物保护单位，并被确定为 20 世纪全国 100 项重大考古发现之一。自从 1983 年开始发现并开始田野考古工作以来，共进行了 8 次考古挖掘，成果累累，遗址及出土文物众多，具有重大的历史、科学、艺术价值。

规划特点：将贾湖村村庄发展与遗址公园的建设相结合，建成充满活力、反映地域特色的遗址公园。并让参观者在遗址公园内看到一个历史悠久的古聚落与一个生机勃勃的新村落的相互映呈，是本次规划的特点。

编制时间：2016 年。

项目状态：已通过第三批国家考古遗址公园立项。

房址

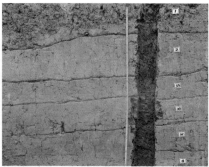
地层堆积

灰坑

墓葬

墓葬

兽坑

（以上图片来源：舞阳县贾湖遗址阿岗寺遗址管理委员会）

价值阐释要点

丰富的文化内涵和复杂的地层关系

贾湖遗址是新石器中期淮河流域同时期文化遗存中保存最好、面积最大、文化面貌最丰富的遗址。其独特而丰富的文化内涵和复杂的地层关系，具有较高的研究和展示价值。

同期先进的生产生活技术

贾湖先民拥有在淮河中游首屈一指的社会生产力，具有中心聚落性质。贾湖出土大量的狩猎捕捞工具、生产工具，同时制陶技术非常成熟，远超其他遗址。此外贾湖遗址也是我国最早的家猪驯养地，最早的发酵酒生产地，并处于稻作起源的关键阶段。

独特的宗教与艺术

贾湖遗址有原始宗教崇拜，其文化艺术的先进程度，在全国新石器中期遗址中都处于领先地位，充分体现当时社会对于意识形态的重视程度。贾湖遗址出土了我国迄今发现的年代最早的骨笛和原始文字资料。一些随葬品等级较高的墓葬聚集出现，表明有可能出现了社会阶层分化。贾湖遗址在我国乃至世界音乐史、文字史上都具有很高的学术价值，其出土文物具有很高的艺术价值。

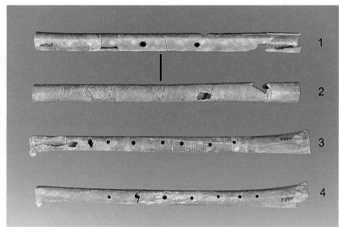

骨笛

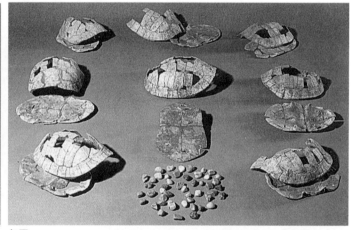

龟甲

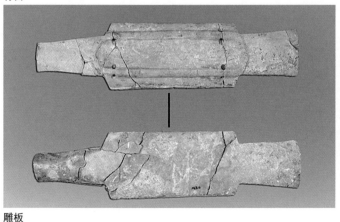

雕板

石磨盘

（以上图片来源：舞阳县贾湖遗址阿岗寺遗址管理委员会）

展示主题

根据贾湖遗址价值构成要素的类型、重要性等因素，设计从聚落形态变化、各时期地层关系、农业、采集、渔猎、原始宗教、酿酒、骨笛、制陶、制石和制骨工艺、出土文物等多个展示要素中进行整合，提炼出可反映贾湖遗址突出价值特征的展示主题。通过设置农业文明、狩猎渔牧、宗教艺术、工艺技术四大主题分区，对体现十二项要素的出土文物进行原址展示，阐释贾湖的重要价值和贾湖人的生产生活面貌。

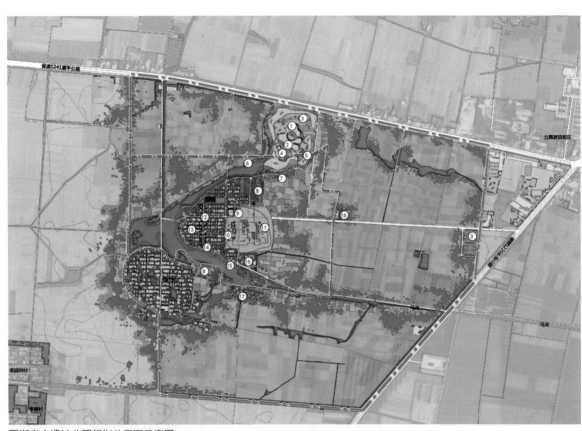

图例
1—游客服务中心
2—博物馆
3—机动车停车场
4—临时展厅
5—贾湖遗址生活体验区
6—码头
7—休闲设施
8—渔猎体验区及考古体验区
9—自行车停车场
10—重点展示区（西区）
11—重点展示区（东区）
12—民俗文化体验区
13—陶艺吧
14—书吧
15—滨水平台
16—农业文化体验区
17—采集文化体验区

贾湖考古遗址公园规划总平面示意图

功能分区规划示意图

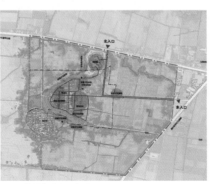

展示流线规划示意图

道路交通规划示意图

空间结构

　　根据贾湖遗址的遗存分布、周边的村庄分布及景观资源等情况，构建贾湖考古遗址公园"一带、两核、两轴、两区"的空间格局。

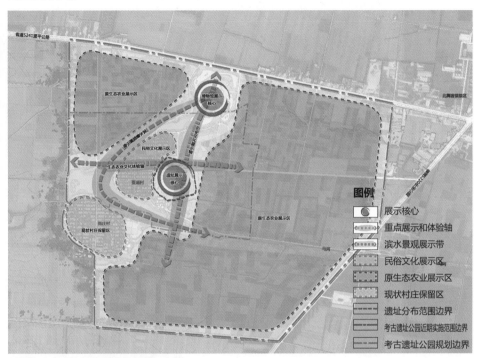

贾湖考古遗址公园展示结构规划示意图

"一带"：
贾湖滨河景观展示带。
"两核"：
1. 博物馆为主的博物馆展示核心区；
2. 遗址本体核心展示区。
"两轴"：
1. 贾湖遗址历史文化体验轴；
2. 生态农业文化体验轴。
"两区"：
1. 民俗文化展示区；
2. 原生态农业展示区。

图例
- ⦿ 展示核心
- 重点展示和体验轴
- 滨水景观展示带
- 民俗文化展示区
- 原生态农业展示区
- 现状村庄保留区
- 遗址分布范围边界
- 考古遗址公园近期实施范围边界
- 考古遗址公园规划边界

贾湖考古遗址公园效果图

节点设计

博物馆节点

　　贾湖遗址博物馆设计理念为打造一个连接历史和现实的枢纽；一把解读贾湖遗址价值的钥匙；一座贾湖村的村民活动中心。

　　建筑设计尽可能运用生态建筑设计手法，采用生态建筑材料，降低遗址博物馆的日常运行成本和管理投入。

生活体验区节点

　　主要体现贾湖中心聚落的性质及承载的原始文化，使游客充分体验当时贾湖人的生活环境与文化氛围。

　　贾湖文化更多的是生活上的体现，在遗址博物馆区域规划一处由生态建筑围合的生活区，以此营造并体现贾湖当时的文化特征，与现代生活相结合，开展骨笛吹奏、草席编制等体验活动。

　　贾湖文化的情景再现表演，结合遗址博物馆的中心圆形广场，进行表演互动展示，内容主要展现贾湖遗址文化中的原始宗教文化、狩猎文化、酒文化、稻作文化等。

渔猎体验区及考古体验区节点

　　渔猎体验区及考古体验区节点共分为叉鱼体验活动区、钓鱼体验活动区、狩猎体验区和考古体验区四个功能分区。

　　叉鱼及钓鱼体验活动区设置的主要依据贾湖是世界最早的渔业人工养殖地；狩猎体验区，主要反映考古发现史前贾湖人狩猎和圈养家畜的行为特点；考古体验区设置的目的是使一般的民众近距离参观考古工作，感受文物遗迹对历史文化研究的重要作用。

贾湖遗址公园生活体验区示意图

贾湖遗址公园考古体验区示意图

贾湖遗址公园叉鱼体验区示意图

农业文化体验区节点

主要体现贾湖是世界上最早的稻作农业起源地之一，体验区以生态种植为主，植物种类依据相应的考古研究成果配置，体现史前贾湖人生活区域的植物群落。

采集文化体验区节点

以体现史前贾湖社会男狩猎、女采集的劳动分工为体验主题。布置农业采摘区，种植考古发掘中发现的山楂、山核桃、葡萄等果树，体验当时社会的采集劳动。

重点展示区——西区节点

西区对覆土保护层进行分层处理，利用高差区分贾湖遗址第一、二、三期的层位关系。通过不同标高的三个区域，明晰地表达贾湖遗址三个时期文化层的位置关系。

在每个区域内选取该时期典型的房址、灰坑、墓葬等进行标识展示。利用植物栽植、不同材质标识等手段对不同类型的遗存进行区分，并辅以标识牌、说明牌等进行展示说明。

重点展示区——东区节点

根据贾湖遗址价值构成要素的类型、重要性等因素，突出展现以下内容：贾湖遗址中晚期与裴李岗亲缘文化之间存在的密切联系；贾湖人当时在祭祀或房屋奠基等行为的仪式内容；贾湖人当时在身份、地位、财富等方面的等级分化；原始宗教的自然崇拜、巫术仪式如卜筮等生活场景；当时人类社会的劳动生产方式等，从而探索中心聚落遗存的文化内涵。

西区节点效果图

东区节点效果图

东区节点效果图

38 侯马晋国遗址考古遗址公园规划

Master Plan for Archaeological Site Park of Ancient Capital Ruins of Jin State in Houma City, Shanxi Province

项目区位： 山西省侯马市汾西县。

规划范围： 以侯马晋国遗址的核心（即平望古城、牛村古城、台神古城）为遗址公园规划的规划范围，规划面积约 636hm²。

文物概况： 侯马晋国遗址是国务院批准公布的第一批全国重点文物保护单位，也是晋国最后一个都城——新田所在地，晋国在这里经历 13 代 209 年，是东周晋国的重要象征与见证。但由于侯马晋国遗址包含的古城址、夯土台基、宗庙建筑群、手工作坊、祭祀坑带、墓葬群等 40 余处遗迹遗存位置分散、部分跨曲沃县及新绛县，多处遗址点已被城市建成区包围占压，且位于呈王路的庙寝遗址内。因

此本规划从侯马晋国遗址 40 余处遗迹遗存中综合选取了历史价值最高、遗迹遗存较集中的牛村、平望、台神 3 座古城及其夯土台基作为考古遗址公园的保护主体及主要展示对象。

规划特点： 侯马晋国遗址所体现的考古学文化是晋文化中的核心内容，是继华夏文化（以夏、商、周、西周文化为代表）之后的中原地区考古学文化；侯马晋国遗址是大规模和多类型遗址的集合，这些遗址保存相对完好，各有一定的位置和范围，又相互关联，组成了一个不可分割的古文化整体。

编制时间： 2014 年。

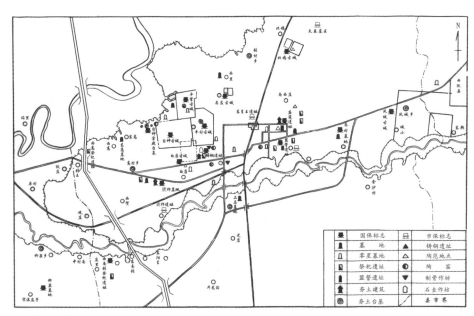

侯马晋国遗址平面示意图（图片来源：侯马市文物旅游局）

玉器

陶模（铜钟舞）

38 侯马晋国遗址考古遗址公园规划
Master Plan for Archaeological Site Park of Ancient Capital Ruins of Jin State in Houma City, Shanxi Province

205

牛村古城

　　牛村古城位于"品字形"最东部，平面呈竖长方形，西北角斜折内敛，方向为向北偏西 1°。牛村古城由内城、外城构成，呈"回"字布局。

　　牛村夯土台基为边长 52.5m 的正方形，分三级，高出地面 6.5m。牛村古城使用年代在公元前 500 ~ 420 年左右。

牛村古城现状平面示意图

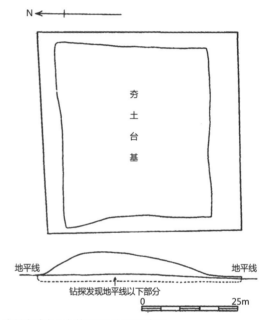

牛村古城夯土台基平面及侧视示意图

牛村古城现状照片

平望古城

　　平望古城位于"品字形"最北部，古城平面为竖长方形，方向为北偏西2°。古城坐落区域南部高，北部低，高差约5m，最北部复高起。北半部则东部高，西部低，高差约4m。

　　平望夯土台基，边长75m，分三级，高出地面7.5m，顶部覆盖近1m厚的瓦类建筑物为主的坍塌堆积。

　　公元前500年前后各四五十年应是平望古城的繁荣期。

平望夯土台基

　　该台基南部距平望古城南城墙约600m，西部距西城墙近300m，整体处于古城南北正中稍靠北部，东西则明显西偏。夯土台基可分三级，第一级为边长75m的方形，

南部正中有宽30m、长20余米的凸出部分，它的正南正中间又有宽6m、长20余米的路面，向南渐低；第二级高出地面4m，边缘较第一级收缩4～12m不等；第二级与第一级的南部正中部分有45m宽的坡状现象；第三级坐落于第二级的北半部，南北宽35m、东西长45m，距地表高8.5m。

平望古城现状平面示意图

平望古城夯土台基平面及侧视示意图（图片来源：侯马市文物旅游局）

平望古城现状照片

38 侯马晋国遗址考古遗址公园规划
Master Plan for Archaeological Site Park of Ancient Capital Ruins of Jin State in Houma City, Shanxi Province

207

台神古城

台神古城位于"品字形"最西部，古城平面呈横长方形。古城西北为汾河谷地，坐落区域西北高、东南低，高差 3 ~ 4m。台神古城大致呈横长方形，古城南部近中部一条冲沟冲断了南城墙。

台神三座夯土台基位于城外西北部，中间大，两侧小。中间一座为长方形，长 80m，宽 60m，分三级，高出地面 8m。

其使用年代与平望古城相差无几。

台神古城夯土台基

台神古城西北角向西不远，北临汾河有三座高于地表的夯土台基，中间大，两侧小，间距 40m。

9 号台基（TY1）大约呈竖圆角长方形，南北长 90 ~ 100m、东西宽 80m、高于现今地表 7m 左右，1976 年测绘时尚能分出六级。

台基（TY2）为横长方形，东西长 30m、南北宽 20m、高于现今地表近 3m，可分二级。

台基（TY3）被冲沟破坏其西北角大部分，原来规模形状可能与西侧一致，残存部分亦可分二级。

台神古城现状平面示意图

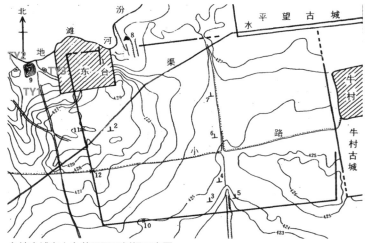
台神古城夯土台基平面及侧视示意图（图片来源：侯马市文物旅游局）

台神古城现状照片

规划构思

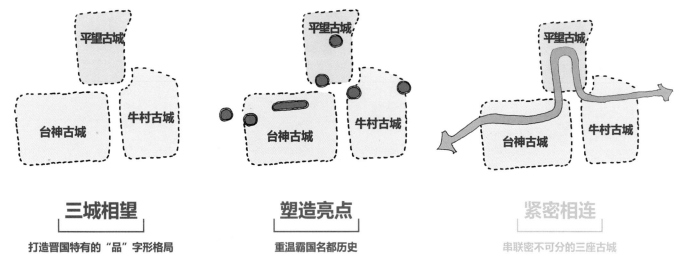

三城相望
打造晋国特有的"品"字形格局

"品"字都城
　　抓住平望古城、牛村古城、台神古城所组成的"品"字形古城特点，运用更加丰富的设计手法突出"品"字形。

塑造亮点
重温霸国名都历史

故事节点
　　以晋国历史为背景，为遗址公园注入生命活力，由七个节点、九个故事重温整个晋国历史。

紧密相连
串联密不可分的三座古城

展示轴线
　　串联故事节点，形成遗址公园的展示路线，系统体验晋国霸国风范。

霸国名都在，川原景物横。
西瞻连故绛，东望极新城。
汾浍波流合，山河表里清。
首阳与霍太，孔道合逢迎。

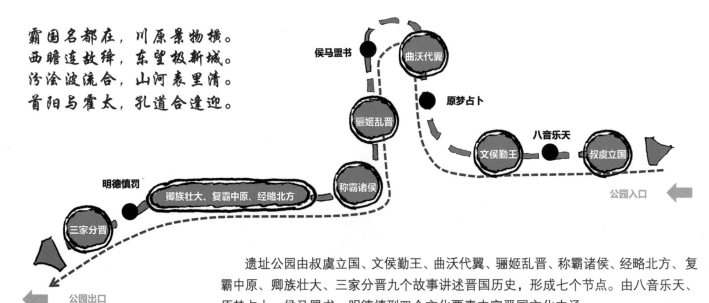

考古遗址公园设计理念示意图

　　遗址公园由叔虞立国、文侯勤王、曲沃代翼、骊姬乱晋、称霸诸侯、经略北方、复霸中原、卿族壮大、三家分晋九个故事讲述晋国历史，形成七个节点。由八音乐天、原梦占卜、侯马盟书、明德慎刑四个文化要素丰富晋国文化内涵。

38 侯马晋国遗址考古遗址公园规划
Master Plan for Archaeological Site Park of Ancient Capital Ruins of Jin State in Houma City, Shanxi Province

209

考古遗址公园鸟瞰图

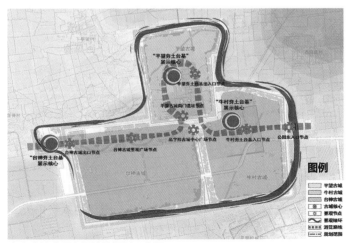

考古遗址公园空间结构规划示意图

空间结构

　　根据"品"字形古城的构成及分布状况，构建侯马晋国遗址考古遗址公园"一环、三城、三心、七节点"的空间格局。

　　"一环"为由"品"字形宫城所围合的景观绿环。

　　"三城"为牛村、平望、台神三座古城形成的密不可分又互相独立的三片区域。

　　"三心"为已经考古勘探的三处高台建筑基址，即牛村夯土台基、平望夯土台基、台神夯土台基。

　　"七节点"为分散在遗址公园内的主要景观节点。

规划节点

遗址博物馆节点

　　入口大门东侧的博物馆以晋国时期兵器"戈"为设计原型，将"戈"的形态融入建筑形态之中。标准的戈由援、内、胡三部分组成，博物馆的建筑空间也与其相呼应，形成陈列展示、文化交流、管理办公三个内部空间。

公园东入口节点

　　公园主入口与博物馆由大型游客集散广场——晋源广场相连接，广场上通过雕塑及景观小品的设置，在实现引导作用的同时，展现晋国鼎盛时期都城风貌，强化进入都城的仪式感，图文并茂地讲述叔虞立国的晋国来源典故和晋国世袭及疆域变化。

遗址博物馆鸟瞰效果图

38 侯马晋国遗址考古遗址公园规划
Master Plan for Archaeological Site Park of Ancient Capital Ruins of Jin State in Houma City, Shanxi Province

211

博物馆入口效果图

首层平面

图例
■ 陈列厅
■ 休息区
■ 办公区
■ 卫生区

博物馆首层平面示意图

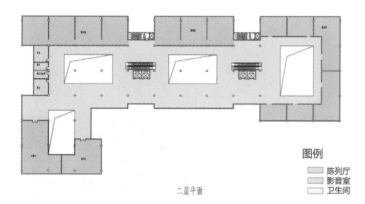

二层平面

图例
■ 陈列厅
■ 影音室
■ 卫生间

博物馆二层平面示意图

三层平面

图例
■ 馆藏厅
■ 会议室
■ 卫生间

博物馆顶层平面示意图

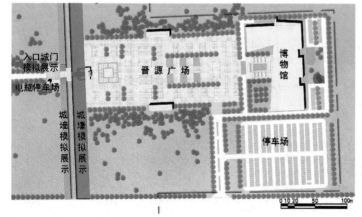

公园东入口平面示意图

公园东入口效果图

规划节点

牛村古城节点

沿牛村夯土台基及主要夯土建筑遗迹设置环形无基础木栈道，展示遗存之间通过木板路或砂石步游道相连，方便游客近距离观赏牛村古城建筑遗迹，直观体验牛村古城建筑布局。在牛村夯土台基外围设解说牌，为游客详细介绍古城整体格局及发展历史。在夯土台基东入口、西出口处分别设置小型文化广场，通过景观小品及雕塑展示古代文化要素——礼乐文化和占卜。节点内部的非遗址展示区种植休闲草皮，并设置休息座椅、管理用房等游客服务设施。

平望古城节点

平望夯土台基节点展示应以保护平望古城夯土台基本体和周边环境为前提，以方便游人参观为原则。对已探明的分布密集的遗址实施统一展示策划。跨越水系遗址的步行道及栈桥的工程建设应结合考古勘探，栈桥宜采用木质材料，工程建设具有可逆性。水系遗址应铺设防渗层及阻水层，对自然降水以及植物根系进行控制，避免对遗址造成破坏。

台神古城景观广场节点

在台神古城北部，自"品"字形古城中心广场起至台神古城西城墙，以晋国历史典故为故事主线，挖掘历史符号，设置5处文化广场，其中崤战广场、北伐广场、复霸广场、六卿广场，通过空间形态的隐喻、雕塑小品的细节刻画，分别展示"称霸诸侯""经略北方""复霸中原""卿族壮大"等晋国历史重要发展节点，在台神古城出口广场展示文化要素——天命观（明德慎罚）相关研究内容。通过"园中园"的设计手法，展现出晋国文学、绘画、军事等历史传承，凸显晋国深厚的文化底蕴。

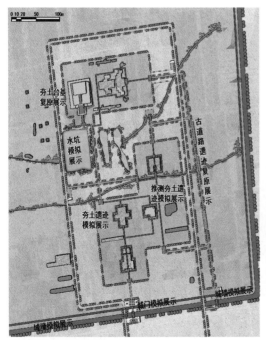

平望古城平面示意图

平望古城夯土台基示意图

38 侯马晋国遗址考古遗址公园规划
Master Plan for Archaeological Site Park of Ancient Capital Ruins of Jin State in Houma City, Shanxi Province

213

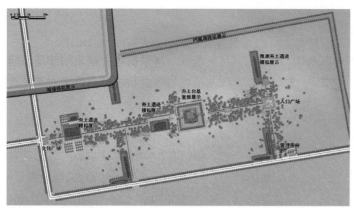

牛村古城平面示意图

牛村古城入口广场示意图

台神古城平面示意图

台神古城观景平台示意图

台神古城夯土台基平面示意图

台神古城夯土台基示意图

台神夯土台基节点

　　根据考古资料,修复古城夯土台基,对已探明的相关遗存通过覆土模拟再现。沿台神古城三个夯土台基设置环形无基础木栈道,栈道之间通过木板路或砂石步游道相连,方便游客近距离观赏台神古城宫殿遗迹。在主体夯土台基周边设置解说牌,为游客详细介绍台神宫殿遗迹整体格局及发展历史。结合地形,在台神夯土台基北侧和节点西北角,设置观景平台,可北望远眺汾河腹地,欣赏晋都的大好河山。

39 城阳城考古遗址公园规划

Master Plan of Archaeological Site Park of Chengyang Ancient City in Xinyang City Henan Province

项目区位： 河南省信阳市平桥区。

规划范围： 规划范围依据城阳城址行政范围以及《信阳市城阳城址保护规划（2006）》确定的保护范围和建设控制地带划定。划定总面积约997.5hm²。

文物概况： 城阳城址位于河南省信阳市平桥区。城阳城址主要包括城阳城、太子城和墓葬区三个部分，总面积约7.5km²，城阳城包括内城、外城两个部分。其他历史遗存还包括城北侧的龙山遗址和城南侧的西周遗址。2001年6月25日国务院把城阳城址（亦名城阳城遗址）列为第五批全国重点文物保护单位。

规划特点： 本规划以"澹然淮水映斜晖，苍茫楚城熠神采"

为规划立意；贯彻以文化内涵论输赢、以功能特色比强弱、以布局组织视优劣的发展理念；遵循"人文性、景观性、可进入性"的原则，秉承"展示豫风楚韵，体现和谐自然"的理念，以实现"人与自然和谐统一"为目标，以真实展示文化遗址为宗旨，打造历史文化保护、休闲度假旅游、农耕自然景观相互融合的具有考古价值的遗址公园。本次规划在有效保护遗址安全的前提下，充分展示遗址价值和历史信息，以及和楚文化的丰富内涵。

编制时间： 2011年。

项目状态： 已通过第二批国家级考古遗址公园立项。

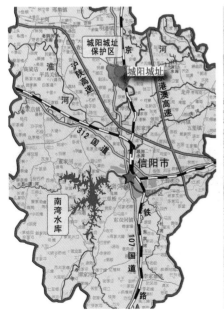

城阳城考古遗址公园区位示意图

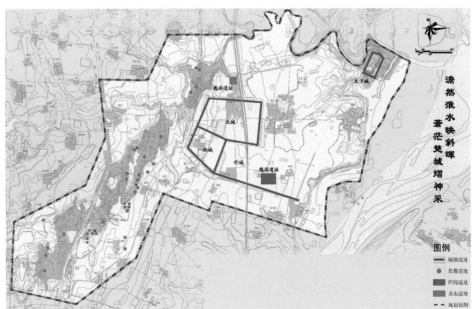

现状遗址分布示意图

历史发展

公元前 278 年，秦将白起攻破楚国郢都，楚顷襄王"流掩于城阳"，并把城阳作为临时国都。

公元前 277 年楚顷襄王从赵国请回庄辛，采用庄辛"亡羊补牢"之策，收复大片失地，使楚国历史又延续 55 年。

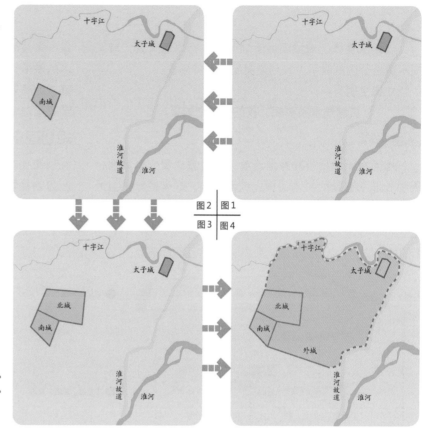

图1：第一阶段，公元前779年，申伯筑城，供太子宜臼居住。
图2：第二阶段，春秋时，楚文王修建军事重镇，取名城阳。
图3：第三阶段，在南城基础之上扩建北城。
图4：第四阶段，增筑外城，东西北三面以自然地势防御。

价值评估

历史价值

1. 反映了楚国社会、文化、科技发展水平。
2. 展示了战国时期楚国军事成就。
3. 我国古代城市规划思想的一种独特实践。
4. 本城址是对当地漫长历史演变的佐证。

艺术与科学价值

1. 精美的陪葬品是楚文化的典型代表。

2. 青铜编钟对战国时期音乐艺术及中国音乐史研究极具价值。

社会价值

1. 城阳城遗址的文化亮点。
2. 中原楚文化的重要地标。
3. 中华传统文化传承的载体。

规划立意

规划从整体上对城阳城遗址公园进行立意策划，旨在提高遗址公园的吸引力，创造突出的宣传形象。

立意主题为：

澹然淮水映斜晖，苍茫楚城熠神采！

内涵解释

淮河水不舍昼夜静静地流着，岸边矗立着一座城池，周围长满了苍劲的树木，树冠庞大无比，颇有些年代。远远看去，城池若隐若现，掩去大半。往近处走，城池外围是一条清晰深幽的环城河，拘一捧，可清晰地看见手掌因水的映照而略显粗犷的纹路，只是河水深浅难测，护城河聚成的墨色，掩去了原本的剔透。万里苍穹似一颗淡蓝色宝石般澄澈，偶尔几朵浮云飘过，感动整片天空。

规划理念

1. 以文化内涵论输赢的发展理念。
2. 以功能特色比强弱的发展理念。
3. 以布局组织视优劣的发展理念。

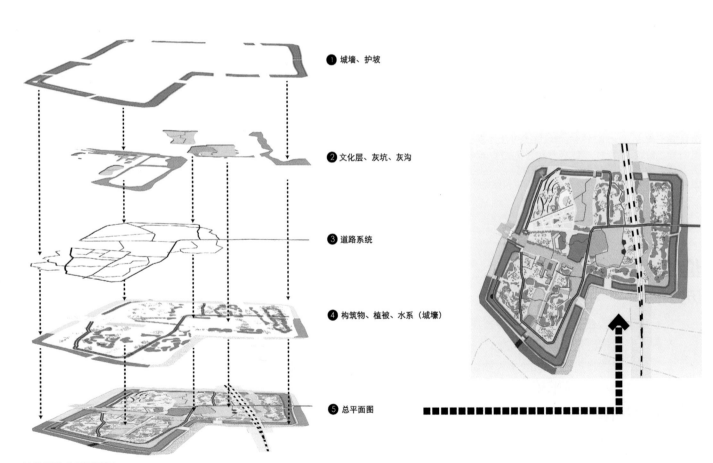

❶ 城墙、护坡

❷ 文化层、灰坑、灰沟

❸ 道路系统

❹ 构筑物、植被、水系（城壕）

❺ 总平面图

结构层次分析示意图

澹然淮水映斜晖
苍茫楚城熠神采

鸟瞰图

总平面示意图

功能分区示意图

重要节点

内城节点

　　所有展示措施的设计、实施均应在完成对遗址科学保护的前提下进行。确保展示措施不对保护措施造成干扰，不对遗址本体保护构成不良影响。注重措施的可逆性，应满足今后进行进一步考古工作和根据考古新发现进行深入展示设计的要求。

南门节点

　　南入口以具有中国传统风格的观景台建筑作为主体形象，观景台视线通透，游客可登临其上眺望公园整体景观。东门仅承担遗址区交通出入管控功能。

一、二号墓节点

　　保护展示方案包括墓坑展示区、中心广场区、文化展示廊道等。中心广场依据地理地形，采用圆形中心广场套方形的格局，暗示天圆地方。另外采用圆形形制还具有引导空间的作用。广场中间的雕塑以编钟为主要展示对象，使人们能亲身感受我国古代青铜器文化之辉煌。

一、二号墓效果图

南门节点效果图

内城效果图

澹然淮水映斜晖 苍茫楚城熠神采

内城鸟瞰图

主入口鸟瞰图

城墙豁口节点效果图

40　阿房宫考古遗址公园及周边区域概念性规划设计

Concept Planning and Design of the Epang Palace Archeological Site Park and Surrounding Area, Shaanxi Province

项目区位：陕西省西安市西咸新区。

设计范围：考虑到遗址公园保护对城市环境控制的要求，本次规划范围东侧以西三环路为界，南侧以宝西公路和红光路为边界，西侧以西安绕城高速为界，北侧以阿房北路为界。规划范围总面积 12.62km²，其中包括考古遗址公园范围 2.3km²。

文物概况：1961 年秦阿房宫遗址被国务院公布为第一批全国重点文物保护单位。阿房宫遗址包括 8 处，本次规划范围内包括 5 处遗址以及 14 处考古遗存。

设计特点：阿房宫遗址是西安古代文明的重要组成部分，如何更有效地保护遗址，改善遗址周边环境，深入进行考古研究，满足西咸一体化的城市建设发展要求，成为本次规划的特点。

编制时间：2012 年。

项目状态：探索性方案。

规划范围示意图

40 阿房宫考古遗址公园及周边区域概念性规划设计
Concept Planning and Design of the Epang Palace Archeological Site Park and Surrounding Area, Shaanxi Province

221

现状评估

文物资源评估

规划范围内文物资源丰富，阿房宫遗址是西安 – 西咸地区主要文物资源。

考古研究评估

现在还存在许多问题，考古调查、勘探、试掘的范围和调查程度有待扩展。

遗址价值评估

文物价值评估：是秦代大型宫殿、苑囿建筑夯土遗址的重要标志和代表。

社会价值评估：具有象征中华民族走向统一的重大历史意义、现实意义和教育意义。

用地条件评估

规划范围现状用地性质复杂多样，用地功能布局凌乱。涉及村庄较多，行政区划和用地权属复杂。

道路交通评估

项目交通条件优势突出，周边包括三座机场、五座客运火车站、六条高速公路、六个高速公路出入口及多条城市道路。

旅游市场评估

西安市 3A–5A 级景点广泛分布于西安及咸阳的各个区域，集中分布于西安主城区和临潼区，周秦汉文化风光带中尚未有高级别景点。

阿房宫遗址现状照片

土地使用现状评估示意图

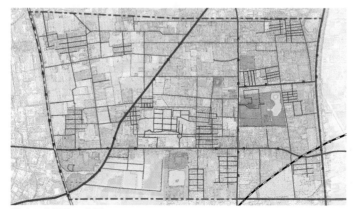

道路现状评估示意图

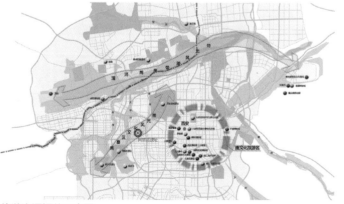

旅游资源评估示意图

总体规划

规划理念

历史的丰碑 · 时代的起点。

规划目标

打造"一园 · 一轴 · 一城",构建生态文化宜居新城。

建设一处生态型国家级考古遗址公园。

打造一条深蕴历史文化内涵的城址轴线。

规划一座与西安老城"异质同构"的宜居新城。

规划原则

保护文物原真性的原则;

维持文化延续性的原则;

倡导城市生态性的原则;

优化交通便捷性的原则;

促进城市多元性的原则。

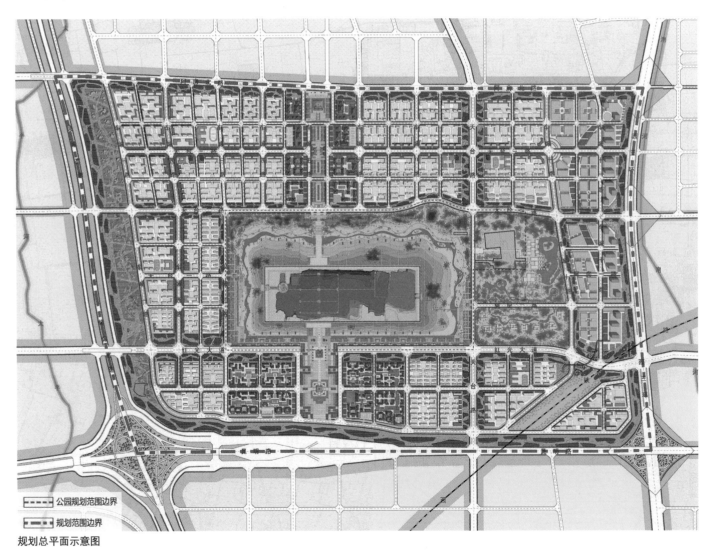

规划总平面示意图

城市空间结构

规划区的城市空间结构为："一心、两轴、三环、多点"。

一心：阿房宫考古遗址公园；

两轴：南北向城市历史文化轴、东西向城市发展轴；

三环：城市景观环、城市休闲环、城市生态环；

多点：12个主要节点，包括6个文化景观节点、6个功能节点。

城市功能分区

本规划将用地功能划分为八大活力片区，即：

一个遗址展示区：阿房宫遗址公园；

两个综合服务区：综合旅游区、公共服务区；

一个文化创意区：总部经济和文化创意产业区；

四个生态居住社区：回迁用房，居住人口8万人。

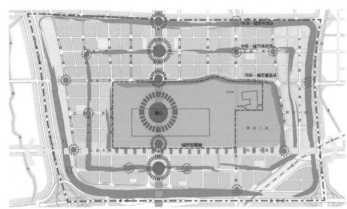

空间结构示意图

功能分区示意图

规划区主轴线夜景效果图

公园规划

规划立意

市民休憩的乐园，文化体验的殿堂。

规划目标

以遗址本体保护为核心，以绿化环境营造为重点，以历史文化教育为内涵，打造一处具有"纪念性、文化性、动态性、时代性"特征的生态型国家级考古遗址公园。

规划原则

保护文物原真性原则；
坚持考古优先的原则；
保持动态展示的原则；
生态人文融合的原则；
保护发展结合的原则。

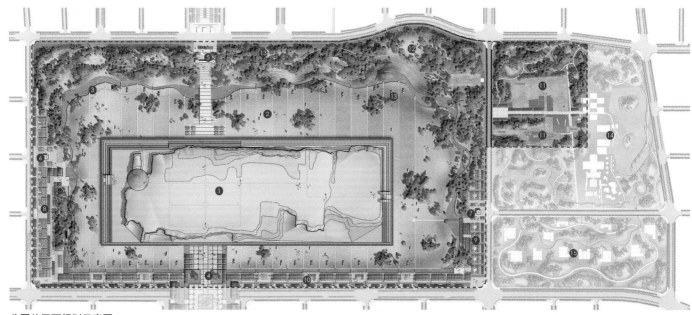

公园总平面规划示意图

公园场地局部剖面示意图（一）

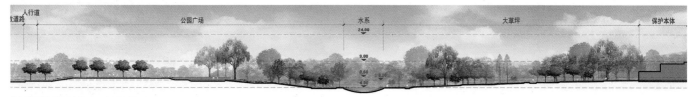

公园场地局部剖面示意图（二）

公园总体结构

阿房宫考古遗址公园总体空间结构系根据山水环抱的景观格局，整体上构成"一心、一环、三区、多园"的总体结构。

一心：阿房宫前殿遗址本体；

一环：围绕核心区的水环；

三区：遗址本体保护展示区、华夏历史文明演进展示区、上林苑意向展示区；

多景园：20处主题景园。

遗址保护措施

1. 搬迁占压遗址的建筑、构筑物；

2. 采取物理性、工程性和生物性相结合的保护措施；

3. 在遗址本体东西边界建造夯土遗址模拟展示台；

4. 在遗址本体西侧搭建夯土遗址保护展示馆；

5. 在遗址本体顶部规划游览线路，限定游览区域；

6. 古墓葬和建筑遗迹采取地面标识和模拟展示手段。

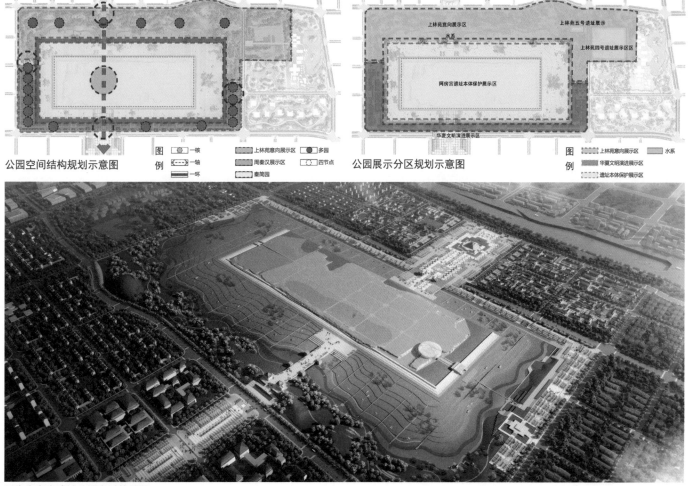

公园空间结构规划示意图

图例 一核 一轴 一环 上林苑意向展示区 周秦汉展示区 秦简园 多园 四节点

公园展示分区规划示意图

图例 上林苑意向展示区 华夏文明演进展示区 遗址本体保护展示区 水系

阿房宫考古遗址公园鸟瞰效果图

41 罗通山城考古遗址公园规划

Conservation Planning of Luotong Mountain City Archaeological Site Park in Liuhe County, Jilin Province

项目区位：吉林省通化市柳河县。

规划范围：以《罗通山城保护规划》中的建设控制地带范围为主要依据，同时考虑周边自然景观而划定，用地规模为 623.8hm²。

文物概况：罗通山城位于吉林省柳河县罗通山顶部海拔960m 的主峰之上。始建于高句丽中期，金代沿用。是一处具有典型高句丽山城特点的军事重镇，属于古遗址类。2001 年 6 月 25 日，罗通山城由国务院公布为第五批全国重点文物保护单位。2013 年，通过国家文物局申报第二批国家级考古遗址公园立项项目。

规划特点：通过考古遗址公园规划建设，更好地保护罗通山城文物本体，合理利用地方文化遗产资源，并突出考古研究工作在公园建设过程中的重要性。同时统筹考虑罗通山风景区的发展规划，为更好地将公园规划与景区规划相融合，本次规划根据《吉林省通化市罗通山风景区旅游发展总体规划》进行了关于"罗通山风景区总体策划"的专题研究，该研究整合旅游总体规划中的功能分区，梳理景区空间结构，完善景区道路系统，实现罗通山城考古遗址公园与罗通山风景区共同和谐发展的目标。

编制时间：2012 年。

项目状态：已通过第二批国家考古遗址公园立项。

罗通山城现状照片（图片来源：柳河县文化广电新闻出版局）

41 罗通山城考古遗址公园规划
Conservation Planning of Luotong Mountain City Archaeological Site Park in Liuhe County, Jilin Province

227

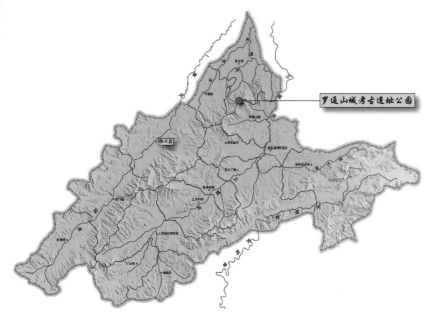

罗通山城区位示意图

罗通山城现状城墙照片

罗通山城现状城墙照片（图片来源：柳河县文化广电新闻出版局）

规划构思

专题研究，利用优势

　　与大部分已经建设或正在建设的考古遗址公园不同，罗通山城遗址位于罗通山风景区内，具有良好的自然生态环境条件。本次规划对罗通山风景区进行了专题研究，提出建设"以文化为主线、自然为载体、和谐生态的国家考古遗址公园"的总体策划思路，全面开发公园范围内的人文与自然资源，在将罗通山城的各处遗址作为文化展示核心的同时，展现罗通山城周边的自然景观，达到"以山城文化为核心，以地方文化为主题；展现柳河文化风采，树立吉林七点标杆"的目的，从宏观层面指明了公园规划建设的方向。

保护为主，突出特色

　　罗通山城是高句丽山城的典型代表，具有突出的军事防御特色，被誉为中世纪东北亚地区最具特色的城址之一。本次规划坚持以文物保护为前提，针对罗通山城左右城形制特点，立足"军城"，挖掘高句丽军事文化的内涵、突显高句丽军事文化的特点。通过独特的遗址展示手段、精心设计的景观小品等让游客感受高句丽文化——特别是高句丽军事文化的独特魅力，强调游客的参与性。

全面规划，重点设计

　　本规划首先从宏观层面把握考古遗址公园的定位、分区及阶段建设目标，组织公园内部各文物资源点之间及展示节点内的交通，安排遗址保护、展示、管理设施的分布，统筹考古遗址公园总体布局。根据《国家考古遗址公园规划编制要求（试行）》的要求，在公园空间结构、功能划分、交通组织、设施分布、景观体系、考古研究、管理运营、基础设施、综合防灾等方面进行了系统的规划设计。在全面规划的基础上，本次规划以西城为重点，同时选取公园大门、西城入口、演兵场、北门台地和东北角楼等5个重要节点进行详细设计。主次分明，对公园建设实施时序进行明确划分。

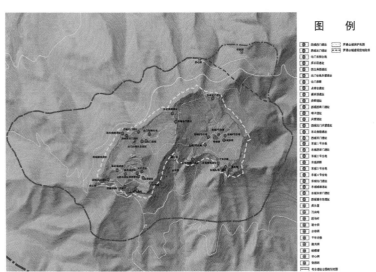

考古遗址公园规划总平面示意图

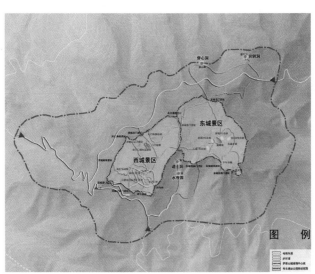

考古遗址公园展示游线规划示意图

41 罗通山城考古遗址公园规划
Conservation Planning of Luotong Mountain City Archaeological Site Park in Liuhe County, Jilin Province

229

考古遗址公园鸟瞰图

考古遗址公园西城总平面示意图

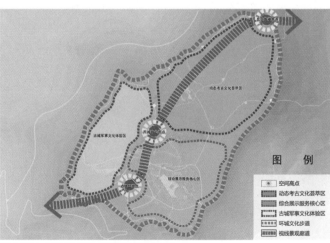
考古遗址公园西城展示空间结构示意图

规划节点

西门入口节点

根据考古发掘的实际情况,模拟标识出西门壁龛、地趺的位置所在,选用罗通山当地原生木材作为原材料。门道的铺装形式参考西北门的考古发掘现场进行模拟展示。同时通过对高句丽山城的案例研究,标识出西门城门可能的分布范围,选用细砂石的铺装方式,强化游客进入西城的界限感,模拟展示区域面积约60m²。

演兵场节点

结合西门遗址的模拟展示,在西门外规划广场 1 处,占地面积约200m²,并设有游客服务站以及摆渡车停靠站,游客可在该停靠站下车步行进入西城,也可选择继续乘车。建筑设计以高句丽传统建筑形式为主,采用砖木结构修建。

北门台地节点设计

该节点包括北门东侧台地遗址、北门台地兵营遗址以及北门泉眼等 3 处遗址。对考古揭露的北门台地兵营遗址在进行覆土保护后模拟展示考古成果,将其划分为两个区域:一个区域模拟展示考古遗址原状,另一个区域模拟复原考古遗址局部,北门泉眼遗址进行原状展示,配以座椅、雕塑等小品设施,丰富遗址的景观环境。

东北角楼节点设计

结合遗址本体保护工程,对于东北角楼遗址在采取保护修复措施后,采用原状展示的方式,修建环形木栈道,游人可近距离参观游览角楼遗址的军事防御功能。东北角楼遗址是东西城内海拔最高的节点,海拔高度可达960m,在此处结合修建观景台,游客可登临观景台俯瞰山城全景及周边优美的自然风光。

西门节点效果图

西门节点施工后照片

41 罗通山城考古遗址公园规划
Conservation Planning of Luotong Mountain City Archaeological Site Park in Liuhe County, Jilin Province

231

演兵场节点效果图

演兵场节点施工后照片

东北角节点效果图

东北角节点施工后照片

北门节点效果图

北门节点施工后照片

42 渤海中京国家考古遗址公园保护展示提升方案

Conservation, Exhibition and Improvement Planning for National Archaeological Park of Bohai State's Middle Capital in Jilin Province

项目区位：吉林省延边朝鲜族自治州和龙市。

设计范围：规划范围占地面积 45.36hm²，城址平面呈长方形，分内、外两重城垣。

遗址概况：渤海中京城遗址又称西古城，是渤海国五京之中的中京显德府故城遗址，该城一度曾为渤海国都。该遗址于 1996 年被公布为第四批全国重点文物保护单位。渤海中京城遗址保存了完整的唐代城址格局，内外城垣信息较为完整，城门遗址尚存，城内主要宫殿遗址的柱础、烟道等遗迹清晰可见，其形制、规模和建筑格局是渤海国历史文化研究中十分重要而稀缺的实物例证。

设计特点：保护展示对象为渤海中京城遗址内城 1～5 号宫殿建筑遗址、廊庑址、内城隔墙与门址、外城主干道、中轴线沿线诸城门遗址及与其相连的部分城墙等遗址本体。遗址展示现状存在整体形态不够突出、城址轮廓和内城的整体格局识别性较差、缺乏对出土建筑构件和建筑形象的展示、宫殿建筑形态的解读性较差等问题，亟待通过合理的展示措施加以改善。

编制时间：2014 年。

项目状态：通过国家文物局评审，已实施。

渤海中京城遗址全景
（图片来源：和龙市文化广电新闻出版局）

保护区规划图
（图片来源：《渤海中京城遗址保护规划设计》）

保护规划总图
（图片来源：《渤海中京城遗址保护规划设计》）

42 渤海中京国家考古遗址公园保护展示提升方案

Conservation, Exhibition and Improvement Planning for National Archaeological Park of Bohai State's Middle Capital in Jilin Province

233

渤海中京南墙剖面展示棚

内城展示木栈道

保护工程完工后的3号宫殿建筑遗址

内城展示说明牌

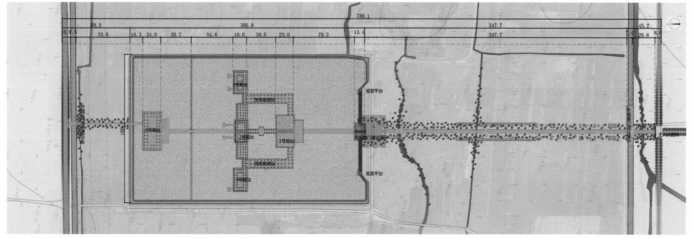

渤海中京国家考古遗址公园保护提升方案设计总平面示意图

展示现状分析

　　本方案为渤海中京遗址文物本体展示提升一期工程方案，主要设计对象为渤海中京城遗址内城 1~5 号宫殿建筑遗址、廊庑殿、内城隔墙与门址、外城主干道、中轴线沿线诸城门遗址及与其相连的部分城墙。尽管渤海中京城遗址根据保护规划、保护展示工程设计方案等相关规划与设计进行了一系列本体保护工程、环境整治工程和基础设施建设工程等，渤海中京城遗址的文物本体展示利用仍有较大工作空间。

　　具体表现在：
　　1. 遗址整体格局识别性较差；
　　2. 宫殿建筑形态的解读缺乏深度；
　　3. 标识系统缺乏个性，形式与遗址的整体氛围不协调；
　　4. 对相关信息的解读缺乏深度，展示形式过于单一，展示可观赏性不强。

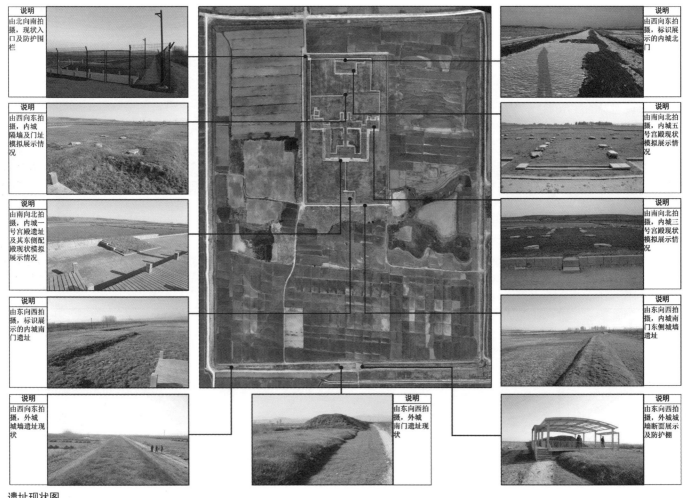

说明
由北向南拍摄，现状入口及防护围栏

说明
由西向东拍摄，内城隔墙及门址模拟展示情况

说明
由南向北拍摄，内城一号宫殿遗址及其东侧配殿现状模拟展示情况

说明
由东向西拍摄，标识展示的内城南门遗址

说明
由西向东拍摄，外城城墙遗址现状

说明
由西向东拍摄，标识展示的内城北门

说明
由南向北拍摄，内城五号宫殿现状模拟展示情况

说明
由南向北拍摄，内城三号宫殿现状模拟展示情况

说明
由东向西拍摄，内城南门东侧城墙遗址

说明
由东向西拍摄，外城南门遗址现状

说明
由东向西拍摄，外城城墙断面展示及防护棚

遗址现状图

42 渤海中京国家考古遗址公园保护展示提升方案

Conservation, Exhibition and Improvement Planning for National Archaeological Park of Bohai State's Middle Capital in Jilin Province

235

外城节点展示

外城南门

　　该节点是在符合《渤海中京城遗址保护规划设计》相关规定的基础上，对其中关于"南城门遗址广场"展示区的规划进行详细设计。设计内容为渤海中京遗址展示区主入口、外城南门遗址模拟展示，在主入口和城门模拟展示之间设置主要供游客集散的南城门遗址广场，同时，通过室内空间连接外城南门遗址与城墙遗址断面展示，该室内空间同时作为渤海中京城遗址的展示厅。

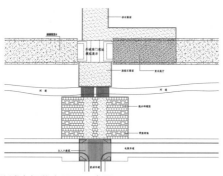

外城南门节点平面示意图

外城南门节点效果图

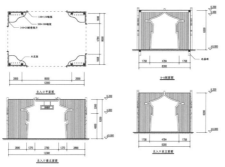

展示区主入口设计示意图

主入口效果图

外城主干道

　　打通城址轴线、满足通行需要：打通自外城南门至内城南门中轴通道，突出展示中京城中轴对称的特点，以此强化渤海中京的城市规划布局理念，表现沧桑的历史氛围。

　　设置必要的标识：为丰富主干道的历史文化内涵，在道路嵌铺条石砖，其上金属蚀刻渤海年号及对应的唐朝年号及历史大事记，展示渤海国历史文化和中原文化的关系。

外城主干道效果图

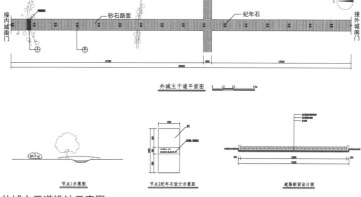

外城主干道平面图

外城主干道设计示意图

内城宫殿展示

本方案设计遵循《渤海中京城遗址保护规划设计》中的整体思路，改变目前采用参观栈桥作为内城主要参观道路的做法，增强内城各建筑遗址的可达性、丰富内城遗址展示区的参观内容，主要有以下几方面：

1. 考古原状模拟展示与遗址格局复原展示相结合；

2. 内城参观游线设计突出中轴特色；

3. 遗址复原展示的设计真正做到有据可依；

4. 非遗址分布区铺设砂石。

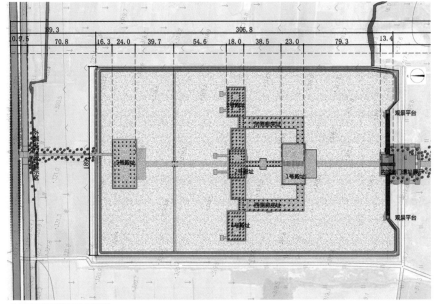

内城宫殿区平面示意图

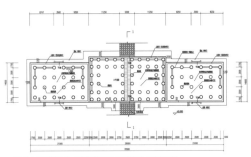

2 号宫殿遗址台基模拟展示设计示意图

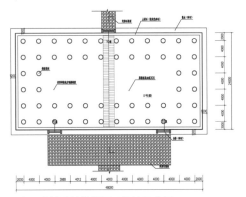

5 号宫殿建筑遗址模拟展示设计示意图

为了解决现有展示方法不能很好展示内城格局和建筑形制，且存在误导游人的问题，本方案设计在现有原位标识展示和原位翻模展示的基础上，在现有遗址回填层或其上的遗址模拟层上，适当增加新的遗址复原展示层。

新增的遗址复原展示层保留了现有的考古原状模拟，在模拟的台基上选择考古信息明确、历史格局清晰的地方，或在台基上预留柱洞，或于柱洞处摆放柱围，或在相应位置安放高度不一的木质防腐模拟柱，力求从不同高度和侧面展示内城的格局和建筑形制。

内城宫殿区效果图

42 渤海中京国家考古遗址公园保护展示提升方案

Conservation, Exhibition and Improvement Planning for National Archaeological Park of Bohai State's Middle Capital in Jilin Province

237

内城节点展示

内城南门

　　遗址进行地基规模模拟展示，并于遗址的南北中轴线上架设横跨遗址的木结构栈桥，使全城中轴线得以贯通；

　　拆除原金属围栏，外城墙外围部分利用原围栏的基础，以串联起来的片状耐候钢形成新的围栏，新围栏的外观模拟城墙轮廓，加强内城遗址的整体性。

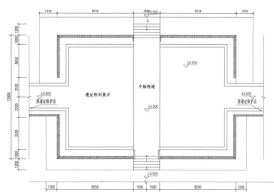

内城南门节点平面示意图

内城南门节点效果图

内城至外城北门通道效果图

内城至外城北门通道总平面示意图

北门通道

　　打通内城出入口至外城北门的通道，以满足通行功能，两侧布置少量绿化，将渤海中京城遗址的中轴线序列构建完整。

标识系统与配套设施

　　统一策划标识系统，要求形象和色彩与遗址环境相协调，内容与遗址展示区主题相符，融入渤海中京城考古发掘的出土文物形象，材质考虑当地特殊气候条件。

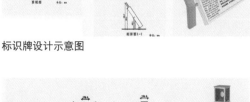

标识牌设计示意图

标识牌设计示意图

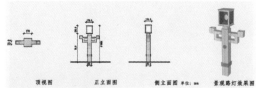

景观路灯设计示意图

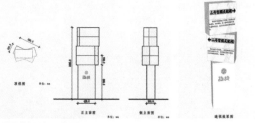

引导牌设计示意图

环境整治是保护文化遗产周边环境的重要手段。随着业界对保护文化遗产完整性、延续性的认识不断提升，遗产周边环境越来越受到关注并成为保护的重点。文化遗产环境整治，旨在保护与遗产本体密切相关的环境要素，保存环境要素所承载的重要历史信息，保护遗产环境的整体空间格局和重要肌理，展现与遗产本体和谐共存的环境景观，维护遗产周边自然资源和生态基底的可持续，协调遗产周边生态、生产、生活之功能、空间及设施的整体布局，落实遗产保护与城乡发展的互促互惠。

文化遗产环境整治

我院承接的文化遗产环境整治项目，依托的遗产本体类型不同，待整治的遗产环境特征各异，因此"整治"策略各有侧重点，"整治"措施各有针对性。其中，河南省舞阳县贾湖遗址环境整治方案，侧重遗址形成、发展所依托的贾湖水系整治，侧重与贾湖遗址范围界面交接的贾湖村村庄整治，针对农田、水系、村庄提出分类整治细则；山西省阳泉市大阳泉古村保护与发展规划，侧重突出古代集镇建筑群空间格局完整、建筑特色鲜明的特征，侧重保护古村落格局与街巷肌理，针对村中重要轴线与空间节点提出保护整治措施；朝阳劲松一潘家园区域规划提案，侧重城市更新背景下的文化遗产环境整治，侧重功能设施完善基础上的历史环境营造，针对区域中价值突出的文化遗产及其环境提出重点保护整治方案。

43 贾湖遗址环境整治方案

Environmental Improvement Scheme of Jiahu Archaeological Site in Wuyang County, Henan Province

项目区位：河南省漯河市舞阳县。

设计范围：贾湖遗址周边，与其产生和发展密切相关的环境，面积为 73.8hm²。

项目概况：为有效保护贾湖遗址的文物价值，延续遗址的真实性和完整性，减少遗址周边环境对遗址保护产生的影响，特编制此方案。

设计特点：本方案的设计特点是在《贾湖遗址保护总体规划（2008—2025）》的框架下，对遗址周边现状建设情况进行分析，并对相关规划措施进行调整、深化和落实。

编制时间：2015 年。

项目状态：2015 年通过河南省文物局批复。

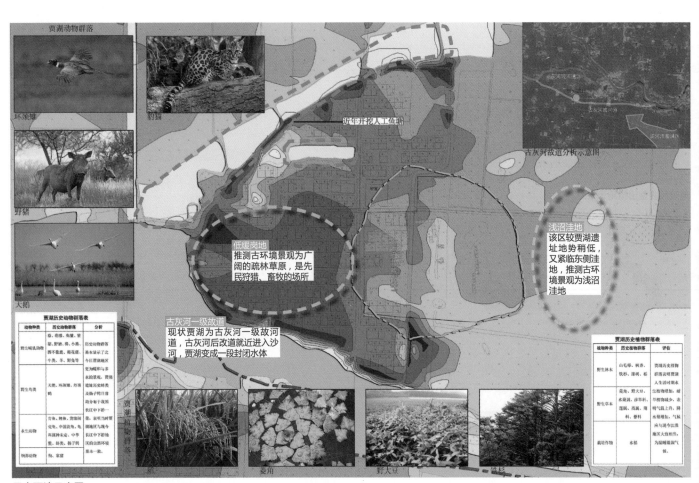

历史环境示意图

村落整治措施

贾湖遗址以环境保护为前提，从村庄整治、街巷整治、公共空间整治、基础设施整治、现代坟整治等方面制定了具体的措施。

建筑风貌整治措施：贾湖村村庄肌理清晰明了，院落形式具有典型的乡土传统特点，本次方案基本延续了村庄现有肌理及院落形式，分别从外墙、屋顶、门窗构件等几个方面制定具体措施，对贾湖遗址周边的村庄景观和建筑风貌进行规范。

街巷整治措施：通过取消调整道路、增加道路绿化、配建交通设施等方式，整治道路街巷。

公用空间整治措施：设置主要景观节点及街道公共空间，丰富遗址区周边景观环境。

基础设施整治措施：通过完善供水、排水、电力、环卫等基础设施，满足贾湖遗址保护与展示的需求。

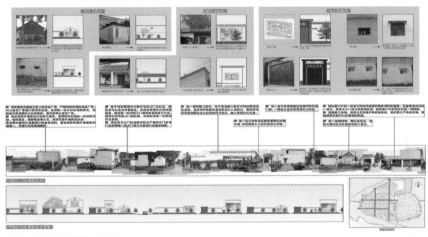

建筑风貌整治措施示意图

单层坡屋顶建筑，灰色小青瓦屋顶，红砖外墙，为较传统的院落形式

二层平屋顶建筑，水泥抹灰外墙，贾湖村新近建设的房屋多采用这种形式

局部二层建筑，白色涂料外墙，正房为带女儿墙平屋顶，村民可通过楼梯上到屋顶，是贾湖村代表性院落形式

局部三层建筑，基本为近年新建建筑，建筑外墙面现状基本贴有瓷砖

典型院落效果示意图

女儿墙花砖改造示意图

檐口瓷砖改造示意图

防盗窗改造示意图

门头改造示意图

门牌改造示意图

景观环境整治

植被清理

根据《贾湖遗址保护总体规划》要求，清理贾湖遗址重点保护范围内的深根系植物，避免大型机械进入清理现场，避免挖除树根增加扰土深度。清理过程中，控制扰土深度在1m以内，对遗址分布范围内进行景观绿化整治。

水系整治

保持贾湖水系两侧的自然驳岸形态，控制两侧岸线农业耕种范围；

适当增加水系两侧的绿化带宽度，增加地被与藤本等类型的植物绿化边坡，同时结合水生植物的种植，丰富植物层次，恢复自然生态。

农田整治

结合当地产业发展需求，选择当地特色的浅根系经济作物进行种植。

街道景观整治

对街道铺装、树池、花池及绿化景观带进行统一设计配建。

公共空间景观整治

设计景观节点，并对部分公共空间进行景观绿化整治，设置必要的服务配套设施，塑造街道公共空间景观。

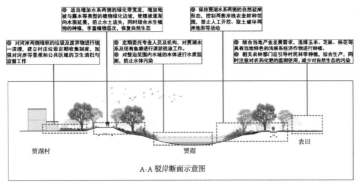

A-A驳岸断面示意图

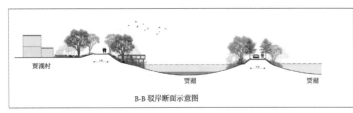

B-B驳岸断面示意图

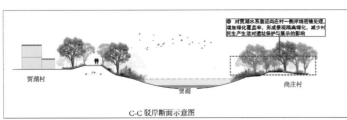

C-C驳岸断面示意图

水系整治措施示意图

绿化景观系统规划示意图

井盖设计示意图

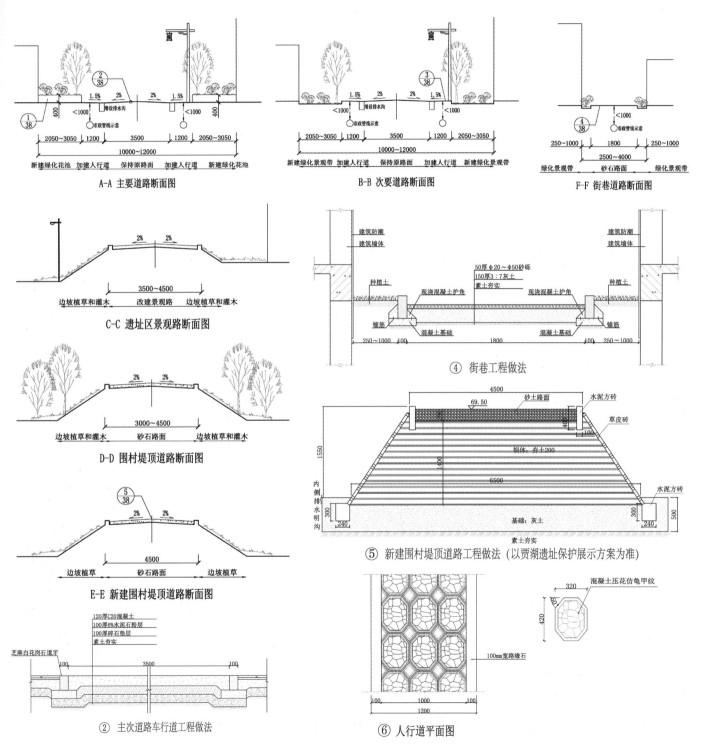

A-A 主要道路断面图

新建绿化花池　加建人行道　保持原路面　加建人行道　新建绿化花池

B-B 次要道路断面图

新建绿化景观带　加建人行道　保持原路面　加建人行道　新建绿化景观带

F-F 街巷道路断面图

绿化景观带　砂石路面　绿化景观带

C-C 遗址区景观路断面图

边坡植草和灌木　改建景观路　边坡植草和灌木

④ 街巷工程做法

D-D 围村堤顶道路断面图

边坡植草和灌木　砂石路面　边坡植草和灌木

E-E 新建围村堤顶道路断面图

边坡植草　砂石路面　边坡植草

⑤ 新建围村堤顶道路工程做法（以贾湖遗址保护展示方案为准）

② 主次道路车行道工程做法

⑥ 人行道平面图

景观道路施工做法示意图

44 贾湖遗址环境整治项目景观方案设计

Landscape Design of Site Environment Renovation Project of Jiahu in Wuyang,Henan

项目区位：河南省漯河市舞阳县。
设计范围：贾湖遗址周边村庄及河道空间，面积约 2.26hm²。
项目概况：本方案设计范围为村落和河道相关整治地块，包括贾湖村村庄风貌整治、景观绿化整治（含水系水体及岸线整治）、道路交通、公共服务设施等。

设计特点：合理开发利用和保护贾湖村内水资源，整治村庄生态、植被、环境卫生等，同时将特色乡土文化与植物配置相结合。
编制时间：2015 年。
项目状态：项目已部分实施。

河道景观
- 细胞，代表生命，利用"细胞"状的生态导链进行围合设计，赋予贾湖地区新生命，新气象。
- 在河道景观中围绕"骨笛七音"，打造七音岛，七音台，赋予功能区文化内涵蕴意。
- 河道景观利用大乔造生景观植物，同种植物群落密植，形成花海、树丛、芦苇荡等景观效果。

村落景观
- 村落街道景观整顿建筑风格形式，以历史文化展示为特点进行打造，结合场地现状，设置传统商业、小型广场、游客服务中心、入口牌楼等景观节点，并将当地特色文化融入、延伸到节点之中。

总平面示意图

设计概念

贾湖先民的美好生活

在距今 9000 年前淮河上游广袤的平原上，有一片美丽的沼泽，生活着一个富足的部落。在大片房屋之外有广阔的湿地，贾湖先民在湖沼旁捕鱼、耕种，时有丹顶鹤、野天鹅在其间婆娑起舞。傍晚人们生起篝火，吹响骨笛，膜拜神灵，听取预言……

贾湖的今天

"祥瑞宝地、大美贾湖"，打造贾湖和谐民乐的氛围——由"合"到"和"，尽善尽美的生活——由"艺"到"善"，承载丰厚的文化——由"泽"到"丰"，克己复礼的风尚——由"敬"到"礼"。

总体鸟瞰图

街景效果图

湿地效果图

总体设计

设计思路

　　河道景观：细胞，代表生命，利用"细胞"状的生态岛链进行围合设计，赋予贾湖地区新生命、新气象；在河道景观中围绕"骨笛七音"，打造七音岛，赋予功能区文化内涵象征。

　　村落景观：村落街道景观遵循建筑风格形式，着力打造河南传统民居特色，结合场地现状，设置荷花池、休闲广场、游客服务中心等景观节点，把当地特色文化融入、延伸到节点之中。

　　遗址发掘区景观：依据考古发掘探方内的灰坑、房址、墓葬、窑址等遗存信息，模拟部分遗址探方内的遗迹平面布局形态，体现出史前聚落遗址的历史感、沧桑感。

景观架构——两条轴线，两级节点

两条轴线

　　对外景观轴线——东西向主要连接外部

　　内部景观轴线——南北向贯穿整个村庄

两级节点

　　一级景观节点——贾湖遗址节点

　　二级景观节点——村庄内部标志性节点

　　　　　　　　　水上生态休闲节点

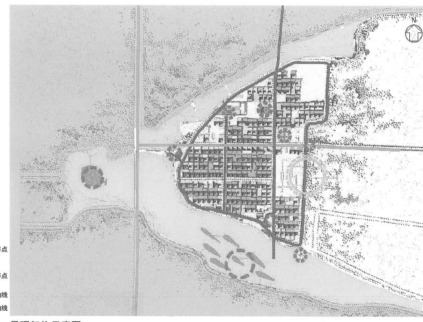

图例

⊚ 一级景观节点

⊚ 二级景观节点

━━ 内部景观轴线

━━ 对外景观轴线

景观架构示意图

遗址发掘区效果图

专项设计

元素提炼与演变

贾湖遗址出土了大量骨镖、网坠等打渔、养殖工具。经日本鱼类研究专家中岛经夫对贾湖出土的一个单元的鱼骨研究表明：鱼的重量都在一斤左右，这种现象只有在人工养殖时才会出现。国内外专门研究鱼类的专家认为贾湖人把捕捞后吃不完的鱼养殖起来进行繁殖，这是世界上最早的鱼类人工养殖地之一。

贾湖遗址大量出土的文物都反映了远古先民素朴的农耕、生产和生活状态，是人类农耕文化的起源。选用最能体现人类聚落生活的茅草屋形态，提取其中的主要元素结合现代材料和设计手法进行再设计，以追求乡间原野的悠然宁静之美,满足现代人对大自然返璞归真的渴望与向往。

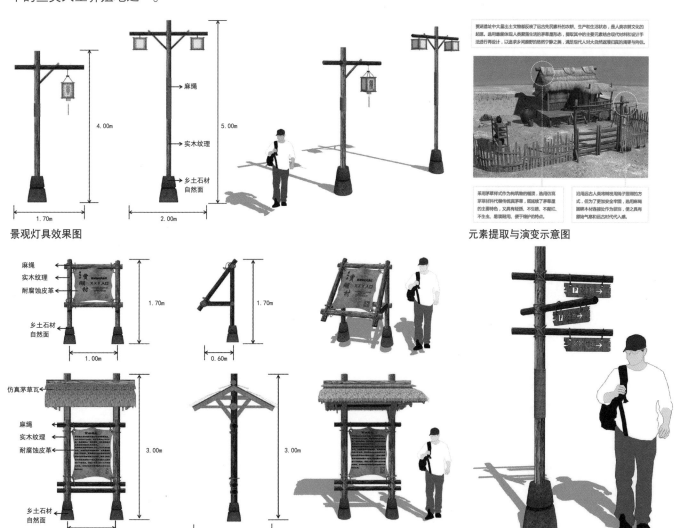

景观灯具效果图

元素提取与演变示意图

说明牌效果图

指示牌效果图

45 叶县古城保护与发展修建性详细规划

Detailed Construction Plan of Conservation and Development Project for Ancient City of Ye in Ye County, Henan Province

项目区位：河南省平顶山市叶县。

规划范围：规划北至叶鲁路，东、西、南均以古城护城河为界，规划面积约 75.37hm²，其中城市建设用地约 65.11hm²。

文物概况：叶县代表性建筑分别为叶县文庙建筑群落及叶县县衙。叶县文庙建筑群落以中轴线对称结构布局，规模宏大。自前至后依次为愤乐亭、状元桥、棂星门、戟门、大成殿等，同时还有文昌阁、奎星楼、儒学等附属建筑。整个建筑群分为 23 个单元，共 79 间房屋。该建筑布局严谨有序，结构合理，兼容了我国北方地区粗犷、雄深与南

方建筑工艺中精巧、细腻的建筑特点。叶县县衙在建筑风格上，有着融南北建筑风格为一体的独特建筑形式。

规划特点：本次规划从叶县整个城市的发展格局考虑，围绕"明代衙署、昆阳大战"两大文化品牌，打造"省级历史文化名城、5A 级旅游景区"，使之成为富有特色的大明风情体验旅游古城，因此将古城未来定位为"立足中原，面向全国，集明代衙署、昆阳大战两大文化品牌为特色的大明风情体验古城 5A 景区"。

编制时间：2017 年。

编制状态：已通过叶县县政府审批。

规划范围示意图

叶县古城区位示意图

文化资源

建置沿革

城池初为土筑，建于西周。

从周朝开始即为地方城池，经秦朝、两汉、魏晋南北朝时期均没有变化。

春秋鲁成公十五年，许国迁都于此，称为叶邑；战国秦昭王十五年，秦伐楚取得古城后改为叶阳；西汉又将叶阳改为叶县；南朝刘宋大明元年，废叶县；后北魏时复置叶县；至明朝叶县属河南布政使司南阳府裕州；明天顺五年重修古城，后改砌砖城。

1947 年 11 月 4 日，中国人民解放军第二野战军九纵队七十七团第一次解放叶县县城，12 月，部队回师第二次解放叶县。

1983 年 9 月，经国务院批准，叶县划归平顶山市管辖；12 月，叶县正式归属平顶山市。至 2002 年底，隶属关系未变。

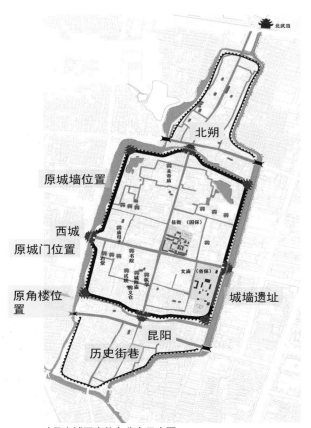

叶县古城历史信息分布示意图（图片来源：叶县文化局）

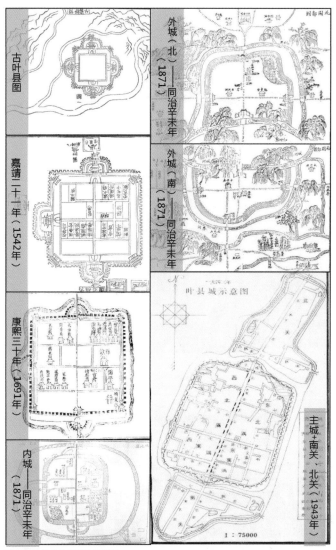

叶县古城历史沿革示意图

古城格局

一衙一庙一城池多街巷的现状古城格局，重点突出明代县衙与金代文庙、一部分残余城墙、护城河以及街巷肌理的保存。

一衙：即为明代县衙，全国重点文物保护单位。始建于明洪武二年(公元 1369 年)，明、清及民国县署均设于此，坐落在老县城内东大街路北，是目前中国现存的古代衙署中唯一的明代县衙建筑。叶县明代县衙不但规模宏大，气势雄伟，而且还是一座五品县衙。县衙几经改建，原貌全非，现仅余衙门 7 间，大堂 5 间，二堂、三堂各 5 间。

一庙：即为金代文庙，省级文物保护单位。建于金正大三年，元末毁于兵燹，明初重建。后经清代多次修葺，到同治八年始具规模，为县城内唯一具有园林、庙宇景观之地。后因飞机轰炸及日军侵占，大部分设施被毁，今仅存大成殿、文昌阁、愤乐亭三处，其他如明伦堂、东西庑、

戟门、棂星门、崇圣祠、名宦祠、乡贤祠、尊经阁、奎星楼及殿前古柏均不存。

一城池：自建城于此，出于防卫需求修建城墙于四周，并在城墙外围修建护城河，引昆水注入。城墙初为土筑，随着朝代的更替，战争的损毁，修补不断；明朝改为砖城，城墙周长一千二百八十五步，高一丈七尺，厚二丈五尺。古城与外界通过三个城门联系，分别为南门昆阳、北门临滍、西门道洛。现状城墙已被损毁殆尽，剩余部分残垣。

多街巷：街巷是古城的肌理，是古城保留的价值所在。古城街巷保存较好，街巷宽度多为 2~8m。但由于城镇的建设，古城内明清街、中心街、健康路、文化路已经失去古街的意蕴，街道被拓宽成现代车行道路，失去古代道路宽度"经轨"要求。

明代县衙

金代文庙

护城河道

北武当

传统民居

十字街

45 叶县古城保护与发展修建性详细规划
Detailed Construction Plan of Conservation and Development Project for Ancient City of Ye in Ye County, Henan Province

251

文化旅游

文化旅游路线规划

综合考虑古城服务设施、交通设施、基础设施等条件，结合旅游市场的具体需求，对古城进行有针对性的文化旅游线路设计。规划设计三条旅游路线，使旅游点、服务设施连接成一个整体。

核心文旅游线： 依托十字街，串联古城内主要核心文化节点，包括叶县县衙、叶县文庙、昆阳大战文化馆、盐文化养生馆等，形成以文化体验为主题的文旅游线。

休闲景观游线： 结合古城内主要街巷，串联休闲体验节点及沿护城河的滨水景观带，形成以休闲游憩为主题的景观游线。

外部联系路线： 依托停车场与古城联系道路，通过标识系统、道路铺装、街道家具等设施的设置，打造景区外部联系路线，同时结合停车场布局游览电瓶车换乘点。

同时，应注重旅游路线间以及旅游路线与古城周边旅游、慢行网络体系的衔接，形成合理的旅游路线走向。

▰▰▰ 核心文旅游线	◎	核心文化节点
▰▰▰ 休闲景观游线	◎	休闲体验节点
▰▰▰ 外部联系路线	▲	景区入口

文化旅游线路规划示意图

叶县古城鸟瞰图

建筑设计

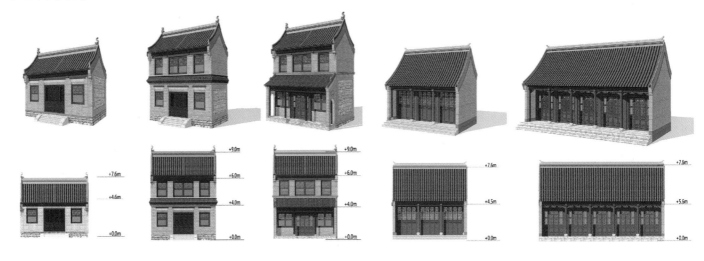

居住建筑形式示意图　　　　　　　　　　　　　　　一层商业建筑形式示意图

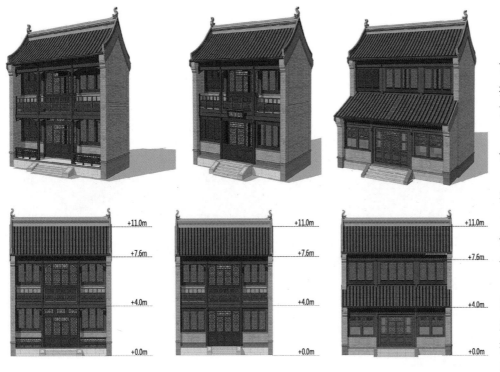

二层商业建筑形式示意图

屋顶形式：双坡出檐，以筒瓦、青瓦、机平瓦、石片瓦等挂瓦的双坡硬山、双坡卷棚屋顶为主。

门形式：门窗开洞较小，部分带有弧形拱圈形式。

窗形式：典雅大方、风格朴实、线条流畅的木棂窗。

建筑装饰：在建筑的主要部位都讲究雕刻装饰，雕饰图案以各种吉祥图案为主。

石雕、砖雕、木雕：在建筑的屋脊、梁柱、栏杆和门窗都讲究雕刻装饰，装饰图案以各种吉祥图案为主，如以蝙蝠、寿字组成的"福寿双全"等，展示居民对美好生活的向往的图案。

节点效果

古城十字街效果图

古城风情水街效果图

古城火神庙效果图

古城百工坊效果图

古城角楼效果图

古城大酒店效果图

46 应县木塔环境整治规划方案

Environment Improvement Planning and Scheme for the Wooden Tower in Ying County, Shanxi Province

项目区位：山西省朔州市应县。

规划范围：本规划分为研究范围和规划范围两个层次。

研究范围：东至瑞东北路、南至新建东西街、西至大同北路、北至荣乌高速公路，即《佛宫寺释迦塔保护规划》中确定的建设控制地带范围。占地面积约 408hm²。

规划范围：在释迦塔保护范围及其他文物保护范围之外，东至瑞东北路、南至新建东西街、西至大同北路、北至北外环路，是以佛宫寺释迦塔为中心，包含明清应州古城和辽城墙遗址所在的范围。占地面积约 217hm²。

文物概况：佛宫寺释迦塔（辽代）是目前存世最古老、最完整的木结构佛塔。文物包括文物本体、文物建筑两类，其中文物本体包括释迦塔，以及与释迦塔有直接关联的佛像、壁画、匾联和佛像内发现的 160 件辽代契丹藏经卷、舍利佛牙、佛像等文物；文物建筑包括佛宫寺现存牌楼、钟楼、鼓楼、拱桥、大雄宝殿群组等古建筑。

规划特点：规划提出分区整治策略，通过古城墙遗址公园建设，老城格局保护，历史建筑保护、修缮，基础设施完善，景观节点塑造等手段推进环境整治工作，突出世界文化遗产的价值。

编制时间：2011 年。

项目状态：探索性方案。

佛宫寺释迦塔全景（应县木塔）

佛宫寺释迦塔在中心城区区位示意图

规划范围及研究范围示意图

佛宫寺释迦塔俯瞰全城

佛宫寺释迦塔内部佛像

文物价值

历史价值

释迦塔是世界上现存最古老、最高的木结构楼阁式建筑，在世界建筑史上占据举足轻重的地位，具有不可替代的重要的历史价值；

释迦塔及其附属文物反映了辽代佛家文化内涵；

释迦塔反映以塔为中心的早期佛寺建筑格局特点；

释迦塔是独特的佛寺建筑竖向集合体；

释迦塔是辽宋时期边疆关系的实物见证，与辽代佛教盛行及统治者稳定边疆民心有着密不可分的关系，反映辽金时期应县的军事地位；

释迦塔佛像内发现的辽代契丹藏经卷，是对佛教经典的重要补充和印证。

艺术价值

释迦塔造型端庄，比例匀称，具有独特的艺术价值；

释迦塔集建筑、佛教、彩塑、绘画、书法、石刻艺术于一身，是举世瞩目的艺术宝库；

释迦塔现存佛像、壁画、匾额、碑刻等，是研究同时期历史文化艺术的珍贵实例。

科学价值

释迦塔是研究我国古代高层木构建筑的重要实例；

释迦塔高超的建筑技术和优良的结构性能显示辽代木结构古建筑建造水平，是木结构建筑设计高超的科学技术水平体现，对建筑科学的研究具有重要价值；

释迦塔体现中国古代建筑抗震技术最高水平，其刚柔相间的结构体系对探索优化现代建筑抗震设计具有重要的科学参考价值。

社会价值

释迦塔是世界知名的古代建筑杰作，是中国作为东亚木结构建筑发祥地和主要分布区的重要标志，对提升应县在国际上的知名度有积极作用；

释迦塔是应县的标志性建筑物，在应县人民心目中占据重要位置；

释迦塔是应县乃至山西省的重要文化遗产和旅游资源，具有重要的社会影响力，对促进应县地区社会经济发展和人民生活改善具有不容忽视的作用。

佛宫寺释迦塔院落

佛宫寺释迦塔内部藻井

环境评估

历史遗迹概况

  烈士塔：县级文物保护单位烈士塔原址为道家庙宇真武庙，1948 年解放应县时为纪念殉国烈士而将真武庙改建为烈士塔。

  明清应县城墙遗址：释迦塔西侧和北侧现存西门遗迹、西北角遗迹，烈士塔两侧各存一段城墙遗迹，净土寺东侧尚存一段城墙遗迹。城墙原外包砖墙被毁，夯土裸露，风化剥蚀严重。部分城墙部分残留外包砖墙。明清城墙遗址尚未列入文物保护单位。

  广盈仓：明正统年间始建，原址在释迦塔北侧。2005 年因修建塔后仿古建筑，广盈仓由佛宫寺北侧整体向西迁移约 50m。现存面阔 13 间仓房一座，其建筑本体良好，仍较好地保留了明代仓房建筑的特征和风貌，具有保护价值。

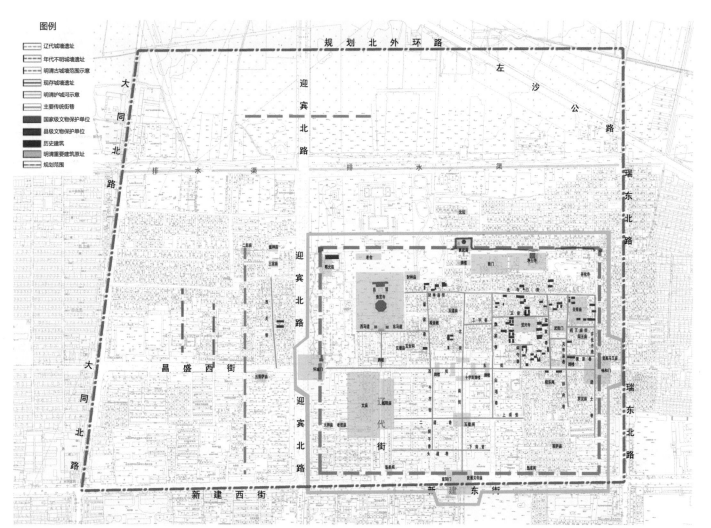

现状历史遗存分布示意图

规划策略与规划结构

规划策略

本规划采取保护、整治、更新的三大环境整治策略。

保护：对明清应州城的城市格局、传统风貌、文物保护单位、历史文化遗存、历史建筑及其所处空间环境进行积极保护。

整治：对建筑质量较差的民居、外观与传统风貌不协调的建筑、居住环境较差和基础设施不完善的街区采取修缮、整饬、清理、完善等手段进行整治。

更新：对与传统风貌不协调的建筑、高度突破《佛宫寺释迦塔保护规划》建控要求的建筑采取逐步降层、改造、拆除等手段进行更新。

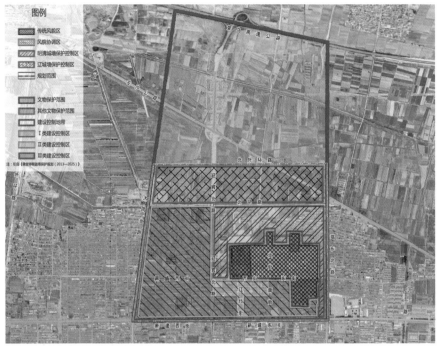

整治分区与保护区划关系示意图

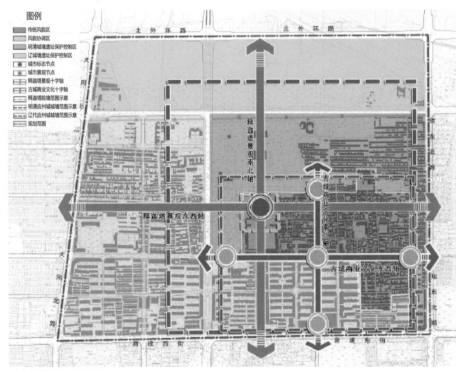

整治规划结构示意图

规划结构

本规划确定规划结构为："一心、双十字、三环、四区"。

一心：佛宫寺释迦塔作为"申遗"的文物本体，是环境整治规划的"核心"。

双十字：以释迦塔为中心的"景观十字轴"；以应州明清古城十字街为载体的"商业文化十字轴"。

三环：即释迦塔院墙、明清应州古城城墙和辽代应州城城墙范围形成的三个"文化环"。

四区：将规划范围划分为四个整治片区，包括"传统风貌区""风貌协调区""明清城墙遗址保护控制区"和"辽城墙遗址保护控制区"。

总体鸟瞰示意图

规划总平面示意图

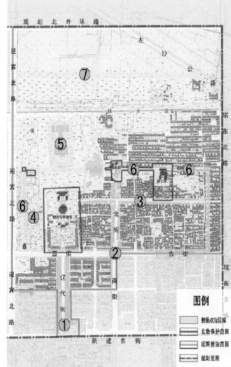

近期环境整治方式示意图

47 大阳泉古村保护与发展规划

Conservation and Development Planning of Dayangquan Ancient Village in Yangquan City, Shanxi Province

项目区位：山西省阳泉市郊。

规划范围：大阳泉古村及其周边毗连的城市环境，总用地面积共 78.5hm²。

项目概况：大阳泉古村是山西省阳泉市重点文物保护单位，是山西省少有的保存较好、面积较大，以明清时期地方传统建筑风貌为主体，空间格局完整、建筑特色鲜明的古代集镇建筑群。大阳泉古村是阳泉市早期居住群落之一，"漾泉"特色促成了城市的命名，是阳泉市的地祖名源。大阳泉古村是阳泉市的"城中村"之一，是城市未来新的文化、经济增长点。

规划特点：保护大阳泉古村所在区域的文化遗存及文物环境，对有价值的传统院落、建筑进行合理修缮与利用，同时将古村落建设成为以特色旅游产业为主体的综合性地方历史文化展示、体验区。

编制时间：2008 年。

项目状态：已通过阳泉市人民政府的批复。

大阳泉古村村貌

砖雕

景元堂

47 大阳泉古村保护与发展规划
Conservation and Development Planning of Dayangquan Ancient Village in Yangquan City, Shanxi Province

261

整体格局保护

保护村落"龟蛇之相"的整体选址布局。对村落周围的狮脑山与义井河等生态资源进行保护，保护古村落边界形态。

应保护并完善村落街巷肌理。保护古村落中道路骨架与步行系统，完善村落街巷空间。

应修复构筑古村落空间格局的重要建筑。

在村落总体格局中，保护重要轴线，营造重要空间节点。

形成格局的重要节点：

1. 大庙中心文化广场

2. 东古槐遗迹广场

3. 魁盛号综合服务广场

4. 南阁、东南阁主广场

5. 东、西阁广场

形成格局的重要轴线（十字轴）：

1. 明清一条街

2. 南侧宗教文化轴

3. 北侧文物集中轴

图例

⚙	商业行政节点
⚙	文化宗教节点
⚙	历史遗迹节点
⚙	入口节点
➤	文化主轴
➤	文物集中轴
➤	宗教轴
▬	规划村落边界

空间格局分析示意图

大阳泉古村内主街

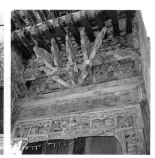

历史建筑　　　　　木雕

产业功能调整

以文物保护单位和有历史文化价值院落为载体，将部分文物建筑所在用地功能调整为文化娱乐用地，设置古村落博物馆、地方文化休闲中心等文化设施，用于展示与体验地方特色历史文化。

以曾经的晋东最大商号"魁盛号"为核心，形成一条传统特色商业带，在尊重古村历史的同时，为即将引入的新产业提供充足的商业用地补充。

村落范围内其余居住用地调整为混合型用地，在居住的基础上引入旅游接待、住宿、特色餐饮、手工艺品制作与销售等商业功能，补充完善特色旅游产业体系。

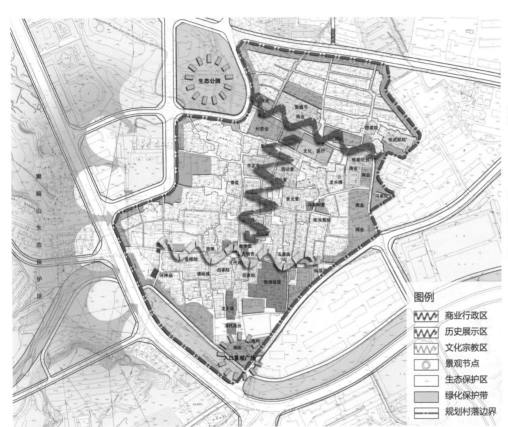

图例
- 〰 商业行政区
- 〰 历史展示区
- 〰 文化宗教区
- ✳ 景观节点
- ▭ 生态保护区
- ▨ 绿化保护带
- ▤ 规划村落边界

功能分区与景观结构分析示意图

"魁盛号"垂花门

"魁盛号"九龙厅

"魁盛号"重檐叠座（主院）

"魁盛号"院落总体鸟瞰

47 大阳泉古村保护与发展规划
Conservation and Development Planning of Dayangquan Ancient Village in Yangquan City, Shanxi Province

263

建设发展策略

坚持保护与发展并重的策略，明确保护对象，明确改造更新范围。

坚持动态、渐进的保护与更新策略，制定系统的建设时序。

坚持保护修缮类院落人口整体迁出策略，合理利用文物建筑。

坚持按照传统风貌对更新区建筑进行改造的策略，将产业发展与建筑功能有机结合。

坚持文物保护与生态保护相结合的策略，充分利用周边自然生态资源。

坚持人口迁移与就近安置相结合的策略，充分利用周边可建设住宅用地。

坚持文化、生态、旅游、服务和谐发展策略，打造阳泉市传统文化中心和新的经济增长点。

规划总平面示意图

48 前王庄历史文化名村发展提升规划

Development and Improvement Planning for Historic-cultural Village of Qianwangzhuang in Juye County, Shandong Province

项目区位： 山东省菏泽市巨野县。

规划范围： 本次规划范围为前王庄村主要建设用地片区，面积约为 25.16hm²。其中核心保护区范围约为 4.49hm²。

文物概况： 前王庄村位于山东省菏泽市巨野县核桃园镇，北依凤凰山，西靠虎山，蔡河由北向南穿过村东。村内保留了大量清至民国的民居建筑。前王庄民居建筑群于 2015 年 7 月被公布为山东省重点文物保护单位；2017 年 7 月，前王庄村被公布为第四批山东省历史文化名村；2018 年 12 月，前王庄村被公布为第七批中国历史文化名村。

规划特点： 本次规划对周边资源、文化遗产要素等进行全面梳理，提出"鲁乡逸境，古寨石居"的总体规划策略，从文保、市政、旅游、乡居四大板块进行详细设计，达到保护历史名村、展现文化底蕴，完善基础设施、增强支撑系统，文化旅游联动、凸显名村风采，汲取文物精华、引领村居新貌的目的。

编制时间： 2019 年。

项目状态： 已通过山东省住房和城乡建设厅评审。

前王庄村周边资源分析示意图

前王庄规划范围示意图

前王庄保护标志碑

前王庄全景照片

现状梳理

前王庄是传统村落、省级文物保护单位及国家级历史文化名村，具有明显的品牌优势。独特的自然环境、防御体系、石头房民居、传统街巷及众多的非物质文化遗产等，都支撑了前王庄传统村落的丰厚价值。同时，村落周边有一些自然资源及红色文化为主的旅游资源，便于整体开发多样化的旅游线路及产品。此外，前王庄干部及群众均具有较强的文物保护意识。群众的积极性高，这将成为前王庄再开发的有力支撑。但在以下五个方面仍存在一些不足。

研究不足	整治失当	生态破坏	产业滞后	市政薄弱
前王庄传统村落的价值研究不足及阐释体系不明晰，保护对象不明确。 比如前王庄现存防御体系遗存（寨墙、壕、炮楼、角门等）缺乏标识。	现状文物保护及环境整治存在整治不足或整治过度现象。 文物本体往往修缮重点不明确，保护不到位，存在面子工程现象。 环境整治部分内容对前王庄传统民居的真实性产生负面影响。	矿坑是前王庄重要的生态空间。 矿坑生态整治与利用（建议以户外运动休闲为主）需予以重视。	村内现有一定的旅游客源，但吸引消费能力不足，相关产业滞后，公共服务设施欠缺。	现有市政系统较为薄弱。 如经常停水、没有路灯、没有公厕等。

前王庄现状问题梳理

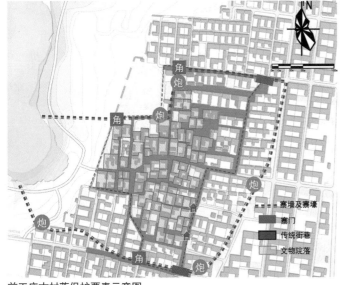

前王庄古村落保护要素示意图

图例：
- 寨墙及寨壕
- 寨门
- 传统街巷
- 文物院落

据历史卫星图像及村民回忆梳理出前王庄古村落历史上的防御体系。主要囊括了寨墙及寨壕、寨门、炮楼、角楼、岗亭五种类型，表现出了浓厚的防卫特性。

由于历史原因，前王庄古村落防御体系遗存只剩下部分寨墙、部分寨壕、南北寨门和两个岗亭。其中北门为未修复遗存，南门为根据回忆复建而成。炮楼与角楼现今都不复存在，外形与规格暂无从考究。街巷空间呈现"五横四纵"的布局，入户巷道沿主要道路呈鱼骨状分布。经现场勘探，初步筛选出具有保护价值的文物院落70余座。前王庄建筑特色可归纳为：砖券窗、石过梁，一门两窗、砖登顶，平屋顶分流水，渴漏嘴子安两旁。

总体定位为"鲁乡逸境 古寨石居",打造山东省国家级历史文化名村共同缔造示范项目

古村风貌保护区

新村景观提升区

新建村落引导区

前王庄美丽村居发展提升规划鸟瞰图

① 羊山战役指挥部
② 战地医院
③ 磨坊
④ 岗亭
⑤ 城墙
⑥ 村委会
⑦ 卫生所
⑧ 幼儿园
⑨ 小学
⑩ 戏楼广场
⑪ 老年活动中心
⑫ 民宿
⑬ 矿山公园
⑭ 入口标识
⑮ 停车场

规划总平面示意图

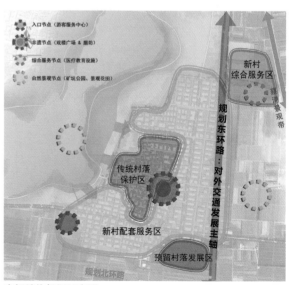

空间结构规划示意图

鲁乡

保护历史名村，展现文化底蕴

保护历史名村，展现文化底蕴。一是尊重村落自然环境，并予以合理利用；二是防御体系以景观化手法标识；三是保持传统街巷的格局、空间比例、地面材质及沿街立面形制；四是对文物院落根据现状进行修缮和利用；五是特色环境要素予以节点化保留。

对于文物本体的修缮，应原式样、原材料、原工艺修复修缮民居院落，整治文物环境。

防御体系的景观化表达手法主要有：用低矮石墙或绿色植被矮墙标识寨墙遗迹；用卵石等铺装化标识寨壕；炮楼、角楼景观化手法标识范围；白石子标识炮楼、角楼范围等。

原式样、原材料、原工艺修复

木构件原样增补

破损墙面修复

庭院地面修整

文物本体的修缮策略示意图

逸境

完善基础设施，增强支撑系统

前王庄村与其他传统村落一样，交通不便，限时供水，电压不稳，道路、市政等基础设施十分薄弱，影响了村民的日常生活质量，亟须完善。

村庄部分地区无亮化工程。在老村建议使用传统风格太阳能 LED 路灯（以低矮地灯、景观墙灯为主），新村可使用现代风格太阳能 LED 路灯。

旧村部分街道及整体的新村街道并未铺设污水管道，也没有相应的设计。规划将采用雨污分流制排水体制，统筹全局，合理布局雨污管道。

目前前王庄仍是以旱厕为主，未来将继续提高旱厕改成水厕的比例。合理选择污水处理工艺，目前采用较多的是厌氧发酵 – 人工湿地工艺、一体化生物集成工艺、厌氧发酵 – 接触氧化工艺等。结合前王村特点，建议采用厌氧发酵 – 人工湿地工艺。

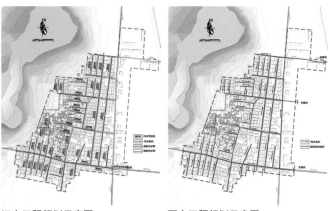

污水工程规划示意图   雨水工程规划示意图

污水 → 化粪池 → 提升井 → 厌氧池 → 人工湿地 →出水
厌氧发酵 - 人工湿地工艺

污水 → 化粪池 → 提升井 → 一体化生物集成反应池 →出水
一体化生物集成工艺

污水 → 厌氧第一槽 → 厌氧第二槽 → 接触氧化池 → 沉淀槽 → 消毒槽 →出水
厌氧发酵 - 接触氧化工艺

常用的污水处理工艺示意图

古寨

发展文化旅游，凸显名村风采

前王庄地处名山 – 古村聚集区，周围有金山、青龙山、白虎山、凤凰山四座山，一处中国传统村落付庙村，两处省级传统村落前山王村和尹口村。地处核桃园镇"一心一轴五景区"上，同时位于金山特色小镇"一核四区"的白虎山文化休闲区内，具有强力的旅游发展支撑。未来适合发展古寨文化旅游，凸显名村风采。

规划主要有矿山公园、农业景观、创意文化、民俗体验、核心旅游区五大功能区。在矿山公园观赏水域景观，体验环山步道；在农业景观区欣赏大地景观，进行趣味采摘；在创意文化区游玩创意集市，品味创意餐饮；在民俗体验区欣赏传统舞蹈戏曲、深度体验手工作坊；在核心旅游区感受融古通今、古朴大气。

古寨文化作为重点文化，将充分利用其独特建筑风格，建立屋顶、地面双层游览体系，串联起各个重点旅游项目。

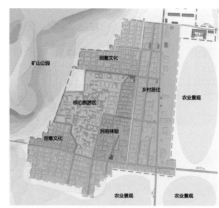

文化旅游功能分区及布局规划示意图

重点旅游项目布局规划示意图

❶ 羊山战役指挥处
❷ 战地医院
❸ 南寨门
❹ 南岗亭
❺ 北岗亭
❻ 北寨门
❼ 城墙城壕遗址
❽ 戏楼广场
❾ 磨坊
❿ 村史馆
⓫ 打铁花体验
⓬ 酿酒体验
⓭ 木雕木刻体验
⓮ 纺布刺绣体验
⓯ 粮食榨油体验
⓰ 中心广场
⓱ 游客服务中心广场
⓲ 休闲广场
⓳ 树阵氧吧
⓴ 十里桃林

图例
● 历史事件场所节点
● 防御体系节点
● 非遗节点
● 景观节点

石居

汲取文物精华，引领村居新貌

"石头寨"是前王庄村的别名，也是其特色所在。美丽村居发展提升应立足于特色，打造石居文化。

在历史文化名村保护区，逐步根据文物遗存的风貌特点，进行合理保护与利用，以更好地呈现传统村落的价值；在现代村落景观提升区，相应增强支撑系统，提升整体景观环境，汲取文物精华，烘托古村氛围；在预留村落发展区，制定设计导则，引领村居风貌。

保护区的展示利用策略主要是将历史院落改造为民宿或公共空间。民宿保留部分现状残墙，融历史于现代手法中，并开屋顶天窗以解决采光通风。利用位于老村中心位置的空心化院落，改造成为村民共享的公共场所。在院落内搭建顶棚，形成半开放的公共场所，可弹性安排各种实际功能，如适老食堂、棋牌室、乡宴场地、演出场地、村史馆等。

现代村落则主要为提升公共空间品质，如优化健身场地、补足儿童娱乐场所、新建戏台等。在道路方面，进行宅前屋后景观提升、院墙整治、亮化工程等景观提升措施。

对于预留发展区，则设计了不同功能、不同建筑形式、不同造价水平的民居供村民选择。

民宿入口

民宿鸟瞰

民宿院内

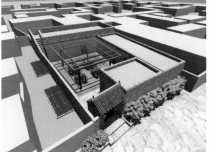
公共场所意向一

公共场所意向二

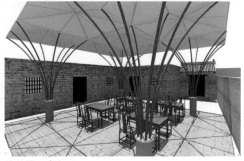
公共场所意向三

新旧村交界处道路景观提升

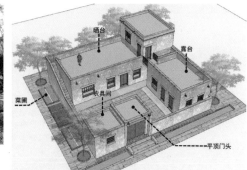
自住型民居设计引导示意图

新村道路景观提升示意图

农家乐型民居设计引导示意图

49　朝阳劲松—潘家园区域规划提案

Proposal of Environment Improvement Planning for Jinsong – Panjiayuan Sub-districts in Chaoyang District, Beijing

项目区位：北京市朝阳区潘家园街道、劲松街道。

规划范围：规划用地总面积为 2.52km²。

项目概况：规划区域位于北京市朝阳区南部地区，北邻中央商务区、西接首都核心区，是北京中心城区的重要组成部分。本规划范围包含潘家园街道、劲松街道内 13 个社区，北至劲松街道劲松路及南磨房路；南至潘家园街道的潘家园路及松榆北路；西至东二环路，东至西大望路。本次规划旨在梳理区域发展历史沿革、发掘文化特色、总结现状问题，从而确定城市更新的重点和亮点区域。在详尽而全面的现状调研和对上位规划解读的基础上，规划提出"传承、更新、通达、景明"四大规划策略，以多级绿道联通区域重要文化、景观节点，补充完善社区服务设施，并以北京中心城区内最后的清代亲王园寝保护展示工程、体现往昔农业文化的东南郊干渠景观整治工程为两处重要节点，以劲松西社区的更新为试点，打造"多元文化"街区，重现"岁月静好"图景。

规划特点：规划地块作为北京市老旧小区典型代表，它的改造规划不仅是地块区域范围内自身的提升，更是北京市众多老旧小区的改造摹本。本次规划面临的主要问题有：文化景观不足、公共服务不足、场地条件有限、开放性不足以及停车位不足等。

编制时间：2018 年。

项目状态：探索性方案。

区域概况示意图

东南郊干渠滨水绿道效果图

规划策略

劲松西·六古柏

路网加密

自行车棚改造

显谨亲王衍璜墓

立体车库建设

社区绿道主线

干渠景观改造

规划策略示意图

传承

再现历史

营造文化氛围

区域内保有众多不同时期的文化遗产，应合理展示，突出区域多元历史文化特征。

更新

改造车棚

完善社区服务

区域内独具时代特色的自行车棚，适当改造后是补充完善社区缺失功能和服务的潜在空间。

通达

理顺路网

合理布局交通

适当加密区域内路网，根据现状打通断头路，理顺道路等级关系，多管齐下解决静态交通问题。

景明

恢复河渠

优化绿道系统

恢复东南郊干渠局部渠段，提升区域生态景观环境，完善绿道系统，串联各处景点和生活服务设施。

节点现状

遗址性质

　　今劲松地区得名于"架松坟"，墓主即清代开国功臣肃武亲王豪格，是清初八家铁帽子王（即世袭罔替）之一。

　　目前肃武亲王豪格墓已不存，旧址附近被劲松第三小学取代；家族墓地中仅存豪格曾孙——显谨亲王衍璜（1691—1771，第四代肃亲王）之墓，现仅存东西朝房、享殿及部分宫墙，为朝阳区文物保护单位，也是北京城内唯一尚存地面建筑的清代亲王园寝。

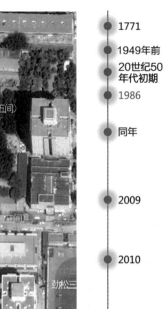

显谨亲王衍璜墓现状示意图

1771	显谨亲王衍璜墓始建
1949年前	开办义学
20世纪50年代初期	空军某部用作库房
1986	被公布为朝阳区文物保护单位
同年	拆毁宫门、碑楼、部分宫墙，利用砖料在墓圈内加盖数排平房，解决职工住房难问题
2009	北京市文物局拨专款对东西朝房进行了抢险修缮
2010	列入朝阳区边角地整治拆迁，其后朝阳区文化委将对文物古迹进行全面修缮保护

2002.04.26 航空影像图

2005.05.07 航空影像图

2009.08.11 航空影像图

残存的东罗墙

东罗墙上的门

原宝顶构件被周边居民占用

居民搭建房屋入口

节点展示

　　显谨亲王墓为朝阳区文物保护单位，根据清代亲王园寝形制相关研究，对文物本体、环境进行修缮和整饬，并完善文物展示、旅游服务等相关设施。

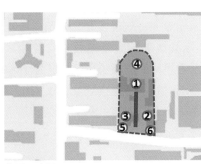

位置示意图

1- 享殿

4- 补栽绿植

2- 东朝房

5- 设置说明牌

6- 新增停车场

3- 西朝房

50 昆明滇池西岸北段华电地段综合开发概念规划

Conceptual Planning for Comprehensive Development of Former Huadian Area at the West Bank of Dian Lake in Yunnan Province

项目区位：云南省昆明市。

规划范围：昆明市中心滇池西北，规划用地总面积为 9.5km²。

项目概况：项目位于昆明滇池西岸北段，也是西山老工业区的重要组成部分。新的时代背景下，传统工业基地及周边地段如何改造利用，焕发新的活力是本项目的关键所在。规划以生态保护、产业复兴和职能完善为宗旨，保护山 – 水 – 城和谐的空间格局，利用现状工业用地功能腾退、促进产业优化调整，开启高端服务转型升级模式，致力于创建昆明新型文化创意产业聚集区、面向东南亚的国际交流场所，营造集文化、创意、休闲、教育等多重功能的城市更新活力片区。

规划特点：旅游资源呈同质趋向，缺乏多元化类型，场地周边环境亟待改善，贯穿基地东侧的成昆线，对基地东西方向的交通联系造成严重阻隔。高架桥形成的连续界面阻隔基地与周边山水的景观联系。基地内现状建设用地中50% 为工业用地，除昆明发电厂规模大、历史悠久，其余均为小规模、短期租用的传统低端业态。

编制时间：2015 年。

项目状态：探索性方案。

以昆明为中心的七条经济走廊示意图

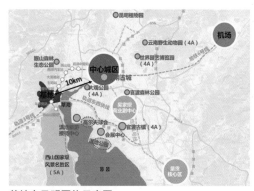

基地在昆明区位示意图

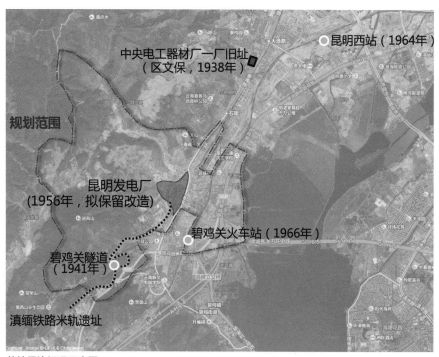

基地周边概况示意图

50 昆明滇池西岸北段华电地段综合开发概念规划

Conceptual Planning for Comprehensive Development of Former Huadian Area at the West Bank of Dian Lake in Yunnan Province

275

场地分析

地形地貌分析

　　场地内最大高程差约 420m，坡向以东南、东、南方向为主，地块内，平整地较少，尽量利用坡度 < 25% 的地块。

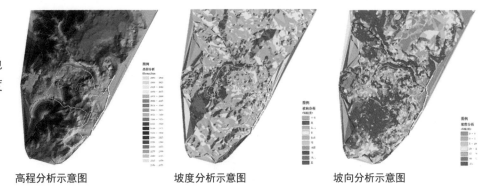

高程分析示意图　　　坡度分析示意图　　　坡向分析示意图

场地优势

　　景观层次丰富，山顶视野开阔，具有良好的景观条件。

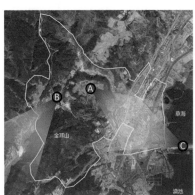

视线分析示意图

视角 A

视角 B

视角 C

　　厂房改造弹性大：现有厂房跨度大、层高高，具备空间改造的多重可能性。

　　景观内涵多元化：层次丰富的自然景观，多元并置的人文景观。

厂房照片

铁路米轨遗址

碧映寺

车家壁彝族村

工业遗产与自然遗产

规划策略

一核、两轴、三带

文化娱乐体验核：1956 西山文创园（昆明发电厂）+ 综合文体场馆。

公共服务轴：春雨路串联文体娱乐、教育、交通场站功能。

生态文化轴：西山文创园，体育馆，以商业娱乐产业链接山水的东西向轴线。

环山景观带：结合地块山体基地，形成生态屏障，保护局部小气候以及动植物的适宜栖息地。

花谷景观带：沿山谷地带设计环谷花海，形成四季有景的活力花谷景观带。

滨水景观带：利用草海西侧湿地，打造尺度宜人的休闲景观带。

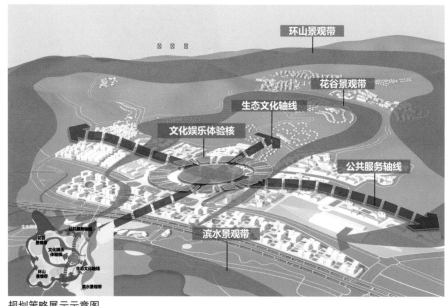

规划策略展示示意图

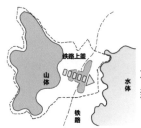

[跨越隔离] 营造直面山水的空间体验

跨越铁路阻隔，缝合东西，形成不同梯度、层次丰富的城市空间，重新联通基地的山水空间格局。

[延续文脉] 促进工业遗产的焕发新生

充分发挥昆明发电厂、滇缅铁路米轨遗迹等珍贵工业遗产的历史价值和教育价值，注入创意文化功能，延续文脉，重现昔日辉煌。

[融入风景] 保持凝聚精髓的自然风光

以保护滇池草海、碧鸡山等稀缺风景资源为前提，合理控制开发建设，整体提升景观品质，树立地区品牌形象。

[理顺廊道] 连通生态友好的环境要素

保留基地内各种生态廊道，弱化人工廊道对自然的负面影响，形成界面连续、尺度近人的廊道体系。

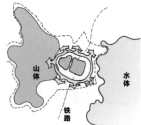

[塑造亮点] 引爆蓬勃创新的城市活力

植入大型文化创意、体育娱乐场馆，引入高端服务业，形成区域强吸引力极核，促进昆明西山区文化娱乐活动聚集、繁荣，引爆地区活力。

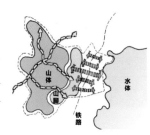

[借势快轨] 激活周边区域的振兴动力

依托即将建设的快速轨道交通设施，统筹各种交通方式的综合换乘，优化站点周边用地布局，助力区域振兴。

50 昆明滇池西岸北段华电地段综合开发概念规划
Conceptual Planning for Comprehensive Development of Former Huadian Area at the West Bank of Dian Lake in Yunnan Province

277

规划平面

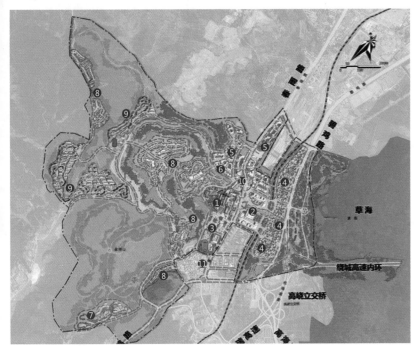

规划总平面示意图

图例

1 1956 西山文创园
2 文化体育综合场馆
3 民族文化产业基地
4 总部办公基地
5 商住混合区域
6 工艺坊及商业街
7 养生产业园区
8 山水景观住宅区
9 生态森林住宅区
10 普坪村地铁站
11 车家壁地铁换乘站

功能布局示意图

文化创意产业园区
高品质住宅区
总部办公区
商住混合区
综合文体娱乐区
民族特色体验区

节点设计

　　1956 西山文创园：利用原有电厂厂房的工业元素及特色构筑物，采用博物馆＋休闲景观公园＋购物旅游的开发模式，形成服务于整个昆明市的文创产业园区。

1956 西山文创园效果图

铁路上盖效果图

　　铁路上盖：弱化铁路线对地段的交通阻隔，建立文化娱乐核心—商务景观节点—滨水景观带的整体联系，同时丰富场地内的竖向立体景观效果，使整个公共空间充满活力。

休闲茶座示意图

集散广场示意图

附录：相关研究成果

01 整合环境与历史风貌，整体保护北京皇城
——以环境整治为核心的皇城保护策略

宋晓龙　廖正昕
（刊于《城市规划》2006 年 02 期）

图 1　皇城鸟瞰（第二次世界大战时期拍摄）
（资料来源：国家历史博物馆遥感与航空摄影考古中心）

北京皇城始建于元代，主要发展于明清时期，是一座拱卫紫禁城安全和为帝王统治服务的皇宫外围城。它是中国封建社会都城中唯一完整地保存至今，以满足皇家工作、生活、娱乐之需为主要功能的特殊城池；是以皇家宫殿、园囿、御用坛庙、衙署库坊为主体，以平房四合院民居为衬托的，具有浓厚的皇家传统文化特色的历史文化保护区。

2002 年 10 月，北京市政府批准实施的北京历史文化名城保护规划第一次将皇城整体列为第二批历史文化保护区；2003 年 4 月，北京皇城保护规划编制完成并得到北京市政府批准，对皇城进行整体保护成为政府和社会的共识。

皇城的规划范围为东至东黄（皇）城根，南至东、西长安街，西至西黄（皇）城根、灵镜胡同、府右街，北至平安大街，占地面积约 6.8km²。根据其历史与现实的实际情况，整体保护皇城必须从环境整治入手（图 1）。

1 皇城历史与现状空间特征

1.1 皇城的历史空间特征

1.1.1 功能性质较为稳定的区域

历经各时期的建设，形制日趋完备，成为皇城内的精华和主体景观。

（1）一圈皇城城墙：高大、封闭而连续，明确界定了皇城和外部城市空间的关系。

（2）一条城市中轴线：由皇城的天安门、午门、故宫三大殿、神武门、景山万春亭等构成的城市中轴线向北直达钟鼓楼，向南延伸至永定门。

（3）一座宫城：巍峨庄严的紫禁城成为皇城的空间核心。

（4）两座礼制建筑：太庙和社稷坛，附会"左祖右社"的礼法制度。

（5）一座风水山：作为全城制高点和明北京内城几何中心的景山。

（6）一座皇家园林：北、中、南三海构筑了风景优美的园林景观。

（7）群体空间与色彩体系：低矮平缓、青灰色的四合院映衬高大雄伟、金碧辉煌的宫殿、坛庙。

1.1.2 功能性质较为变化的区域

历经各时期的建设功能与形态几经变化，成为皇城内主体景观的衬托和底景。

01 整合环境与历史风貌，整体保护北京皇城——以环境整治为核心的皇城保护策略
Integrate Environment and Historical Style, Conserve the Imperial City of Beijing: Conservation Strategy Focus on Environment Improvement

281

该区域主要指皇城内除宫殿、坛庙、园囿等直接为皇帝服务的场所之外的相关服务和居住区域。不同朝代其功能特征表现形式不同：在元代，是宫殿和园囿的过渡区域，以自然休闲空间形态为特征；在明代，主体为皇室服务的局、厂、作、库，以工作服务空间形态为特征；在清代，主体演变为皇宫服务人员的居住功能，以居住空间形态为特征；在民国及以后时期，增加了如行政办公、医疗、教育等新的功能，传统空间形态逐渐混沌。

1.2 皇城的现状空间特征

1.2.1 基本得到保护的区域

占皇城面积 50% 区域内的传统精华和主体景观基本得以保护和延续。

（1）皇城的中轴线：现状皇城中轴线南起天安门，经故宫三大殿、景山万春亭，北至已消失的地安门，全长约 2.7km，是明清北京城 7.8km 传统中轴线的最核心部分。

（2）皇城的宫殿与园林：皇城内拥有故宫、北海、中南海、景山公园、中山公园、劳动人民文化宫 6 大国家级文物保护单位，占地面积约 339hm²，占皇城面积的 49.7%。

（3）恢复和修缮的景观：皇城根遗址公园、菖蒲河公园、西什库教堂、普渡寺等得以恢复和修缮。

1.2.2 尚待完善的区域

一些关键历史空间元素在历史演变中消失，有待完善。

（1）皇城的边界：现状皇城的南边界、西南边界和东边界比较清晰，西、北边界比较模糊。边界特征已由传统的封闭性、明确性转化为开敞性、模糊性。

（2）皇城的城门：明清皇城有天安门、地安门、东安门、西安门四座城门，现状天安门保存完好，东安门遗址已展示，西安门和地安门已不存在，城门的地标作用丧失。

（3）皇城的河道：御河、织女河等历史河道有待恢复。

1.2.3 遭受破坏的区域

某些新的功能与建筑高度的失控，正严重影响着皇城的空间形态。

（1）皇城内的单位：皇城内有约 177 个包括行政办公、医院、学校等机构在内的单位，占地约 125hm²，占皇城

面积的 18%。由于其功能对大体量建筑的需求，成为对皇城空间形态冲击最大的因素。

（2）皇城内的建筑高度：除文物保护单位外，皇城内 1～2 层的建筑占地约 169hm²，占皇城面积的 24.8%；3～4 层的建筑占地约 31hm²，占皇城面积的 4.6%；5 层以上的建筑占地约 45hm²，占皇城面积的 6.6%；占皇城面积 11.2% 的 3 层以上建筑成为对皇城空间破坏的主导因素。

（3）皇城内的道路：皇城内有各类胡同 137 条，总长度近 35000m；有主要城市道路 15 条，贯穿皇城南北。规划的城市道路过宽成为破坏空间形态的又一因素。

2 皇城保护目标、原则与技术路线

2.1 保护目标

明确皇城历史文化保护区的性质，把皇城作为一个整体加以保护；正确处理皇城保护和现代化建设的关系，以环境整治为核心，改善皇城中的居住、工作条件，促进皇城整体风貌与空间格局的延续。

2.2 保护原则

皇城的保护应遵循如下原则：整体保护与分类保护相结合，最大限度保存真实历史信息的原则；有重点、分层次、分阶段逐步整治、改善和更新的原则；逐步、适度疏解人口的原则；严格控制皇城内建设规模和建筑高度的原则；文物保护单位的保护与合理利用相结合的原则。

2.3 技术路线

皇城整体保护研究的技术路线与流程见图 2。

3 皇城整体保护体系的建立

皇城以其独特的规划布局、杰出的艺术成就和成熟的建造技术，成为中国几千年封建王朝统治的象征，具有极高的历史文化价值。规划分 6 类构建皇城的整体保护体系。

3.1 世界文化遗产与文物保护单位

皇城内拥有世界文化遗产 1 处（故宫）、各级文物保护单位 63 个，总占地面积约 369hm²，占皇城面积的 54.1%，是皇城保护的核心内容。其中，国家级文物保护单位 9 个，市级文物保护单位 18 个，区级文物保护单位

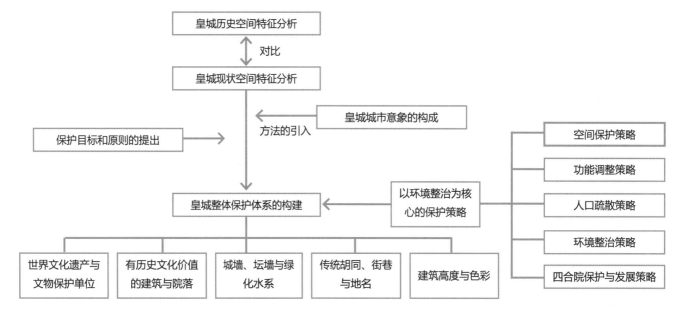

图2　皇城整体保护研究的技术路线与流程

6 个，普查登记在册文物 30 个，分别占文物保护单位总用地面积的 63.4%、34.4%、1%、1.3%。目前，文物的修缮、维护、腾退、合理化使用是皇城内文物保护工作的紧迫任务。与文物相关的各类建设活动必须按照文物法和各级文物保护单位的保护范围和建设控制地带的要求进行管理。

3.2 有历史文化价值的建筑与院落

皇城内共有各类大小院落 3264 个，其中具有一定历史文化价值的建筑或院落（非文物）[①]有 204 个，占院落总数的 6.3%；这些建筑或院落占地约 21hm²，占皇城面积的 3.1%。目前，这部分建筑或院落由于没有列入文物保护单位，正面临着被损坏或破坏的危险。规划要求按照文物保护的要求对其进行保护，并挂牌向公众明示。

3.3 城墙、坛墙与水系

皇城的主要城墙、城楼在民国时期已被拆除，许多坛庙、衙署的坛墙与院墙也残缺不全。据初步统计，皇城内现保存的城墙、坛墙遗存约有 41 处，其中依托于文物保护单位的一些墙体保存完好；而另外一些被埋没在密集的平房四合院建筑群落中，面临着损毁的危险。伴随着危房改造

和环境整治，应对这些历史墙体加以保护、修缮和展示，改善其周边环境。

历史上皇城内的主要水系北海、中南海、筒子河、金水河至今保存完好，菖蒲河已恢复。御河、织女河、连接筒子河和菖蒲河的古河道、连接北海和筒子河的古河道，有的已被填埋，有的已改为暗沟。对现有的水面及周边环境必须严格加以保护，对有恢复价值和可能的古河道（如御河等），应对其用地上的建设加以严格控制，为将来恢复古河道创造条件。

3.4 传统胡同、街巷与地名

历史上宫城之外的皇城空间曾是服务于皇室的各类机构、园囿。随着封建社会的衰落，皇城内的居住功能逐渐增强，才形成了现今曲折、自由的胡同和街巷体系，与皇城外整齐规则的胡同、街巷体系形成鲜明的对比。根据北京大学侯仁之先生对北京历史地理的研究成果，皇城内各个时期形成的有名称可考的胡同共有 137 条。

传统地名是北京历史文化名城保护的重要内容之一。皇城内的传统地名主要体现在现存的胡同和街巷名称上，

01 整合环境与历史风貌，整体保护北京皇城——以环境整治为核心的皇城保护策略

Integrate Environment and Historical Style, Conserve the Imperial City of Beijing: Conservation Strategy Focus on Environment Improvement

283

胡同与地名的保护应有机地统一。

3.5古树名木与绿化

皇城内的绿化系统可分为四个层次：（1）景山公园、中山公园等大型公园绿化。历史上它们曾是皇家祭祀和娱乐之所，公园内部有大量的古树、大树和绿地。总占地面积约207hm²，占皇城面积的30%。（2）新近建设的东皇城根遗址公园和菖蒲河公园，占地面积约7.7hm²，占皇城面积的1.1%。（3）规划的景观绿地、社区绿地等小型集中绿地。包括沿中轴路的带状绿地、沿古御河河道绿地等，以及分布在街区中的小型绿地，总占地面积约11.3hm²，占皇城面积的1.7%。（4）沿街行道树和分布在街区、四合院中的古树和大小树木。皇城中成百上千的树木构成了独特的自然景观，是营造皇城生态环境的重要组成部分。应积极保护树木，杜绝砍伐行为。以上四个层次的绿化，构成了皇城的绿地系统，应加以保护。

3.6空间尺度与色彩

皇城是北京旧城保护的核心，严格保护其传统的平缓、开阔的空间形态是皇城保护的中心任务之一。由于历史原因，在皇城内建设了许多多层和高层建筑，严重破坏了皇城优美的空间格局和形态。为了加强对皇城的整体保护，必须严格控制皇城内的建筑高度，禁止建设3层及3层以上的房屋。

4 以环境整治为核心的保护策略

4.1空间保护策略

保护规划规定，为保护平缓开阔的空间形态，在皇城内，对现状为1～2层的传统平房四合院建筑进行改造更新时，建筑高度应按照原貌保护的要求进行，禁止超过原有建筑的高度。对现状为3层以上的建筑，在改造更新时，新的建筑高度必须低于9m。对现状为平房四合院建筑的地区，必须停止审批3层及3层以上的楼房和与传统风貌不协调的建筑，以确保对皇城空间不造成新的破坏。

4.2功能调整策略

皇城，作为传统风貌保护区和传统城市核心区，城市土地功能调整应以保护城市历史信息、完善特定的城市功能为基本原则，尽可能保持现状用地中具有历史延续性、符合保护区性质的城市用地；尽可能调整与保护区的性质不符合，对环境、景观、风貌造成破坏的城市用地。

皇城的土地使用功能规划可分为12类，包括行政办公、商业金融、文化娱乐、医疗卫生、教育科研、宗教福利、居住、中小学和托幼等。规划以调整为主，现有公园绿地、行政办公用地、医疗卫生等用地面积基本不变，不在皇城内新建大型的商业、办公、医疗卫生、学校等公共建筑（表1）。

现状及规划用地平衡　　表1

用地代码	用地性质	规划		现状	
		用地面积（hm²）	百分比（%）	用地面积（hm²）	百分比（%）
C1	行政办公	66.89	9.80	70.24	10.29
C2	商业金融	17.43	2.55	20.3	2.97
C3	文化娱乐	123.55	18.10	115.33	16.89
C5	医疗卫生	13.23	1.94	13.28	1.95
C6	教育科研	2.54	0.37	4.35	0.64
C9	宗教福利	3.28	0.48	3.7	0.54
R	居住	122.94	18.01	136.52	2.00
R5	中小学、托幼	21.29	3.12	17.92	2.62
U	市政设施	1.3	0.19	0.46	0.07
W	仓储	0	0	0.3	0.04
M	工业	0	0	4.67	0.68
G	公共绿地	226	33.10	218	31.93
	在建	0	0	1.78	0.26
S	道路广场	84.33	12.35	75.91	11.12
合计	规划范围	682.76	100.00	682.76	100.00

原则上外迁与皇城性质不符的工业用地和仓储用地。结合全市教育资源整合规划，将本地区原有小学、中学和职高予以合并调整，取消编制不健全和配套设施严重不足的学校。对占用皇城内的文物保护单位且使用不合理的单位，应积极创造条件进行外迁，改变用地性质为文化娱乐等用地，从根本上改善文物的使用环境。

4.3 环境整治策略

通过分析皇城的历史演变和现状情况，皇城整体环境的整治内容可分为如下几个方面。

4.3.1 严格保护6大文物保护单位，保护皇城内的中轴线及其现存的重要景观点

景山公园、故宫、中山公园、劳动人民文化宫、北海、中南海这6大文物保护单位是皇城保护区内最精华的部分，是保护工作的重中之重。

4.3.2 重塑皇城边界，特别是皇城的西、北边界

首先，准确勘测皇城墙的位置，沿城墙古迹的地面做特殊铺装处理，向人们展示；其次，沿皇城西、北的建筑边界规划一条不小于8m的绿化带，示意皇城的范围。在西安门、地安门所在位置两侧的用地中规划集中绿地，示意皇城城门的所在地。研究探讨西安门、地安门复建的必要性、可行性和合理性。

4.3.3 强化中轴路景观

保持地安门内大街现有道路红线50m宽度不变，在红线范围内路板东西两侧规划10m宽的绿化带；拆除景山西街东侧、景山公园西墙外侧的房屋，恢复成绿地或河道，在原御河古河道所在的位置，规划一条宽15～20m宽的绿带，严格控制相关建设，恢复古御河；沿景山后街、西街、东街的两侧，结合环境整治规划一条5～10m宽的绿化带；保持景山后街、西街、东街、前街、南北长街、南北池子大街、东华门大街、西华门大街现状道路宽度不变；保护道路两侧的行道树木，形成沿中轴路的绿地系统，强化中轴路的城市景观。

4.3.4 进一步加强文物保护单位的保护、修缮、腾退和合理利用

应使皇城内文物保护单位成为皇城文化的重要展示场所，首先改善大高玄殿、宣仁寺、京师大学堂、智珠寺、万寿兴隆寺等文物的环境。逐步采取措施改善社稷坛、太庙、北海蚕坛、故宫等文物保护单位内的环境。

4.3.5 加强对有历史文化价值的建筑或院落的保护和修缮

先期选择2～6片有价值院落（真如镜胡同、张自忠故居、互助巷47号、会计司旧址、帘子库、北河等周边地区）比较集中的区域作为进行房屋修缮、疏解居民、拆除违章建筑、改善居住环境的试点，为普通民居的保护积累经验。

对在皇城环境整治过程中发现的，经考证为真实的历史建筑物或遗存，必须妥善加以保护，并加以标示。

4.3.6 采取坚决措施，分阶段拆除一些严重影响皇城整体空间景观的多层建筑

近期需拆除的建筑有：陟山门街北侧的6层住宅楼、景山公园内搭建的圆形构筑物、京华印刷厂烟囱、欧美同学会北侧的市房管局办公楼、北池子大街北端的北京证章厂办公楼等5处；中期应重点整治文物保护单位内部及周边，主要道路两侧的多、高层建筑，如故宫内的第一历史档案馆以及京师大学堂旧址内、皇史周边、西什库教堂周边、北海北侧多高层住宅楼、南长街的警卫局大楼等。经过努力，在未来逐步还故宫一个良好的人文、历史和生态环境。

4.3.7 对于与皇城风貌不协调的建筑，应加强整饰

对建筑质量较好且与皇城传统风貌不协调的多层住宅，应加强整饰工作。现状多层建筑特别是多层住宅大多为平屋顶，建筑形式、色彩与皇城传统风貌差异很大，应采取强制性措施将多层建筑的平屋顶改造成坡屋顶，坡屋顶颜色以青灰色调为主，不得滥用琉璃瓦。对新审批的建设项目，无论建筑高低，均应严格要求屋顶的形式。增加坡屋顶是减弱多层建筑对传统风貌破坏的最有效和可操作性的手段，应在旧城范围内积极推广。

4.4 人口疏解策略

保护区内现状人口密度已达570人/hm²，应严格调控。迁出具有历史、文化和艺术价值的居住院落的人口；保持原居住人口密度低于每百平方米4人以下的院落居住密度；控制原居住人口密度在每百平方米4～7人的现状院落居

01 整合环境与历史风貌，整体保护北京皇城——以环境整治为核心的皇城保护策略
Integrate Environment and Historical Style, Conserve the Imperial City of Beijing: Conservation Strategy Focus on Environment Improvement

285

住人口的发展；降低现状居住人口大于每百平方米 7 人的院落到以下。结合住房产权制度的改革以及旧城外新区的土地开发，逐步向外疏解皇城内的人口，使皇城历史文化保护区内人口控制到 4 万以下的合理规模。

4.5 四合院保护与发展策略

皇城内，除了对文物保护单位和有价值的建筑及院落进行保护外，还存在着大量建筑质量一般、但保持着传统肌理和空间形态的普通四合院，占地约 28hm²，占皇城面积的 4.1%。这类建筑应以修缮、维护为主，强调以院落为单位进行"微循环式"的改造与整治，满足历史文化保护区小规模渐进更新的要求。同时，尽快研究住房产权私有化等制度的改革，制定房屋整治与修缮细则，对四合院沿街立面和建筑形式、尺度、色彩、型制和材料加以规定，注重文化内涵，引导以居民为主体的自发改造。

小结

目前皇城的整体保护依然面临严峻的形势，南池子、南北长街部分地区已改造完毕，府右街、三眼井地区改造又在酝酿中，我们期望各类改造建设活动应在北京皇城保护规划的指导下进行，我们期望皇城的保护、实施和规划管理能走上法制化的轨道，使皇城的整体历史风貌得以长久延续。

注释

① 所谓有历史文化价值的建筑或院落，是指那些尚未列为文物保护单位，但建筑形态或院落空间反映了典型的明清四合院格局或近代建筑特征的，具有真实和相对完整的历史信息的传统建筑。它们有的曾是寺庙，有的曾是衙署库坊，有的曾是官宦府邸，有的是名人故居或大户居所，由于保存较好，成为历史某一阶段生活的真实写照。

参考文献

[1] 侯仁之 . 北京历史地图集（一）[Z]. 北京：北京出版社 ,1997.
[2] 董光器 . 北京规划战略思考 [M]. 北京：中国建筑工业出版社 ,1998.
[3] 王景慧 , 等 . 历史文化名城保护理论与规划 [M]. 上海：同济大学出版社 ,1999.

02 北京编制第二批历史文化保护区保护蓝本

宋晓龙　吕海虹

（刊于《北京规划建设》2004 年 04 期、05 期）

图 1　北京第二批历史文化保护区之郊区 10 片

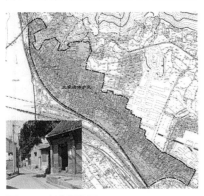

图 2　三家店保护区

图 3　京西古道

自 1999 年以来，北京市逐步加强了对历史文化保护区的规划编制工作，2002 年完成了第一批 25 片保护区的规划编制，2002 年 10 月在批复的《北京历史文化名城保护规划》中又确定了第二批 15 片历史文化保护区名单，其中郊区有 10 片：丰台区宛平城、石景山区模式口、门头沟区三家店、门头沟区川底下、延庆县榆林堡、延庆县岔道城、焦庄户、密云县古北口、密云县遥桥峪、小口、海淀区西郊清代皇家园林（图 1 ~ 图 3）。旧城有 5 片：皇城、东城区北锣鼓巷、东城区张自忠路北、东城区张自忠路南、宣武区（现为西城区）法源寺。

2003 年 9 月，由北京市规划委员会牵头，北京市城市规划设计研究院、北京市文物局共同组织清华大学、北京建工学院、北京工业大学、中国建筑设计院、中科院北京建筑设计院、北京规划院 6 家高校、设计单位正式启动对第二批历史文化保护区的规划编制工作，直至 2004 年 3 月编制完成，历时约半年。本次规划工作具备如下特点：政府组织，专家把关，社会参与，工作系统；制定统一编制标准，突出郊区保护区特色；明确保护的基本概念，强调保护区的保护与可持续发展；明确保护对象，明确更新对象，强调风貌保护，严格高度控制强调院落作为保护更新的基本单位，

改善街区道路与市政基础条件。

规划标准研究

规划标准是各片规划成果协调统一的保证，是完成规划编制工作的基础。由于旧城和郊区的保护区特点有所不同，标准也有所区别。旧城内第二批历史文化保护区继续沿用第一批 25 片历史文化保护区规划编制标准；郊区保护区保护规划编制标准在第一批 25 片历史文化保护区规划编制标准基础上进行深化、补充和完善，重点突出郊区保护区的规划特色。郊区保护区规划编制标准具有以下特点。

（1）规范基本术语，如传统风貌、传统建筑以及一般传统建筑的定义等。

传统风貌：指具有较为悠久的历史文化特征的城镇、村落、街区等整体建筑风格及其与自然景观、人文环境相融合的整体面貌。北京地区以明清建筑风格为主导，兼顾民国时期的近代建筑所形成的整体建筑风格与面貌。

传统建筑：指中华人民共和国成立以前，特别是民国以前建造的建筑。

保护建筑：指尚未列入文物保护单位，但建筑形式基本完好、建筑风格特征鲜明、建筑布局基本完整，建筑维护状况较好，具有一定历史、科学和艺术价值的传统建（构）筑物。此类建筑应参照文物保护单位的保护方法进行保护。

一般传统建筑：除文物保护单位和保护建筑之外的传统建（构）筑物。此类建筑的突出特征是虽然建筑维护状况较差，但其建筑物上仍留存着一些能真实反映城镇、村落、街区历史风貌和地方特色的历史建筑构件。此类建筑在改善、维修过程中，尽量设法保留历史建筑构件。

协调性建筑：指与历史文化保护区的传统风貌比较协调的非传统建筑。

不协调性建筑：指与历史文化保护区的传统风貌不协调的非传统建筑。

修缮：对文物古迹的保护方式，包括日常保养、防护加固、现状修整、重点修复等。

改善：对一般传统建筑所进行的基本保持原有外观特征，调整、完善内部布局及设施的建设活动。

保留：对与传统风貌没有冲突的协调性建筑可予以保留。

整饰：在保护区中存在的某些建筑，其形式或外观装饰与传统建筑风貌极不协调，对这类建筑的形式和外观所进行的使其与传统风貌相协调的修饰、整理活动。

更新：对与传统风貌有冲突的不协调性建筑所进行的改造、新建活动。

整治：为体现历史文化名城和历史文化保护区风貌完整性所进行的各项治理活动。

（2）保护与控制的层次。历史文化保护区分两个层次进行保护和控制，第一是历史文化保护区，第二是建设控制区。对保护区和建设控制区提出高度控制要求：重点保护区内的建筑高度要求按照传统建筑的原貌进行控制；建设控制区的建筑高度控制分为四个层次：非建设地带、低层区（9m以下）、多层区（9～18m）、中高层区（18m以上）。

（3）增加了对保护区中体现历史文化价值的历史遗迹进行保护的要求。

（4）增加了对保护院落进行调查和分析的要求，提出建立保护院落档案。

（5）重视保护区内部及其周边道路系统研究，增加了对保护区内道路宽度调整变化的分析。

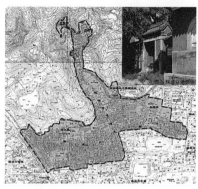
图4　模式口保护区

（6）规范最终成果要求，包括文本、说明、表格、图纸的内容及格式。

（7）本次规划标准对历史文化保护区内建筑的历史文化价值评估进行了更为深入的研究，划分为五类：

第一类：国家、市、区级文物保护单位，保护整治方式为修缮；

第二类：具有较高历史文化价值的传统建筑，保护整治方式为修缮；

图5　模式口承恩寺

第三类：尚存有历史信息的传统建筑，保护整治方式为改善；

第四类：与传统风貌比较协调的建筑，保护整治方式为基本保留、有机更新；

第五类：与传统风貌不协调的建筑，保护整治方式：近期整饰、适时更新。

评定现状建筑风貌标准主要依据为：传统历史文化背景，建筑空间布局与形态，以及建筑形式。

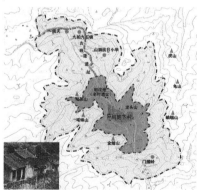
图6　川底下保护区

郊区10片历史文化保护区规划编制

1.郊区保护区的分类

郊区保护区大致可分为四类。

（1）古村落类：以民居为主体保存完好的古村落，多沿京城古道发展而来，

图7　川底下现状

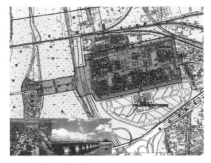

图8 宛平城保护区

图9 宛平城及卢沟桥现状

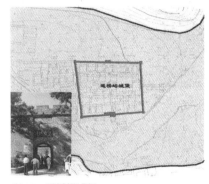

图10 遥桥峪城堡

图11 遥桥古堡现状

村落格局完整，四至边界自由，与周围环境融为一体，在历史上都曾经有过一定的经济繁荣时期。

这一类保护区主要有：三家店、模式口、川底下历史文化保护区。

（2）城堡类：多由军事设施演变为民居村落，具有明确的城墙作为四至边界，格局严谨，布局方正。

这一类保护区主要有：卢沟桥宛平城、遥桥峪城堡、小口城堡、榆林堡、岔道城历史文化保护区。

（3）风景园林类：以风景园林为主的保护区。

这一类保护区主要有：西郊清代皇家园林历史文化保护区。

（4）特殊类：主要指具有特殊的周边环境（关隘等）和历史文化背景的保护区。

这一类保护区主要有：焦庄户、古北口历史文化保护区。

2. 郊区保护区规划编制概述

（1）三家店历史文化保护区：位于门头沟区永定河北岸，是京西古道沿线的古村落，保护区面积31.15hm²，建设控制区面积85.15hm²。保护区内有各级文物7处，古树名木16棵，历史遗存1处，保护院落26处，与煤业发展有关的建筑群以及多处保护院落成为此地独特的景观。

（2）模式口历史文化保护区：位于石景山区西北部，是京西古道沿线的古村落，保护区面积35.6hm²，建设控制区面积173.6hm²。保护区内有各级文物5处，古树名木38棵，历史遗迹15处，保护院落12处，文物级别高，历史遗迹丰富是保护区的主要特色（图4、图5）。

（3）川底下历史文化保护区：位于门头沟区斋堂镇，是明清时代京城西古驿道上的古商贸及宗族聚居村落。保护区面积为22.6hm²，建设控制区面积为120.1hm²。保护区整体为市级文物，有古树名木8棵，历史遗迹21处，保护院落71处，典型的风水格局、完整的民居村落环境、灵巧的山地四合院等成为保护区的主要历史文化特色（图6、图7）。

（4）卢沟桥宛平城历史文化保护区：位于丰台区，是历史上护卫京城的防御性城池，保护区面积32.5hm²，建设控制区面积190.1hm²。卢沟桥、宛平城是国家和市级文保单位，也是震惊中外的"卢沟桥事变"的发生地，具有重要的历史和革命纪念意义。保护区内有区级以上文物3处，历史遗迹约10处（图8、图9）。

（5）遥桥峪城堡、小口城堡历史文化保护区：分别位于密云县新城子乡的东部及北部，是由军事设施演变来的民居村落古城堡，遥桥峪、小口保护区面积分别为20.3hm²、10.9hm²，建设控制区联成一体，面积为645.4hm²。遥桥峪城堡城墙、小口城堡城墙均为县级文物，至今保存完好。遥桥峪城堡有古树名木1棵，历史遗迹11处，保护院落6处；小口城堡有历史遗迹11处，保护院落14处（图10～图13）。

（6）榆林堡历史文化保护区：位于延庆县康庄镇西南，是北京现存规模最大、保存最完整的古代驿站遗存，保护区面积为53.96hm²，建设控制区面积为305.98hm²。保护区有古树名木1棵，历史遗迹16处，保护院落90处，榆林堡城遗址为县级文保单位，其"凸"字形城郭及典型堡寨式聚落布局成为保护区的主要特色（图14、图15）。

（7）岔道城历史文化保护区：位于延庆县八达岭镇，是长城军事防御体系中八达岭关口的重要组成部分，保护区面积为21.6hm²，建设控制区面积为113.9hm²。保护区有古树名木3棵，历史遗迹5处，保护院落1处，古城墙城门、烽火台成为保护区的历史文化特色（图16、图17）。

（8）焦庄户历史文化保护区：位于顺义区龙湾屯镇，1943年，当地党组织和群众，利用地道和日寇周旋作战，创造了抗战时闻名中外的"地道战"，被誉为"人民第一堡垒"，是以抗战地道战遗址为主体的保护区。保护区面积为28.8hm²，建设控制区面积为157.5hm²，保护区有历史遗迹15处，保护院落46处，地下地道空间为其主要特色（图18、图19）。

（9）古北口历史文化保护区：位于密云县古北口镇，为古代军事要冲、商贸重镇。保护区面积为40.3hm²，建设控制区面积为615.95hm²。保护区内有区级以上文物9处，历史遗迹15处，保护院落119处，保护区内现存多处文物遗迹，并与其周边的古北口长城形成独特的历史文化景观（图20、图21）。

（10）西郊清代皇家园林历史文化保护区：本次规划未包括。

3. 郊区保护区的指标综合分析

郊区历史文化保护区总用地为2705.41hm²，其中重点保护区297.63hm²，建设控制区2407.78hm²，保护区规划总人口约17230人，比现状

人口约增加340人。由于大多数郊区保护区的人口密度相对较低，因此目前除模式口、宛平城需要迁出人口外，其余各保护区可以保持或适当增加人口。

郊区保护区（除西郊清代皇家园林历史文化保护区外）合计有区级以上文保单位30处，古树名木67棵，有历史遗迹约120处，保护院落385处。

统计显示，郊区历史文化保护区用地功能结构调整后有一定的变化，具体包括：公建、文物、绿地、道路用地增加；居住、托幼、中小学用地下降；工业用地全部迁出，总建设用地增加（主要表现为焦庄户保护区建设用地增加）。

郊区历史文化保护区的道路结构也有调整：小于3m的胡同减少了3～5m、5～7m、大于7m的胡同均有所增加，停车面积增加较多，城市道路有所增加。保护区规划总建筑面积约54.3万m²，其中文物建筑面积约7.9万m²，保护类建筑面积约1.6万m²，改善类以上建筑面积约14.5万m²，改善类以上建筑占保护区总建筑面积的26.7%。

旧城5片历史文化保护区规划编制

1. 旧城5片保护区规划编制概述

（1）张自忠路北历史文化保护区：位于东城区，南至张自忠路，北至香饵胡同，东至东四北大街，西至交道口南大街，保护区面积为42.11hm²。内有和敬公主府、段祺瑞执政府等区级以上文保单位8处，普查在册3处，古树名木12棵，保护院落82处。

（2）张自忠路南历史文化保护区：位于东城区，北至张自忠路，南至东四

图12 小口城堡

图13 小口城堡保护院落

图14 榆林堡保护区

图15 榆林堡保护院落

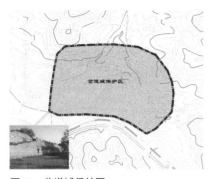

图 16　岔道城保护区

图 17　岔道城城墙遗迹

图 18　焦庄户保护区

图 19　焦庄户地道

西大街，东至东四北大街，西至美术馆后街，保护区面积为 62.81hm²，建设控制区面积为 12.92hm²。有区级以上文保单位 2 处，普查在册 2 处，古树名木 45 棵，历史遗迹 2 处，保护院落 50 处。

（3）北锣鼓巷历史文化保护区：位于东城区，北至车辇店胡同、净土胡同、国兴胡同，南至鼓楼东大街，东至安定门大街，西至赵府街、草场北巷，保护区面积为 37.5hm²，建设控制区面积为 13.1hm²。街区较为完整地保持了元大都建成时期的街巷形，内有区级以上文保单位 2 处，普查在册 3 处，古树名木 24 棵，保护院落约 20 处。

（4）法源寺历史文化保护区：位于宣武区（现为西城区），北至法源寺后街，南至南横西街，东至菜市口大街，西至教子胡同，保护区面积为 14.18hm²，建设控制区面积为 7.32hm²。是以唐法源寺为核心，以宗教、小商业和市民居住为主的城市街区，有文保单位 5 处，保护院落 27 处。

2. 旧城 5 片保护区的指标综合分析

据统计，旧城历史文化保护区的总用地面积为 189.94hm²，其中重点保护区 156.6hm²，建设控制区总用地面积为 33.34hm²，保护区规划总人口约 34110 人，需要从现状人口中迁出约 26480 人，旧城保护区现状的人口密度较高，规划要求适度降低人口密度，创造较为舒适的生活环境。四片保护区合计有区级以上文保单位 17 处，普查在册 8 处，古树名木 88 棵，有历史遗迹约 52 处，保护院落约 208 处。

统计显示，旧城历史文化保护区用

地功能结构经过调整，有一定的变化，具体反映在：居住用地、公建、绿地、道路用地略有增加；托幼、中小学、文物（主要为法源寺）用地略有下降；工业用地全部迁出。

旧城历史文化保护区的道路结构也有一定的调整：小于 3m 的胡同、3 ~ 5m 的胡同略有上升，5 ~ 7m 的胡同略有下降，大于 7m 的胡同增加较多，停车面积增加较多。

保护区规划总建筑面积约 117 万 m²，其中文物建筑面积约 3.41 万 m²，保护类建筑面积约 8.84 万 m²，改善类以上建筑面积约 37.1 万 m²，改善类以上建筑占保护区总建筑面积的 31.7%。

旧城第一、二批保护区综合分析

旧城第一批历史文化保护区有 25 片，总占地面积为 1038hm²，占旧城总面积的 17%，其中重点保护区 649hm²，建设控制区 389hm²。

皇城历史文化保护区占地面积约为 680hm²，占旧城总面积的 10.9%。旧城第二批历史文化保护区有 5 片，除皇城外，总占地面积为 189.94hm²，占旧城总面积的 3%，其中重点保护区 156.6hm²，建设控制区总用地面积为 33.34hm²。合计旧城内有第一、二批历史文化保护区 30 片，总占地面积约为 1277hm²，约占旧城总面积的 20.4%。旧城第一、二批历史文化保护区及其建设控制区总面积为 1663hm²，约占旧城总面积的 26.6%。

（注：本文只作为规划研究，以政府公布为最终结果。）

建筑历史文化价值评估分类分析表（9 片郊区保护区）

表1

分类	建筑的历史文化价值评估分类	保护与整治方式	建筑面积（m²）	比例（%）
I	文物类建筑	修缮	78600	14.46
II	保护类建筑	修缮	15580	2.87
III	改善类建筑	改善	50700	9.33
IV	保留类建筑	基本保留，有机更新	272400	50.12
V	更新类建筑	近期整饰，适时更新	126200	23.22
	总建筑面积		543480	100

建筑历史文化价值评估分类分析表（4 片旧城保护区）

表2

分类	建筑的历史文化价值评估分类	保护与整治方式	建筑面积（万 m²）	比例（%）
I	文物类建筑	修缮	3.41	2.91
II	保护类建筑	修缮	8.84	7.56
III	改善类建筑	改善	24.86	21.25
IV	保留类建筑	基本保留，有机更新	24.70	21.11
V	更新类建筑	近期整饰，适时更新	55.19	47.17
	总建筑面积		117	100

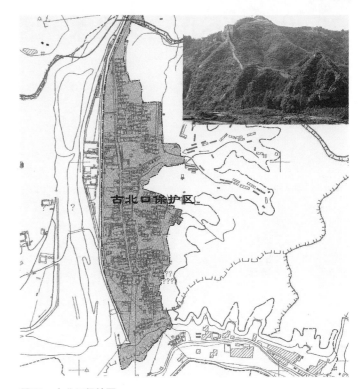

图20 古北口保护区

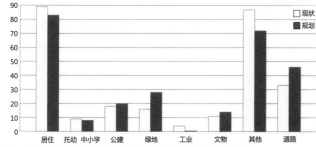

图22 郊区 9 片历史文化保护区用地功能规划前后分析图
（单位：hm²）

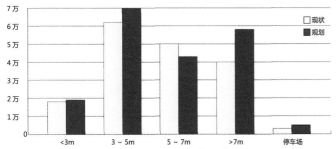

图23 旧城 4 片历史文化保护区道路面积规划前后分析图
（单位：m²）

图21 古北口长城

03 北京郊区历史文化保护区保护与新农村特色建设

宋晓龙　吕海虹

（刊于《北京规划建设》2006 年 03 期）

图 1　北京郊区历史文化保护区分布图

图 2　川底下村全景

图 3　川底下村现状

图 4　榆林堡保护区

图 5　焦庄户地道遗迹

2004 年北京市共有行政村 3985 个，其中有相当数量的村庄属于历史悠久、特色鲜明的历史村落。在当前贯彻落实北京城市总体规划，实现城乡统筹发展，建设社会主义新农村的热潮中，如何提高因地制宜的意识，尊重历史，延续风貌，强化乡村特色、地方特色和民族特色，依然是今后村庄规划与建设中面临的重大课题。北京郊区 10 片历史文化保护区，大多是具有历史、文化、地方特色的村落。保护规划与村庄规划的有机结合，对强化新农村的特色建设有很强的示范意义。

郊区历史文化保护区概况

郊区保护区名单

2002 年《北京历史文化名城保护规划》确定了第二批 15 片历史文化保护区名单。其中郊区有 2 片：丰台区宛平城、石景山区模式口、门头沟区三家店、川底下，延庆县榆林堡、岔道城、焦庄户，密云县古北口。遥桥峪（含小口），海淀区西郊清代皇家园林（图 1）。

郊区保护区主要数据

通过统计，郊区历史文化保护区的总用地面积为 2705.41hm²，其中重点保护区 297.63hm²，建设控制区总用地面积为 2407.78hm²。保护区规划总人口约 17230 人，比现状人口约增加 340 人，由于大多数郊区保护区的人口密度相对较低，因此目前除模式口、宛平城需要迁出人口外，其余各保护区基本可以保持或适当增加人口。郊区保护区（除西郊清代皇家园林历史文化保护区外）合计有区级以上文保单位 30 处，古树名木 67 棵，有历史遗迹约 120 处，保护院落 385 处。

郊区新农村特色建设的策略

北京坚持"先安全、后生存、再发展"的策略。将村

03 北京郊区历史文化保护区保护与新农村特色建设
Conservation of Historic-cultural Districts and New Countryside Construction in the Suburb of Beijing

293

庄发展分为三类：迁建安置、城镇化整理、保留发展。对于传统风貌特色明显的搬迁村落，要积极予以保留、保护，结合旅游，合理利用；对城镇化建设地区涉及的有保护价值的历史村落，要将村落保护和城镇化建设有机结合，让传统文化与现代生活和谐共存；对保留原址发展的有历史价值的村落，其历史演变，传统风貌和地方特色可以通过规划—管理积极加以延续和保护。

因地制宜，加强自然资源的保护和利用——村庄作为农民世世代代生活的场所，自古以来与自然、大地、风水密切相关，许多村庄的选址，巧借自然山水，地形地势，村庄形态和自然地貌有机结合，与大地共生，形成独特的村庄特色。如川底下村是明清时期京城西古驿道上的古商贸及宗族聚居村落，村庄典型的风水格局，完整的民居村落环境，灵巧的山地四合院，依山就势形成的自然村落形态，震撼人心。卢沟桥宛平城是历史上护卫京城的防御性城池，永定河和城桥有机组合的自然环境是保护的根本任务（图2、图3）。

传承历史，加强传统风貌的保护和延续——许多村庄发展历史悠久，村落布局和建筑形态独具一格，反映了农民的生活方式和审美情调。这些村庄像一幅幅典雅的雕刻镶嵌在广袤的田野之上，展现出人类与自然和谐共生的优美景象。三家店村是京西古道沿线的古村落，由于煤运和商贸较为发达，与煤业、贸易有关的北方院落建筑群得以发展，形成了独特的建筑形态。榆林堡村是北京现存规模最大，保存最完整的古代驿站，其"凸"字形城郭及典型堡寨式聚落布局成为村庄的主要特色，保护自古形成的传统风貌和传统格局，是村庄特色延续的传统条件（图4）。

和谐生活，加强人文精神的保护和发扬——随着城镇化的迅猛发展，许多农村人口向城镇的流动加速，出现村庄"空心化"和"衰败"的现象。如川底下村以前上百户，现在只有几十户。因此在保持村庄特色的同时，应积极改善农民生产、生活条件，加强村庄传统文化的保护和发扬，增强村庄的文化吸引力，加强人文精神的建设，将文化产业和旅游产业、服务业有机结合，促进村庄经济的发展。

有特色和风貌的村庄应当成为有活力、农民宜居的村庄。焦庄户村是抗战时闻名中外的"地道战"发生地，被誉为"人民第一堡垒"，地方政府将地道空间与村庄建筑的保护与发展有机结合，将旅游与教育有机结合，促进了焦庄户村经济、文化、生活的全面发展（图5）。

模式口村特色保持和规划思考

模式口村是郊区10片历史文化保护区之一，位于北京市石景山区中部，总用地面积为35.6hm²，现状户籍人口3400人，实际居住人口约为5350人。下面以模式口村的保护规划为例，来说明建设有特色新农村应当重点关注的问题（图6）。

村庄历史及特色

悠久的历史文化——模式口村历史发展悠久，原称为磨室口，曾定为燕国国都（公元前311年）。明代文献中有磨石口村为村名的记载，主要因其北部独特的地形地貌——模式口村西接太行，北枕燕山，西南有蜿蜒的永定河，位于蟠龙山和黑头山的连接处。山区盛产磨刀石而得名。1922年，磨石口村因成为北平市郊第一个通电的村庄，改名为模式口村，意为"诸村之模式"。

村庄沿山势自由布局，并形成旧时通往门头沟、张家口的模式口大街，成为京西一带享有盛名的军事、贸易重地。

完整的村落格局——模式口村沿1200m长的模式口大街线形发展，至今仍保留有完整的村落格局。街巷胡同肌理与尺度基本维持为传统形制，建筑形式多为坡屋顶的民居院落。通过调查，村内与传统风貌协调的各类建筑占总建筑面积的75%左右，非常破败的民居建筑大致占总建筑面积的5%左右。

丰富的历史遗迹——模式口村拥有丰富的文物古迹。有区级以上文物保护单位5处，12处保存完好的四合民居院落，还拥有丰富的历史遗存，如过街楼、古井、古桥梁等。

精湛的工艺艺术——模式口村还拥有众多的砖雕及彩绘艺术，如田义墓砖雕、法海寺壁画、民间砖雕、彩绘等，生动地表现了民间的生活场景。

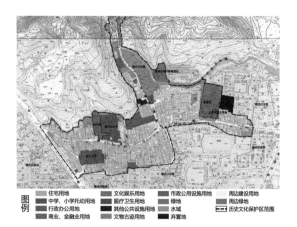

图6 模式口村土地使用现状图

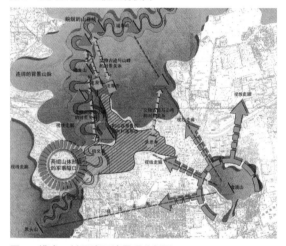

图7 模式口村周边环境景观分析图

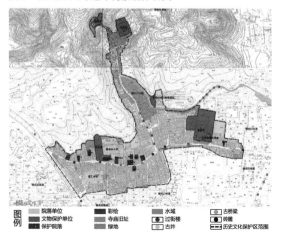

图8 模式口村历史文化遗迹分布图

村庄特色的保持

景观环境的保护与整合

第一，建立建设控制区的概念，并对历史村庄和建设控制区进行高度控制。在历史村庄周边设立建设控制区，可以保证历史村庄传统风貌的完整性。历史村庄内的建筑高度依据传统建筑的实际高度确定，超过3层的建筑远期考虑拆除或改造。建设控制区内的建筑应与历史村庄风貌相协调，不破坏历史村庄的整体环境，依据实际情况大致可分为非建设地带低层区（9m以下）、多层区（18m以下）、中高层区（18～30m）。

第二，保护历史村庄的整体环境景观。模式口村北侧和西南侧的两组山脉形成连绵起伏的自然山体背景，各山体之间以及村庄内文物保护单位的选址，也体现了与自然地形地貌的轴线对应关系，形成了若干条景观视廊，包括田义墓对蟠龙山轴线对景、法海寺对北侧山峰轴线对景等。应当严格保护这几条景观视廊的通畅与完整。

第三，整合历史村庄的自然人文景观资源。模式口村具备良好的自然景观和文化景观，只有通过整合景观资源，组织旅游线路，加大宣传力度，充分发挥该地区的资源优势，才能提高村落的活力。

在村庄中规划了五大景区：以田义墓及其周边宦官墓为中心的砖雕艺术景区；以模式口原官宦家族几处保存完好旧宅为中心的传统商铺及民居院落景区；以承恩寺为中心的寺庙艺术景区；以第四纪冰川擦痕遗迹为中心的地质遗迹景区；以法海寺为中心的壁画艺术景区。重点发展两条道路景观：模式口大街、法海寺通道。模式口大街沿线拥有丰富的文物古迹，为史迹走廊，突显其人文景观；法海寺通道蜿蜒，景色优美，为绿色走廊，突显其自然景观（图7）。

历史遗存的保护与整治

历史遗存是村庄历史文化的载体，规划对历史文化遗存采取分层次评估保护的方法（基本分为3个层次）。

各级文物保护单位——保护的核心内容按照文物保护法的相关规定进行保护和修缮，对占用文物保护单位但不具备保护和合理利用条件的单位和居民，采取措施对其予以外迁，改善文保单位使用环境。

各类完整的传统建筑——保护的重要内容：主要指12处尚未列入文物保护单位，但建筑形态或院落空间反映了典型的明清四合院格局或近代建筑特征的，具有真实和相对完整历史信息的传统建筑，保

03 北京郊区历史文化保护区保护与新农村特色建设
Conservation of Historic-cultural Districts and New Countryside Construction in the Suburb of Beijing

295

护方式可参照文物保护单位的保护方法。

各类历史文化遗存——保护的重要内容，应积极保护、合理恢复部分过街楼、古井、古桥梁、民间砖雕及彩绘等（图8）。

一般性建筑的整治与更新

除去保护性的建筑或遗存，对村落内一般建筑采取如下方式进行整治与更新。

改善类建筑：主要指保护区内有一定历史文化价值的建筑，主要采取改善的方式，维持原有外观特征，调整、完善内部布局及设施。

保留类建筑：与历史文化保护区传统风貌较为协调的建筑，采取基本保留、有机更新的原则，根据发展需要可进行小规模改造，但应保证更新建筑在空间布局、高度、材质、建筑形式等方面与街区传统风貌相协调。

更新类建筑：与历史文化保护区传统风貌不协调的建筑，采取近期整饰、适时更新的原则，近期对其立面外观进行整饰，在有条件的时候可予以拆除或改建，改建的原则应参照协调性建筑的更新方式。

村庄发展的重点

通过用地调整激发村庄的经济活力

在保持村庄作为"居住性街区"性质不变的前提下，发掘模式口大街的传统商业布局，形成以法海寺路口为商业中心，承恩寺周边、田义墓周边为两翼的商业格局，形成街区商业特色。对吸引流动人口的低价集贸市场进行改造，结合旅游配套服务设施的建设，提升经营档次，提高街区生活质量和旅游服务质量（图9）。

通过道路调整加强村庄的可达性

对外交通：在模式口村北侧山坡及南部规划城市道路，将对外交通分流至南北两侧，完整保留模式口大街，从而保护村庄的整体空间格局。

内部交通，尽可能保留原有街巷肌理和空间尺度，慎重拓宽及新辟街巷，建立村庄道路体系，完善保护区交通环境。

社会停车场规划在与外部道路交接处及大规模机动车交通可能发生处规划4处社会停车场，改善模式口村的停车问题（图10）。

通过绿化建设丰富村庄的绿化系统

模式口村绿化系统包括，山林背景绿化、街道公共绿化及院落绿化三个层面。

保护北部山林绿化背景的完整性，在文物背景山体上的城市道路设计采取退让80~100m的距离，并通过积极植树，保护村落的整

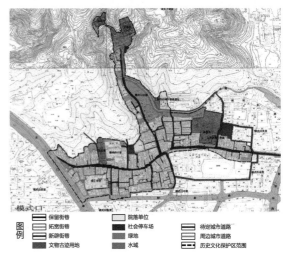

图9 模式口村土地使用规划图

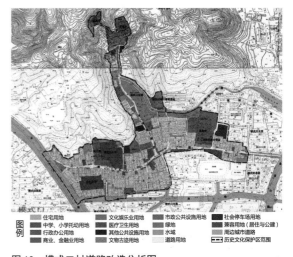

图10 模式口村道路改造分析图

体背景。在模式口大街东西入口、法海寺通道入口以及过街楼等历史遗迹周边规划集中绿地，形成绿化景观。在居住院落内通过局部绿化，种植乔木，形成较好的院落景观。

总之，保护整体环境是保护历史村庄整体风貌的根本；强化资源特色是激发历史村庄活力的手段，积极发展旅游是历史村庄保护与发展的必由之路；尊重历史、延续风貌、强化特色是建设特色新农村所遵循的基本原则。

04 从发展的视角看古村落的保护
——由山西大阳泉古村保护引发的思考

宋晓龙　王晓婷

（刊于《北京规划建设》2008 年第 4 期）

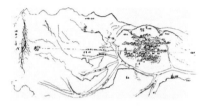

图1　古村落格局图（大阳泉村提供）

图2　大庙（摄影：回菲菲）

图3　龙王庙（摄影：袁媛）

具有上千年历史的古村落，是中国农耕文化的载体，在村落选址布局和民居建筑方面蕴涵着丰富的古代哲学思想，是当地社会发展、科学技术进步与文化艺术成就的重要见证。我国的古村落具有数量多、分布范围广、种类齐、特色鲜明、历史资源丰富、文化底蕴深厚、保护价值高等特点，在我国历史文化遗产中占有重要地位。

古村落保护的相关工作进展

随着经济的发展，在现代化和城市化的双重冲击下，古村落开始遭到不同程度的破坏，甚至逐渐消失。不少村落在进行经济发展和大规模建设的过程中，忽略了对历史文脉的科学保护，或一味采取拆旧建新、营造仿古建筑的做法，或单纯将遗产保护活动与社会发展、自然环境及其居民生活割裂对待。这些做法都不同程度地对村落的传统风貌造成破坏，将很多遗产变成"遗憾"。

在严峻的形势下，古村落的保护和发展逐渐得到了专家学者和社会各界的重视。从 20 世纪 80 年代开始，我国关于古村落的国际学术研讨与相关研究广泛开展。1986 年，国务院确定对文物古迹比较集中或能较完整地体现出某一历史时期的传统风貌和民族地方特色的街

区、建筑群、小镇、村落等应予以保护，划定为地方各级"历史文化保护区"，此时历史文化村镇保护的概念已经有所体现。2002 年版《中华人民共和国文物保护法》，首次将历史文化村镇保护纳入法制轨道。2003 年 10 月，建设部和国家文物局公布了首批中国历史文化名镇和历史文化名村，标志着我国历史文化村镇保护制度的正式建立。2005 年初，苏州颁布了《苏州市古村落保护办法》，是我国首个地级市关于保护古村落的地方性政府法规。2006 年，中共中央、国务院下发《中共中央国务院关于推进社会主义新农村建设的若干意见》。文件明确指出，新农村建设要突出乡村特色、地方特色和民族特色，保护有历史文化价值的古村落和古民宅。文件为古村落保护工作的开展提供了有力保障，社会主义新农村建设的开展也为古村落的发展提供了契机。

古村落保护的核心问题

如何有效地对村落的历史文化资源进行保护与利用，是古村落保护的核心问题。古村落空间格局、街巷肌理和有价值的院落、建筑等物质空间形态，既是村落的物质文化遗产，又是其非物质文化遗产的载体，具有高度的文物保护

价值、文化研究价值。寻找能够对历史文化资源进行整体保护的有效方法，并适应村落"动态"发展的要求，是古村落保护的首要任务。只有在实施保护修复的同时，使传统的空间、院落、建筑能够适应新的利用方式，才能巩固并延续保护成果。

如何挖掘古村历史文化价值与市场价值，形成特色产业，是支撑村落可持续发展的关键。特色产业不仅能够在经济上支持村落进一步可持续发展，而且如果产业定位、品牌形象、文化品位等方面能够与时代特征相契合，则能够逐渐成为地方精神的文化内核。

如何改善居住生活条件，解决人口合理迁移与安置等民生问题，也是需要回答的重要问题。产权关系复杂、居住条件较差、居住人口密度过大等都是古村落保护中的不利因素。在控制保护与发展资金总投入的基础上，既要改善村民的生活条件，又要避免整村迁移带来的生活场景与文化根源缺失问题。因此，制定合理适度的人口迁移政策与安置方案，是村落保护与发展规划能否贯彻实施的先决条件。

大阳泉古村保护与发展实践

村落基本情况

大阳泉古村隶属山西省阳泉市，地处城市南部市区边缘，距城市中心仅2km。村落历史悠久，民风淳朴，距今已有1000多年的历史，至今仍延续了山西地方特有的民风民俗与传统生活方式。村落占地面积约29.2hm²，房屋总面积约10万m²，村落常住总人口5359

人，居住人口净密度240人/hm²。

大阳泉古村历史悠久，凭借其优美的自然风光和宜人的生存环境，早在新石器时代，就有先民在此生息繁衍。北宋时期形成较大的村落。明清时期随着晋商的蓬勃发展，出现了以魁盛号为代表的商号十几家，因商业和集镇繁荣而远近闻名。村落文化底蕴深厚，在民艺与戏曲等方面达到了较高水平，颇受历史文化名人青睐。元好问、傅山等许多文人雅士在此聚集，并留下脍炙人口的诗篇；若梅、象峰等商贾名流在此定居；张穆等爱国名人义士在此成长。1947年，在阳泉确立创市时延用了古村的名字，古村落成为阳泉市的地祖名源。

大阳泉古村村落空间格局规整、历史文化遗存丰富，是山西省少有的保存较好、面积较大的，以明清时期地方传统建筑风貌为主体的，空间格局完整、建筑特色鲜明的古代集镇建筑群。古村选址考究，西部狮脑山东支脉环抱，南侧义井河水系盘绕，村落平面形态浑圆，呈"龟蛇之相"（图1）。村落布局规整、功能要素齐全：由大庙、义学堂、东阁、西阁、龙王庙等重要建筑构成完整的村落空间格局（图2、3）。街巷肌理清晰、尺度亲切宜人，由一条主街、四条支街和十八条巷道组成的村落街巷格局和步行胡同系统保存完整。古村现存建筑始建于元代，整体建筑风貌体现了明清时期山西民居特征（图4）。窑洞式建筑与砖木结构合院建筑有机结合，适应了地方的自然条件。村内民居大院选址讲究、布局合理（图5）；建筑上的木石

图4 古村落民居（摄影：回菲菲）

图5 古村落概貌（摄影：回菲菲）

图6 精美的建筑细部（摄影：回菲菲）

图7　龙头古槐（摄影：袁媛）

图8　保护与控制范围图

图9　院落更新改造方式规划图

雕刻装饰种类繁多、工艺精湛，造型精美，有很高的保护价值，是古人留下的珍贵遗产（图6）。除此之外，还保存了大量名木古树、漾泉泉眼、碑刻等其他丰富的人文自然遗迹（图7）。

大阳泉古村于2007年被确定为山西省阳泉市第三批文物保护单位，同时成为阳泉市申报"中国历史文化名村"的重点项目之一。

保护与发展规划

根据大阳泉古村落的现状情况，在对村落历史文化充分研究的基础上，着眼于村落未来的发展，规划主要将以下几个方面作为村落保护与发展的重点。

第一，坚持保护与发展并重，明确保护对象，分出保护层次，划定改造更新范围。将村落所在的区域整体考虑，将区域划分为重点保护区、建设控制区、景观生态区和外围建设发展区四个区划层次，其中重点保护区划分为原貌保护区与风貌保护区两个层次。对具有历史文化价值的重点保护区进行严格保护，对古村落周边的建设控制区进行有效控制，同时也在外围划定相应的建设发展区，为区域预留发展空间（图8）。在古村落中，根据院落及建筑的风貌和质量现状，将村落内的院落分级：对具有较高历史文化价值的院落进行保护与修缮，对具有清晰和典型的传统空间布局形态和传统建筑形式的院落采取保留改善的策略；对与传统风貌不协调或有冲突的院落进行改造与更新（图9）。

第二，根据村落的保护与建设分区，分别引入适合的新功能，带动地方文化、旅游、服务等相关产业的发展。重点保护区建筑的风貌与高度严格按照原貌控制。对于原貌保护区，建筑以保护修缮为主，利用古村落格局保存完整、有历史文化价值院落分布集中的优势，在保护与修缮后的传统院落中植入古村落文化博物馆的全新功能，用于展示山西地方特色历史文化，如村落历史沿革，晋商文化发展，名人生平、书画作品，古碑刻、砖雕、匾额等。古村落文化博物馆的营造使文物和有价值院落形成体系，是对重点保护区中文物和有价值院落的有效利用模式。对于风貌保护区，建筑以保留改善为主，并将非传统建筑集中的居住用地调整为混合型用地，在居住的基础上引入旅游接待、住宿、特色餐饮、手工艺品制作与销售等商业功能，作为特色旅游产业体系的补充。在风貌保护区边缘交通便利的非传统建筑区域，结合现状街道规划一条传统风貌商业街，开展能体现传统山西市井文化和风俗特征的商业活动。新规划的混合用地和传统商业街，在不破坏历史格局的前提下，丰富了古村落的功能层次，为旅游相关的其他产业入驻和发展提供足够的空间载体，是对重点保护区中非文物建筑的更新改造模式（图10、图11）。

第三，坚持文物保护与生态保护相结合，划定景观生态区，以城市生态公园建设为契机，带动古村整体环境的整治与改善。充分利用古村周边现有山体与水体环境，在村落旁边规划一个城市文化主题公园，同时在古村周边结合保留院落边界规划一条绿化带，使古村落与周边城市建设区之间适当隔离，形成

04 从发展的视角看古村落的保护——由山西大阳泉古村保护引发的思考
Conservation of Ancient Villages from a Developing Perspective: Take Dayangquan Ancient Village in Shanxi as an Example

299

一个利于保护的相对完整和独立的绿色生态环境（图12）。

第四，对区域用地进行统筹，在建设控制区和建设发展区中，以古村周边安置住宅建设为依托，带动古村人口合理迁移。建设控制区建筑高度控制为低层，建设发展区以多层和高层为主。在对古村进行保护和更新的同时，对现状人口进行合理的疏散与迁移，并在古村周边的建设发展区内规划用于安置村民的住宅用地，最大限度地满足村民外迁的需求，保障保护与更新工作的实施（图13）。

古村落保护与发展策略

以保护促发展，以发展带保护，坚持对历史文化资源的有效保护与利用策略。明确保护对象，分清保护层次，重点保护体现村落核心历史文化价值的空间格局、街巷肌理和有价值的传统院落、建筑。在保护的基础上，找到与村落的特色历史文化资源相对应的特色产业。特色产业的入驻既能够巩固保护成果，又能够合理利用资源，促进村落及所在区域的经济和社会发展。

重视民生与发展，坚持村民参与保护、就近就业、就近安置策略。村民对保护工作的多元化参与，能够在保存村落物质空间形态的同时保存村落原型生活，最大限度地体现古村落保护的文化本质。村民与特色产业的积极互动，能切实解决村民的就业与生活问题。在古村周边的建设发展区内对村民进行就近安置，能够最大限度地满足村民的居住愿望与要求。

强调建设步骤与资金平衡，坚持保护与发展双赢的策略。保护发展应采用分期滚动式建设模式，逐步实现规划目标。近期，由政府进行资金投入，对村落核心历史文化资源进行修缮与修复，完善外围道路与基础设施。通过招商引资等市场方式，建设外围的居住与相关配套服务设施，落实人口安置问题。中期，在政府的投入、市场支持与居民的共同参与下，以核心历史文化资源的保护，带动一般性村民住房的改造与更新，引入旅游休闲、文化创意等特色产业。特色产业的收益平衡前期投资，提升区域价值。远期，在市场经济的杠杆作用下，对区域土地进行合理利用与整合开发，以地方特色为核心的完整产业链形成，区域经济步入良性循环轨道。

（文中图纸由项目组成员王晓婷、黄倩、焦旻、刘凤洋共同绘制）

参考文献

[1] 苏州市人民政府.苏州市古村落保护办法.苏州房产信息网,2005-6-21.
[2] 中共中央,国务院.关于推进社会主义新农村建设的若干意见.新华,2006-2-21.
[3] 赵勇,张捷,章锦河.我国历史文化村镇保护的内容与方法研究.人文地理,2005,(1).
[4] 魏小安.古镇的价值你知道有多大.新华报业网－新华日报,2007-5-12.
[5] 中国建筑北京设计研究院有限公司·城市规划院.山西省阳泉市大阳泉古村保护与发展规划.2008.

图10 村落空间格局规划图

图11 村落空间格局分析图

图12 功能分区与景观结构分析图

图13 规划总平面图

05 片区文化遗产保护规划编制方法初探
——以《曲阜片区文化遗产保护总体规划》为例

宋晓龙　王晓婷　孙霄
（刊于《北京规划建设》2011年第5期）

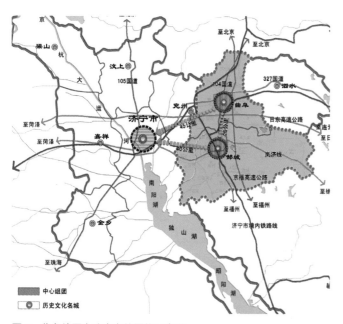

图1　曲阜片区在济宁市的区位示意图

图2　曲阜片区文化遗产保护总体规划规划思路图

片区文化遗产保护规划提出的背景

在全球化与快速城市化背景下，文化影响力逐步成为城市综合竞争力中的"软实力"。历史文化遗产是城市宝贵的财富，如果能够得到妥善的保护与集中合理的展示，不仅能展示城市独特的文化，同时也是城市发展的助力。区域性文化遗产保护是近年兴起的一种全新的遗产保护理念。目前，在国家层面上提出的西安、洛阳等大遗址片区和长城、丝绸之路、京杭大运河等线性文化遗产均属区域性文化遗产范畴。

曲阜片区是国家文物局继西安片区和洛阳片区之后以书面形式确定的第三个大型的文化遗产保护片区。曲阜片区是以曲阜、邹城两座国家历史文化名城为依托，以"四孔""四孟""寿丘少昊陵"等重要文物与遗址为载体的文化遗产集中区域。从文化脉络特征上来看，片区以儒家文化为代表，综合原始文明、古城文化、宗教文化等多种类型文化遗产，在中国历史与文明进程中具有突出的历史文化价值。为了全面有效地保护曲阜片区的历史文化遗产，以及这种独特的文化区位组合所存在的空间，2009年1月国家文物局办公室下发《关于曲阜片区文化遗产保护工作的意见》，该文件明确提出编制曲阜片区文化遗产保护规划的要求，统筹安排该区域范围内的文化遗产的保护和利用（图1、图2）。

文化遗产片区概念在国内尚属较新的文化遗产保护理念，此前提出的西安片区和洛阳片区都是大遗址片区，针对片区的研究多停留在概念阶段，此次针对曲阜片区的文化遗产保护规划是目前我国首例片区文化遗产保护总体规划，该规划在编制内容与编制方法上都具有很强的探索性与创新性。

文化遗产片区的概念与保护规划的原则

文化遗产片区是指具有一种或几种典型性文化脉络特征的历史文化价值很高的各类文化遗产集中的区域。文化遗产片区具有四个典型特征。首先，片区覆盖的面积较大，由于文化遗产片区主要是依据重要文化遗产及遗产群在空间上的分布特点划定的，因此文化遗产片区多具有跨城市的行政区划的特点，有些大型片区甚至超越了一个城市的行政辖区的范围；其次，文化遗产片区具有遗产类型丰富、数量众多、分布相对集中的特点；第三，文化遗产片区中的重要文化遗产呈现一种或几种文化遗产脉络，并在我国的此种文化脉络特征中占有突出的价值；第四，文化遗产片区的历史渊源与文化渊源在我国人类文明和文化进程中有较高的地位。

片区文化遗产保护规划是统领该地区文物保护、遗产保护、城市保护工作的综合性法规文件。保护规划要遵循文化遗产个体保护与文化遗产群体保护相结合的原则；片区系统保护与核心区重点保护相结合的原则；文化遗产本体保护与文化遗产环境保护相结合的原则；物质文化遗产保护与中华文化弘扬相结合的原则（图3）。

片区的文化遗产保护工作既要有文化遗产个体层面的保护，也要有文化遗产群体层面的保护。文化遗产个体保护的层面是指对于重要的文物保护单位和历史地段要进行严格的控制，明确文物区划并对其做出相应的管理规定。文化遗产群体的保护是指按照文化遗产文化特征脉络和空间聚集性，将文化遗产分为不同的聚集带和聚集区，在这些区域里要统筹考虑文化遗产群体的整体保护，进行区划调整和环境背景控制。在对片区文化遗产进行系统梳理的同时，根据片区内文化遗产的历史、科学及文化艺术价值分布、现状的保存状况和与城市建设关系的密切程度，在片区内划定核心区，作为重点保护区域。在对片区文化遗产进行系统的梳理与保护的同时，对与城市建设关系最密切的文化遗产聚集度最高的核心区进行重点保护，突出规划与实施重点。与单独文物保护单位相比，片区文化遗产大都与城市建成区或风景名胜区紧密结合在一起，因此对文化遗产所存在环境的整体保护显得尤为重要。保护文化

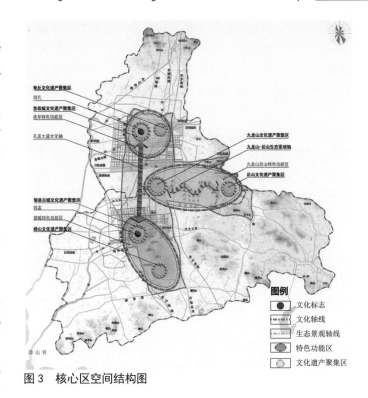

图3　核心区空间结构图

遗产周边独特自然背景和具有地域特征的山水格局，就是保护片区文化遗产孕育的重要自然环境。对城市高度、城市风貌、城市重要轴线和景观廊道进行整体控制，就是保护片区文化遗产生存的城市空间环境。

非物质文化遗产是民族个性、民族审美习惯的"活"的显现。为了能够使中华文化的"形"与"神"都能够更好的传承与发扬，必须在系统保护好物质文化遗产的同时，强调对其进行合理的宣传、展示和利用，进一步凸显文化的象征意义和教育、德化、纪念的功能，使人们在了解中华悠久历史文化的同时激发其传承和弘扬中华文化的重大使命感。

片区文化遗产保护规划的编制内容与重点

片区文化遗产保护规划主要包括七部分内容。第一部分为片区特点解读与规划原则思路，主要内容是对所规划的文化遗产片区的特点和规划编制的背景进行简述，提出

规划的原则、目标和思路；第二部分为片区历史文化源流研究，主要内容是对片区的历史源流与所在城市的历史沿革进行梳理，充分认识片区历史文化地位与保护价值；第三部分为片区文化遗产构成与价值评估，主要内容为分析片区文化遗产构成，对文化遗产进行价值评估，总结出片区文化遗产保护框架，确定保护对象；第四部分为片区现状概况与现状评估，主要内容是对片区文化遗产现状及城市环境现状进行分析，找出与保护相关的主要问题；第五部分为片区重要文化遗产保护，主要是对片区重要的文化遗产划定保护区划，提出相应管理规定；第六部分为片区文化遗产城市环境保护，主要内容是对文化遗产群体提出保护区划与保护控制措施，对文化遗产的城市环境提出空间保护和控制要求；第七部分为规划分期与实施建议，主要是确定片区文化遗产保护的分期实施，并提出文化遗产保护的重点项目与针对文化遗产展示和利用的重点工程。

片区文化遗产保护规划编制的重点和难点包括三个方面。第一方面为片区文化遗产保护基本框架的建立。片区具有文化遗产数量众多、类型丰富和价值聚集度高等特点。为了更好地认识片区文化价值，要对文化遗产群体进行分类整理和文化线索的梳理，同时根据文化遗产群体的分布与聚集特点进行空间划分，建构文化遗产有机网络，明确文化遗产保护的基本框架。第二方面为文化遗产群体的保护。针对单个文化遗产保护，现行的文物保护法与文物保护规划编制办法已经提出了详尽的规定与要求。但是对于成片的文化遗产群体而言，空间的聚集性导致原有单个文化遗产的保护区划划定方法和管理规定已经不能适用。第三方面为文化遗产城市环境的保护。与单个文化遗产保护相比，片区文化遗产群体与城市的关系更加密切，如何建立针对文化遗产城市环境的保护和控制体系也是片区文化遗产保护规划编制的重点和难点之一。

曲阜片区文化遗产保护总体规划的实践

曲阜片区是以儒家文化为代表的，综合原始文明、古城文化、宗教文化等多种类型文化遗产的，在中国历史与文化进程中具有突出历史文化价值的文化遗产片区。曲阜

片区范围为曲阜市与邹城市两市的行政辖区之和，总用地面积约 2509km²。

以曲阜为中心的古曲阜地区是诞生和孕育少昊族群的摇篮及其主要活动区域。曲阜、邹城地区的早期文明属于后李文化—北辛文化—大汶口文化—龙山文化—岳石文化这一文化序列。曲阜、邹城作为"孔、孟"诞生地，被视为中华儒家文化的发源地，在中华文化史上的具有重要的地位。作为国家级历史文化名城，曲阜市和邹城市名胜古迹荟萃，历史文化底蕴深厚。片区内现存文物遗存就达700余处，各级文物保护单位共153处，且类型丰富多样，分为古建筑、古墓葬、古遗址、石窟寺及石刻、近现代重要史迹及代表性建筑及其他等六大类。

为了完整的保护曲阜片区内的文化遗产，规划通过探究片区历史文化源流、梳理不同的文化遗产类型线索和研究文化遗产空间布局的价值叠加以及文化遗产与城市环境的相互关系，最终确定了以"文化影响区—环境孕育区—片区—核心区—特色功能区—文化遗产聚集区—重要文化遗产点"为系统层层深入的曲阜片区文化遗产保护框架。其中，特色功能区、文化遗产聚集区和重要文化遗产点的保护为规划的重点。

文化影响区的价值与意义

文化影响区是指自春秋战国时期以来儒家文化对我国乃至世界产生文化影响所覆盖的区域。春秋－战国时期，孔子孟子周游列国所到之地集中在现今山东、河南两省省辖范围。民国以前，74 位儒学发展史上代表人物的活动足迹覆盖了我国境内覆盖了 13 个省、市、自治区以及中国、朝鲜、日本、越南四个周边国家。当代全国 117 座重点孔庙、文庙遍布我国 29 个省、市、自治区。近年来，孔子学院和孔子课堂在全球广泛分布，截止到 2009 年已经覆盖全世界 83 个国家。

全国各地的孔庙与文庙是儒家文化传播的物质载体，为各地教育发挥至关重要的基础作用，同时也具有地标作用，是中华民族精神在各地的象征。以孔庙、文庙为场所的祭孔子等传统活动和以儒家文化讨论和交流为核心的学

05 片区文化遗产保护规划编制方法初探——以《曲阜片区文化遗产保护总体规划》为例
Research on Regional Cultural Heritage Conservation Planning Method: Take Qufu Area as an Example

303

术研究，都有利于孔孟的儒家思想精髓的弘扬与传播，充分发挥优秀传统文化对当代社会发展的指导。孔子学院在海外的广泛分布促进汉语言在全球的推广与应用，促进中华文化广泛的传播，进而增强全球华人的凝聚力，同时也是中国与世界各民族文化交流的渠道。

环境孕育区的划定及保护策略

环境孕育区是指以"孔孟文化"自然地理环境的完整性、"儒家文化"人文历史环境的传承性和曲阜片区文化遗产孕育的地域性为依据，确定的山东省中部地区。北至泰山，南到微山湖，东达日照，西抵菏泽。环境孕育区内分布了商周时期以前重要的遗址 158 处，众多商周时期以前重要的遗址是儒家文化诞生、孕育、发展的重要基础，该区域是中华民族社会发展史中占统治地位的儒家文化思想的发源地。根据文化遗产的分布，提取重要的文化遗产节点，在片区中部显现出一条华夏文化传承带，由北向南依次包括泰山文化中轴线和大汶口遗址组团；寿丘、少昊陵大遗址组团；九龙山生态和文化遗址组团以及一系列大汶口、龙山文化遗址；峄山和野店遗址、邾国故城遗址组团；滕州北辛遗址和微山伏羲遗址。

对于环境孕育区，规划主要采取"整体保护"的方式。从宏观上整体保护其内的特殊历史自然山水格局，保护京杭大运河、大汶河、泗河和河等历史水系，保护泰山、沂蒙、尼山和峄山等山系。整体保护重要的历史文化遗产，包括以大汶口文化、龙山文化为代表的史前文化遗存和以三孔三孟为代表的儒家文化系列文化遗产等。重点保护华夏文化传承带上的文化遗产节点及其生存环境，适当恢复文化遗产存在的周边环境（图 4）。

重要文化遗产点与文化遗产聚集区的保护

规划根据文化相关性将片区内的各类文化遗存进行梳理，提炼出四种较为典型的文化特征：第一，以新石器时期遗址为主的史前文化类型；第二，以"三孔""三孟"为代表的儒学文化类型；第三，以鲁国故城遗址为代表的古城文化类型；第四，以各种庙、观、碑刻、佛像为主的

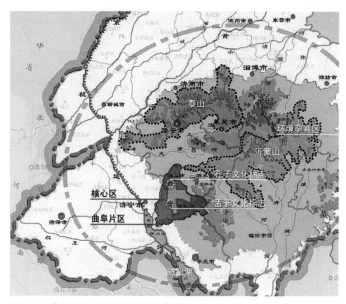

图 4　环境孕育区重要关联要素分布图

宗教文化类型。根据这四种典型的文化特征，将片区内的文化遗产进行分类，其中史前文化相关遗存 44 处，儒学文化相关遗存 49 处，古城文化相关遗存 5 处，宗教文化相关遗存 65 处。在各文化主题的遗存中，以文化遗产在文化序列中的典型性、保护级别高低、保存现状情况、遗址开放展示条件等多项指标为标准，进行总体评估和筛选，最终确定规划需要保护的重要文化遗产点 88 处。针对重要文化遗产点的保护，参照文物保护规划编制办法，划定保护范围与建设控制地带，并提出相应的管理规定。

根据众多的价值较高的文化遗产点呈现出的空间聚集性，划定出六片文化遗产聚集区，它们分别是：鲁故城文化遗产聚集区、寿丘文化遗产聚集区、邹县古城文化遗产聚集区、峄山文化遗产聚集区、九龙山文化遗产聚集区和尼山文化遗产聚集区。对文化遗产聚集区的保护体现了对文化遗产群体的保护。规划对每片聚集区统筹考虑，进行整体保护，既要注重文化遗产本体及微观环境保护，也要注重空间上相近的文化遗产点之间的城市环境的保护和控制。在文化遗产聚集区的保护中，根据历史文化价值确定其基本定位和发展方向，明确保护要素；从用地、建筑高度、

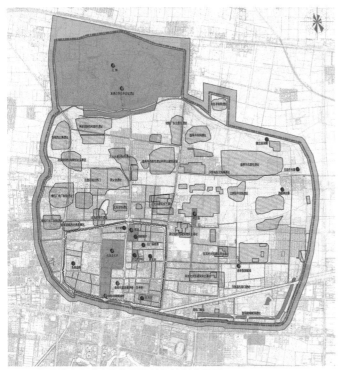

图 5 鲁故城文化遗产聚集区保护与控制范围图

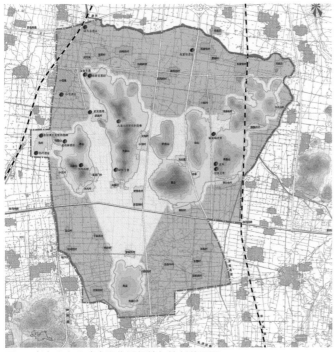

图 6 九龙山文化遗产聚集区保护与控制范围图

建筑风貌等方面对其现状情况进行分析；规划上首先依据文化遗产聚集区内文化遗产的历史价值、空间分布、周边环境的特点与保护要求，划定重点保护区与建设控制区，并针对区划制定相应的保护和控制措施，对文物群体及其所在的城市环境进行有效的保护与控制，最后对文化遗产聚集区内的道路系统、展示游览系统和保护改造工程三方面提出合理的规划引导方案（图 5）。

核心区和特色功能区的保护与控制

以重点文化遗产和文化遗产聚集区的空间分布和文化遗产保护与城市发展关系的密切程度为依据，在片区中部划定核心区作为重点研究区域。核心区涵盖了片区重要的儒家文化代表性文化遗产、六个文化遗产聚集区及曲阜与邹城两个国家级历史文化名城的城市建成区、作为孟子"诞生地"的具有中国传统理想风水格局的九龙山生态保护区和作为孔子"诞生地"的尼山生态保护区，总用地面积约600km²。根据文化功能内涵和区域环境特点，将核心区划分为曲阜特色功能区、邹城特色功能区和九龙山特色功能区。曲阜特色功能区以孔庙、孔府、孔林为标志，是文化遗产与曲阜市区高度融合的区域；邹城特色功能区以孟庙、孟府、孟林为标志，是文化遗产与邹城市区高度融合的区域；九龙山特色功能区以孔子出生地夫子洞以及孟子出生地凫村为标志，是文化遗产与尼山、九龙山等自然生态环境高度融合的区域。规划在空间格局保护、建筑高度控制、建筑风貌保护、生态环境保护四个层面提出了明确的保护与控制要求。对于曲阜和邹城特色功能区，更多地强调文化遗产保护、城市格局保护和风貌保护，着重处理文化遗产保护与城市发展之间的矛盾，达到保护与发展的双赢。对于九龙山特色功能区则强调保护传统风水格局和山体、水系等自然要素，以达到保护文化遗产的孕育环境及区域整体生态环境的目的（图 6、图 7）。

小结

文化遗产片区的保护规划是文化遗产保护与文化遗产城市环境保护的综合性保护规划，是涉及文化遗产本体及其生存的微观环境保护、文化遗产群体及其生存的城市环境和自然生态环境保护等多学科融合的规划。针对大范围、多元化且与城市建成区密切相关的片区的保护，只有采用文化遗产保护规划与城市保护规划相结合的编制技术方法，才能完整有效地的保护文化遗产本体及其生存的环境，只有处理好文化遗产保护与城市发展之间的关系，才能使文化遗产的保护和实施落到实处。

（注：图纸由项目成员共同绘制：王晓婷、刘凤洋、高媛、孙霄、王春华、安磊等）

参考文献

[1] 单霁翔 . 文化遗产保护与城市文化建设 [M]. 北京：中国建筑工业出版社 .2009.
[2] 徐向红 . 全面保护独具特色的精神文化空间——曲阜片区规划建设的探索与思考 [N]. 光明日报，2009-11-11.
[3] 国家文物局 . 关于曲阜片区文化遗产保护工作的意见 . 国家文物局办公室函件 . 办预函〔2009〕12 号.
[4] 国家文物局 . 中华人民共和国文化遗产保护法律文件汇编 [M]. 北京：文物出版社，2007.
[5] 孔庆民，李民 . 曲阜春秋 [M]. 山东：山东友谊书社，1987.
[6] 全国重点孔子孔庙名录 [J]. 南方文物，2002.
[7] 李申 . 简明儒学史 [M]. 北京：中国人民大学出版社，2006.
[8] 孔祥林 . 孔子图说 [M]. 山东：山东友谊出版社，2008.
[9] 中国中建设计集团有限公司，城市规划设计研究院，中国文化遗产研究院 . 曲阜片区文化遗产保护总体规划 .2009.

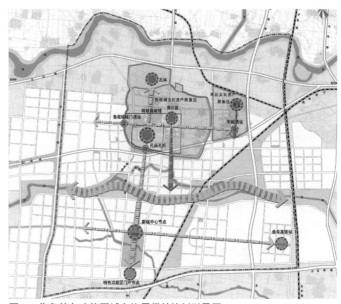

图 7　曲阜特色功能区城市格局保护控制引导图

06 遗址保护工程设计时应重视的几个问题

俞　锋

（收录于《文物保护科学论文集》，北京：文物出版社，2004年）

一、

1. "历史的或传统的建筑群"包括考古遗址和古生物遗址，作为人类在城市或乡间的居住或活动场所，其内聚力和价值已被考古学、建筑学、历史学、史前学、美学和社会文化学所确认。

其中大遗址——古文化遗址、遗迹（包括比较集中的文物古迹地段）以及尚未完全探明的地下历史遗存，一定要完整地不加改变地保存。

2. "保护"的意思是：鉴定、防护、保存、修缮复生，维持历史的或传统的建筑群及它们的环境，并使它们重新获得活力。

3. 保护方法总原则

（1）历史的或传统的建筑群和它们的环境应当被当作全人类的不可替代的珍贵遗产。

（2）每一个历史的或传统的建筑群和它的环境应该被作为一个有内聚力的整体来看待，它的平衡和特点决定于组成它的各要素的综合。

（3）必须积极地保护历史的或传统的建筑群不受破坏，所做的修缮工作必须立足于科学的基础上，同样，必须十分注意它的和谐和美学情趣，这情趣是由组成建筑群的各种不同要素之间的联系和对比造成的，它赋予建筑群各自不同的气氛。

（4）现代的城市化导致建筑物的尺度和密度扩大和增加，建筑师和城市规划师应该注意：要尊重文物建筑和建筑群本身所构成的景和从它们望出去所得的景，要把历史的或传统的建筑群与现代生活构成和谐的整体。

（5）在一个施工技术和建筑形式的普遍一致可能使人类的生活环境有千篇一律危险的时代，保存历史的或传统的建筑群会对每个国家特有的社会利文化价值有利，对在建筑方面丰富世界文化遗产有利。

二、

遗址保护工程必须有针对性地考虑文物古迹的不同环境现状和功能要求。对于文物本体的修复坚持修旧如旧原则。在处理遗迹与保护性构筑的关系方面，有两条原则，一是整体性原则，二是可识别性原则，同时加固和维护措施应尽可能地少，即坚持必要性原则，而且不应妨碍以后采取更有效的保护措施，即可逆性原则。以上原则又可以概括为，遗址保护系统工程必须坚持整体性原则、准确性原则、层次性原则。

所谓整体性原则，即保护性构筑物不仅针对遗址本体起到保护作用，而且不对本体周围的其他遗址造成损害。设计应从遗址整体布局考虑，合理安排遗址构筑物与地下遗存的关系。由于文物遗址有其唯一性和不可替代性，而覆盖于其上的保护建筑都会进行基础处理，对遗址产生扰动，要达到保护的目的，需要把场地上的文物遗址的准确位置测绘标注出来，选择周围文物遗址较少的场地进行工程总平面规划及保护建筑方案设计。这是遗址保护工程设计能够实施的重要基础。

所谓准确性原则，即保护性构筑物针对遗址本体的尺度把握必须精确。工程设计与考古遗址图有精度差异，要求保护工作者现场准确测绘符合工程要求的数据，这些数据不仅包括保护本体的体量数据，也包括它周围要影响到的文物相关数据。

所谓层次性原则，即遗址保护工程是项系统工程，从总体规划—方案设计—施工图设计—具体的施工（临时）保护构造设计，富于层次性，每一层次的尺度要求从粗到细，设计逐步深入。

例如，在三门峡虢国博物馆建筑总平面图规划设计中，根据任务书要求，设计一个文物陈列展厅、一个"一号"虢仲王墓展厅和为其配葬车马坑展厅以及博物馆配套服务办公设施。通过考古队的探测发现，虢国国王室墓地所坐落的黄河南面的土塬上西北部墓葬较少，而一号王墓及配葬车马坑恰好也位于墓地西部，所以根据整体性原则，博物馆大致位置就规划建在土塬西北部（图1）。

从准确性原则出发，博物馆施工图设计的重点主要集中在"车马坑展厅"。它有几个难点需要处理：一、车马坑周围的文物现状不明朗。车马坑西面约 10m 左右就有"一号"墓及三个陪葬墓和一个陪葬坑，他们的具体位置及现场情况同考古资料所表示的有精度上的出入。更始料不及的是在开挖基础时，在车马坑下又发现几个更早期的墓葬坑，属于"墓上压墓"。这一方面说明考古发掘是一个循序渐进的过程。随时都有意外的发现。另一方面要求建筑设计者应对考古资料的精度误差和考古发现有足够的认识，设计人员应在考古部门配合下对文物遗址周围墓葬的大体形状仔细核查，最好在现场运用经纬仪准确测绘遗址坑各个方位的数据及建筑高程差值。二、车马坑遗址本身情况不准确而保护现状比较差。车马坑最大宽度约 16m 左右，长 48m 左右，具体到车马坑的一些详细情况（如车马坑的形状呈"中"字形，中间大两头小，坑长、坑宽、坑深、斜度、坑底坡度、现存遗址保护方法等等）都要求设计者去测绘设计。车马坑展厅施工图设计为了解决以上几个方面因素，方案修改了二次，相继加大了车马坑展厅面积，将结构柱向里移动，体块也由原来的矩形变成"L形"（图2）。三、建筑基础施工难。由于博物馆地处黄土高原地带，而车马坑附近不能进行大面积基槽换土开挖。以免造成车马坑坑壁坍塌，结构采用桩基础，桩要与车马坑有一定的距离，桩台低于车马坑坑底面高程，使结构柱中心距坑壁距离不少于 2.9m，既保证参观平台净宽度，又减少侧压力对车马坑坑壁的影响；而桩挖掘为了减少机械扰动，采用人工挖掘的方式。通过多次修改方案（图3），各方面的积极协调，以上设计难点得以妥善解决，严格遵循文物保护工程的准确性原则。

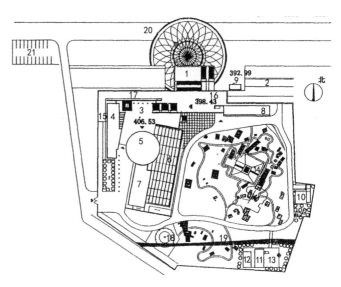

图1　虢国博物馆修改后总平面图
1- 大台阶；2- 绿化；3- 展厅及广场；4- 办公室；5- 序厅；6- 车马坑遗址展厅；7- 一号墓展厅；8- 商铺；9- 售票房；10- 变电房；11- 水电房；12- 水池；13- 水塔；14- 九号墓及其陪葬墓址；15- 消防车道；16- 入口广场；17- 望塔；18- 大树；19- 界沟遗址；20- 望柱；21- 停车场

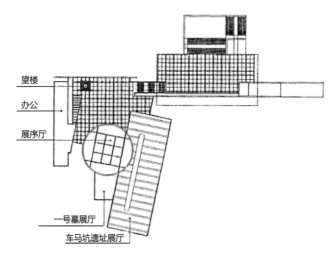

图2　虢国博物馆修改前总平面图

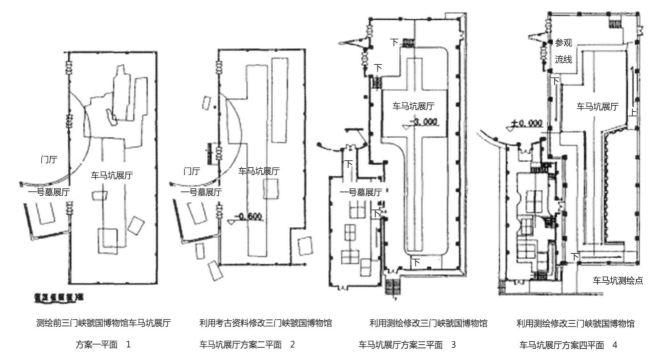

| 测绘前三门峡虢国博物馆车马坑展厅方案一平面 1 | 利用考古资料修改三门峡虢国博物馆车马坑展厅方案二平面 2 | 利用测绘修改三门峡虢国博物馆车马坑展厅方案三平面 3 | 利用测绘修改三门峡虢国博物馆车马坑展厅方案四平面 4 |

图3 虢国博物馆方案历次修改过程

　　例如秦陵K06坑的临时保护房的施工设计，它是为了保护新近出土的兵马俑，取代临时考古棚的临时建筑。它有一定的接待参观能力，主要是为进一步考古做准备。设计过程中，我们先利用考古队提供的资料，做好初步方案。在实体踏勘过程中，用经纬测距仪测量了K06坑的具体形状和其地形坡度高程，发现原方案跨度只考虑了原始坑的大小而没有将坑道周围的地层剖面包括进去（地层剖面对于考古来说是判断文物历史年代的重要根据）为了在全面考古发掘工作中保护文物不受损害，根据考古队的要求，加大了临时保护房的面积、跨度，增加工作人员管理用房。整个工程设计依据准确性原则，采用建筑材料比较轻的轻钢结构。施工结构构件为工厂预制，建筑垃圾少，安装速度快，拆卸方便，对文物扰动少，符合文物遗址保护工程的整件性原则。

　　根据遗址保护工程的层次性原则，方案构思首先从遗址保护工程的功能问题入手，要求建筑对遗址起绝对的保护作用，包括防止人员对文物古迹的破坏，抵御二氧化碳、大气废气、紫外线、温度、湿度、昆虫、鼠害等因素的影响。遗址保护工程的消防设计既要便于人员的安全撤出，还要保护文物在灭火过程中不受损坏。在黄土遗址中，文物腐朽后与黄土相互粘连在一起，比如虢国墓地车马坑里的木车腐朽的只剩下铜构件，而木轮腐朽使黄土形成了车轮的形状，另外还有一些早期建筑遗址本身就是黄土夯制的。黄土直立性好，但有湿陷性，所以一般防火设计中用大型干粉灭火器作为消防措施，或采用其他对黄土文物影响不大的措施如气体灭火，而禁忌用水喷淋设备。另外，遗址保护工程的功能流线设计，由于遗址特点不一和功能要求的限制，一般中型展厅采用简洁的环型串联式流线，较小的保护建筑的流线采用尽端式，还有一些是环形串联式与尽端式相结合设计流线。

　　从表1可知，属于中型展厅的三门峡虢国博物馆车马坑展厅内设计采用了环型串联式参观流线。参观人员通过

部分遗址保护工程对比表 表1

项目	遗址性质	遗址保护构筑物面积（m²）	结构形式	保护性质	功能流线
虢国墓车马坑展厅	陪葬坑	约1340	预应力大跨度钢筋混凝土框架	永久性展厅	环形流线
秦陵 K06 坑保护房	陪葬坑	约1140	临时轻钢结构	临时保护房	环形流线
大明宫窑址保护房	构筑物	约230	钢筋混凝土	永久性展厅	尽端式流线
汉阳陵南门阙保护展厅	建筑遗址	约10000	钢结构大跨度仿古保护工程	保护展厅	环形流线

文物展厅进入车马坑展厅的参观平台，以俯视的方式对车马坑内文物进行全面的了解，接着从坡道下到参观廊道，从各个角度观看车马遗骸，再从坡道下到底部高程几乎和车马坑底平的平台，从比较近的平视角度观看，然后从坡道回到出口，结束参观。另外我们利用因盗掘破坏而形成的一个地方用木板搭制平台，可让少量参观人进入坑内参观。车马坑展厅总面积约 1400m²，从博物馆整体消防设计出发，为车马坑展厅设计两个对外消防安全出口，以配合整体消防措施用最短距离疏散人员。

再如秦陵 K06 坑临时保护房施工设计，根据功能的不同要求，内部流线也比较复杂。由于临时保护房建成后考古发掘要继续进行，而且要求 K06 坑可以对外开放要求，所以设计构想采用两种流线。外部参观者使用遗址坑沿上的环型流线，可从高处各角度俯瞰文物的情况；内部人员工作流线为下到遗址坑里的尽端式流线，在近处进行考古研究。两套流线可互不干扰。另外，由于临时保护房的 K06 坑有 40 多米长，地形上坡度较大，在建筑前后分别设计消防出口（图 4）。

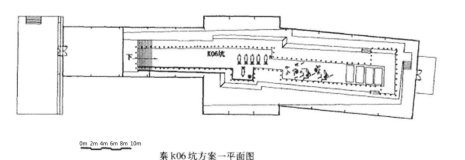

0m 2m 4m 6m 8m 10m

秦 k06 坑方案一平面图

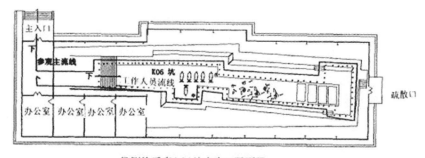

经测绘后秦 k06 坑方案二平面图

图 4 秦陵 K06 坑临时保护房设计方案平面图

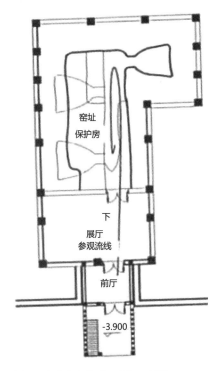

图 5　大明宫窑址平面人流示意图

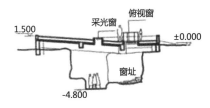

图 6　大明宫窑址剖面示意

在做大明宫窑址保护展厅初步方案时，建筑面积要求较小，窑址位于地下，且内部坑道面积狭小，任务书只要求建一个小展厅和一个保护性窑址展厅，所以方案设计功能流线为尽端式流线。游人通过前厅进入小展厅，再进入窑址展厅，最后返回入口（图5、图6）。

在方案设计阶段，遗址保护工程的体量及形式要求与文物古迹相协调，与周围环境较好地融合成一体。首先从体量上要求保护建筑整体覆盖被保护文物而不伤及其他。建筑形式要根据古迹的形状走向尽量简洁，以免建筑施工过于复杂化。从形式上一般有两种类型建筑，一种为仿古类型，如汉阳陵南门阙保护房的外形设计，设计人员通过查找典籍中对该处古迹原状的描述，并与同时代的建筑实物相比较，设计出仿古的外形；另一种类型是以现代建筑的面目出现，强调建筑的各部分体块组合，在整体环境里不过分强调自己的体量，协调与文物古迹的关系，只是客观反映现代人对古迹的保护形态，并展现一种不同的思考方式。

以虢国博物馆方案为例，它是由圆形、矩形、梯形等几个简单体块组成，根据文物现状，利用土塬坡度，在坡前做1～2层的建筑，建筑后部与土塬坡度结合，使建筑整体像从土中发掘出的抽象的"车"的效果（图7）。

再以大明宫窑址保护方案（图8）为例。该窑址位于唐大明宫含元殿的后方，是唐代建大明宫时烧砖留下的遗迹。窑口位于殿址后的土崖壁上，在含元殿遗址土坎上可以俯视该遗址。根据含元殿规划的要求并实地考察地形地貌，设计用一个简单的矩形体块覆盖于窑址之上，再对其进有简单的建筑拉伸手法的处理，使整个建筑深陷土中，几乎为地下建筑，屋顶略微倾斜，其上部设计种草，用卵石散水，与大明宫遗址气氛相得益彰。

图 7　虢国博物馆立面造型

到了遗址保护工程施工阶段，临时加固构造问题就十分突出。由于保护构筑物决定了施工的方式、方法，施工地点紧贴文物古迹，为了防止意外，文物遗址在建设中都十分注意文物自身的临时加固构造。

在三门峡虢国博物馆车马坑展厅的施工当中，设计人员同考古队、施工单位一起设计了施工临时保护措施，先用长 20 ~ 30cm、半径 4 ~ 5cm 的小沙包铺在车马坑底部作为缓冲层，满铺防水布 2 ~ 3 层作为隔水层，再铺细沙，再铺防水布。在细沙与坑沿平齐后，距坑沿 1.8 ~ 2m 处铺铁路用枕木 2 ~ 3 层作为上层"军便梁"缓冲层（钢制军便梁即军队临时搭建在河流、道路上用于通过车辆的钢制可拼接预制构件）。架好钢制军便梁后，梁上铺满木板再做一层建筑施工缓冲层，在其上放预制混凝土板，做现浇梁的支模搭架基层。梁做好后将预制混凝土板吊装作屋顶板。这种方法十分实用。

鉴于黄土文物的脆弱性，展厅内部参观平台构造的做法也遵循扰动少、结实、耐用的原则，设计了三种构造措施。它们都采用人工铲平素土，灰土比例 3 : 7 人工夯实。有的做 C15 混凝土垫层，在距离坑沿一定距离搭制矮墙，上铺现浇混凝土板，出挑至坑边，或在平台上铺预制板，再铺地面装饰材料。有的人工夯实后，直接打垫层，内配钢筋网，再铺地面装饰材料。以上构造措施都把施工对文物的影响减到最小。

三、结语

本文从以上几个方面探讨了遗址保护工程的设计问题，揭示了遗址保护工程设计的原则，即整体性、准确性、层次性，这些原则贯穿于遗址保护工程的全过程。在现代技术发展日新月异的今天，新技术、新材料的运用必定会开拓出新的保护技术和新的保护方法，工程技术人员应该在继承传统保护技术的基础上多做新技术的尝试，才能使遗址保护工作得到进一步的发展。

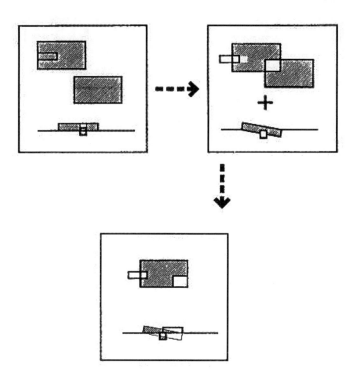

图 8　大明宫窑址保护方案体量平面构成图

07 浅议近现代战场遗址的整体保护
——以北伐汀泗桥战役遗址保护修缮为例

俞　锋　杨珂珂

（收录于《中国近代建筑研究与保护（九）》，北京：清华大学出版社，2014年）

一、战场遗址的定义与意义

战场遗址[1]，其含义为某一时间的交战发生后的所在地遗址，它包括遗迹的所在地和所有与这交战相关的物质遗存和相关事件，有着丰富的历史、军事、科研、文化等信息，是文化遗产的重要组成部分。

我国的近现代战场遗址已有多处被列为全国重点文物保护单位加以保护，例如江孜宗山抗英遗址（清末西藏抗英战争）、平型关战役遗址（抗日战争）、冉庄地道遗址（抗日战争）、刘公岛甲午战争纪念地（中日甲午战争）、三元里平英团遗址（清末第一次鸦片战争）、马尾海战炮台、烈士墓及昭忠祠、泸定桥（长征飞夺泸定桥战斗）、卢沟桥（含宛平城，抗日战争发生地）、北伐汀泗桥战役遗址（北伐战争）等。

英国文化遗产保护组织 [English Heritage] 认为战场遗址有以下四方面重要意义[2]：

1. 某些战场遗址见证了历史的转折点，例如；在 1066 年，随着黑斯廷斯一战带来的诺曼征服；在 17 世纪的内战风暴改变了君主政体和议会角色；一些伟大的政治家和军事家的威信经常是在战场上的胜利建立起来的；

2. 与国防相关的一些战争策略和战术在这些战场上得到发展；

3. 战场是成千上万无名士兵的最后安息之地，不论他们出身如何，他们都在创造历史的过程中牺牲了；

4. 战场遗址所包含的重要的地形学和考古学的证据，这些证据能够增强我们对于曾经发生在这块土地上重大历史事件的理解。

本次修缮对象北伐汀泗桥战役遗址就是我国近现代此类遗存中的比较著名一处全国重点文物保护单位。

二、北伐汀泗桥战役遗址概况

北伐汀泗桥战役遗址位于湖北省咸宁市西南 15km 处汀泗桥镇的马家山、塔垴山上，京广铁路和 107 国道夹遗存而过，是通往武汉的军事要隘，扼守武汉南部的要冲，一向为兵家必争之地，历代在此发生了多次战争，北伐战争[3]中的汀泗桥战役为其中最重要的一次。它奠定了北伐战争胜利的基础，是第一次国共合作的标志之一。

战役过程：1926 年 8 月，国民革命军北伐进攻武汉途中，北洋军阀吴佩孚集结主力凭险扼守汀泗桥，双方于 26 日展开激战。27 日拂晓，国民革命军第四军在当地农民支持下向汀泗桥发起全线攻击，9 时占领汀泗桥。由于叶挺率领的独立团，英勇善战，赢得了"铁军"的光荣称号。

北伐汀泗桥战役遗址保存有当年战役发生时的碉堡、汀泗铁路桥、塔垴山上的战壕和炮台遗址以及战后 1929 年修建在马家山上的西山墓园，墓园里有国民革命军第四

1　战场遗址的保护与利用研究，作者：谷增辉，浙江大学，硕士学位，导师：宣建华，2009 年，P2。

2　http://www.english-heritage.org.uk/caring/listing/battlefields/

3　1926 年 7 月至 1928 年 12 月，国民革命军北伐军为推翻北洋军阀的统治而进行的战争。

07 浅议近现代战场遗址的整体保护——以北伐汀泗桥战役遗址保护修缮为例
Discussion on Integrated Conservation of Modern War Site: Take Tingsiqiao Battle Site during the Northern Expedition as an Example

313

军阵亡将士墓、纪念碑、纪念亭等遗存。1988年，北伐汀泗桥战役遗址由国务院公布为第三批全国重点文物保护单位。公布时的类型为革命遗址及革命纪念建筑物，后归类为近现代重要史迹及代表建筑。

三、遗产构成及现状

北伐汀泗桥战役遗址主要由马家山上的西山墓园、碉堡、汀泗铁路桥、塔垴山战场遗址4部分组成（详见表1：北伐汀泗桥战役遗址遗产构成表；图1：遗存分布图）。

1. 国民革命军第四军北伐战争阵亡将士纪念地（西山墓园）

墓园建于民国十八年（1929年）十月，占地1200m²，现存国民革命军第四军北伐阵亡将士纪念碑、亭、墓冢。

1）烈士纪念亭

纪念亭与墓冢、纪念碑同在同一中轴线上对称布局，位于烈士纪念碑的西南方向，距纪念碑约10m处。纪念亭为民国时期仿欧式的建筑风格，在六边形的台座上设柱基座和四面护栏，其上为罗马式圆柱支撑起数层叠涩亭檐，穹隆顶的六个外檐上方设六根矮柱，拱形墙面形成围合。建筑造型别致、小巧。该建筑为钢筋混凝土构筑而成，外部为仿花岗石灰麻色豆石砂浆粉刷，建筑总高7.44m，占地面积为11.65m²（详见图2：烈士纪念亭）。

2）烈士纪念碑

纪念碑总高5.2m，位于烈士墓前5m处，与墓成中轴线对称布局。碑址占地面积为9.33m²。纪念碑为乳白色麻

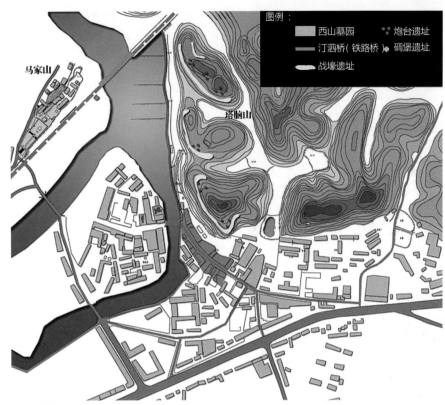

图1 遗存分布图

质花岗石打制。基座高0.32m，成正方形；每角设方形望柱一根，高0.64m，每边长0.275m，柱头为半球形；碑座为四边形，高1.5m；碑身为四方锥体造型，下大上小，分两截打制。在碑身的四个面上竖向排列镌刻着"国民革命军第四军北伐阵亡将士纪念碑，胡汉民题，民国十八年十月"的隶书字样。字体上方为国民党党徽图案（详见图3：烈士纪念碑）。

3）烈士墓冢

墓首为四柱三间式牌坊，中间置石刻墓碑一方，其上刻有"国民革命军第四军北伐阵亡将士墓、民国十八年十月

图2 烈士纪念亭

图3　烈士纪念碑

图4　墓园墓冢

图5　碉堡

北伐汀泗桥战役遗址遗产构成表　　表1

文物遗存名称		历史时期	规模	位置地点
西山墓园	1.陵园纪念亭 2.陵园纪念碑 3.陵园墓冢及守桥人墓冢	建于民国十八年（1929年）十月	1200 m²	汀泗桥镇马家山
碉堡		民国	180m²	京广线铁路桥旁
汀泗铁路桥		民国五年（1916年）	600m²	汀泗桥镇北，距古拱桥约200m
塔垴山战场遗址	1.炮台 2.战壕 3.交通壕 4.猫耳洞	民国	11hm²	汀泗桥镇北塔垴山

立"等字样。墓身为砖混拱券式，占地面积为54.67m²。墓首明间两柱高2.2m，两次间柱高为1.4m，柱基高0.4m。通厚为0.46m。明间为圆拱形的墙面墓碑嵌入其中，两次间为不规则的扇面形。与背后的墓身上顶弧面基本一致（详见图4：墓园墓冢）。

2.碉堡

碉堡建于1926年。南北方向长6.52m，东西方向宽5.50m，北侧（临铁路）高4.64m，南侧高6.10m，位于京广线铁路路基堤斜坡上。其墙体材料为黏土青砖，墙体厚0.52m，石灰砂浆砌筑，水泥砂浆涂抹墙壁。基础为条形基础，宽度约0.65m，深约0.45～0.55m，由石英砂岩、粉砂岩毛石、石灰砂浆组成，胶结不牢结构较松散；在每一面的墙体之上，设有高窗射击孔，外向八字形；低窗射孔2处，内向八字形；在面向铁路方向设有入口门洞一处（详见图5：碉堡）。

3.汀泗铁路桥

汀泗铁路桥位于汀泗桥镇北，上游距汀泗古拱桥约200米，衔接京广铁路下行线。民国五年（1916年）建，原桥为4墩5孔上承式版结构，孔跨19m，桥长113m，宽约5.4m；现为3墩4孔桁梁结构（详见图6：汀泗铁路桥）。

4.北伐汀泗桥战役塔垴山战场遗址

塔垴山阵地现存战场遗址分为战壕、炮台、猫耳洞等三类遗存（详见图7：战壕；图8：炮台；图9：猫耳洞）。

1）战壕

战壕原总长度共计18000余米，宽1.5m，深1.35m。目前，由于自然植被和人为农耕的侵害，战壕大部分已坍塌或被填平。现存战壕遗址保存最好的宽1.5m，深1.1m。长度残存约2000m。

2）炮台

炮台原总计有炮台48座，大小规格各不相同，呈品字状布局，每座炮台之间间隔约50m左右。由于风雨剥蚀以及人为农耕，植树造林的破坏，仅有的18座炮台尚有遗迹可寻。

四、遗存现存主要问题及修缮措施

1.国民革命军第四军北伐战争阵亡将士纪念地（西山墓园）

1）烈士纪念亭

烈士纪念亭为钢筋混凝土结构，其存在的主要问题以及对应修缮措施详见表2。

2）烈士纪念碑

烈士纪念碑由花岗石打造，其存在的主要问题以及对应修缮措施详见表3。

07 浅议近现代战场遗址的整体保护——以北伐汀泗桥战役遗址保护修缮为例

Discussion on Integrated Conservation of Modern War Site: Take Tingsiqiao Battle Site during the Northern Expedition as an Example

315

3）烈士墓冢

烈士墓冢为砖混结构，其存在的主要问题以及对应修缮措施详见表4。

2. 碉堡

碉堡为砖混结构，其存在的主要问题以及对应修缮措施详见表5。

3. 汀泗铁路桥

汀泗铁路桥历经铁路部门的多次维修，基本状态稳定，铁路部门定期实施对铁路桥的钢结构进行防锈处理。

4. 北伐汀泗桥战役塔垴山战场遗址

汀泗桥战役塔垴山战场遗址主要包括炮台、战壕及猫耳洞，均为土遗址。

炮台：根据18座炮台遗址的现存状况，评估出炮台遗址有三类保存状态。

战壕：根据现存2000m战壕的现存状况，评估出战壕遗址有四种具体状态，如表7所示。

猫耳洞：大部分已经坍塌无存，仅现存可辨识出2处遗存。

炮台、战壕及猫耳洞存在的主要问题以及对应修缮措施详见表8。

五、结语

本次保护工程所针对的保护对象特殊，遗存的类型复杂。有以下几点重要的特点：

1. 重视价值优先的理念：

北伐汀泗桥战役遗址具有战场遗址所具有的以下三方面重要的价值意义。北伐汀泗桥战役遗址是北伐战争的重要战役节点，是北伐战争重要战役的烈士安息之地，现存地形地貌特征，河网及路网布局，环境特征与战役发生时状态改变不大，能够使人充分领略当时交战

烈士纪念亭现存主要问题及修缮措施表　表2

工程类型	主要问题	修缮措施
基础工程	基础台明处青苔杂草滋长，部分砖缝开裂	对于裂缝，经清缝后用同质同色的水泥砂浆进行勾抹修补，做旧
地面工程	地面花岗石铺地残损	更换损坏的花岗石地面，规格300×300×80（mm）；表面做旧
装饰工程	由于自然风化，表面粉刷装饰线、面层脱落	1.对已剥落、空鼓的部分灰皮揭除干净，铲除空鼓部分 2.用丙酮类溶剂刷洗纪念亭表面，再进行水泥喷涂（乳白色仿花岗石）
	屋顶棚粉刷脱落	重新粉刷顶部，为乳白色涂料

烈士纪念碑现存主要问题及修缮措施表　表3

工程类型	主要问题	修缮措施
基础工程	基座的花岗石构件多处产生裂缝	1.临时支护纪念碑 2.加固碑座望柱及地栿基础，再重新安装榫卯
碑石工程	碑身为风雨侵蚀，表面污损严重，字迹模糊不清	用有机硅类溶剂清洗加固碑体，刷憎水剂

烈士墓冢现存主要问题及修缮措施表　表4

工程类型	主要问题	修缮措施
装饰工程	墓首牌楼和墓身等处发现多处水泥面层产生龟裂和剥落	1.清理已残损的墓冢水泥面层 2.清洗墓冢裂缝，灌注砂浆填缝 3.用丙酮类溶剂刷洗纪念亭表面，再进行水泥喷涂（乳白色仿花岗石）
碑石工程	墓碑污损字迹不清	用有机硅类溶剂刷洗碑体，并刷憎水剂

图6　汀泗铁路桥

图7　战壕遗迹照片

图8　炮台遗迹照片

图9　猫耳洞遗迹照片

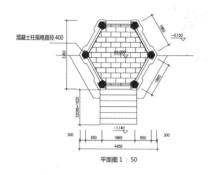

混凝土柱规格直径400

平面图 1 : 50

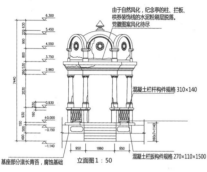

由于自然风化，纪念亭的柱、栏板、拱券装饰线的水泥粉刷层脱落，党徽图案风化待尽

混凝土栏杆构件规格 310×140

基座部分滋长青苔，腐蚀基础

混凝土栏板构件规格 270×110×1500

立面图 1 : 50

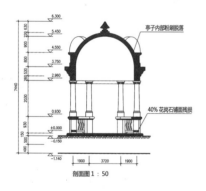

亭子内部粉刷脱落

40% 花岗石铺面残损

剖面图 1 : 50

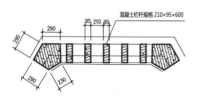

混凝土栏杆规格 210×95×600

底座栏杆大样图 1 : 20

图10 纪念亭修复平面图、立面图、剖面图

双方主要态势程度，为深刻理解此次战役重要性具有重要意义。因此湖北省在1998年就列为"爱国主义教育基地"，2002年成为"国防教育基地"。北伐汀泗桥战役遗址的每处遗存都是其价值的重要支撑，因此保护修缮必须重视每处遗存个体承载的价值，尽可能多的保存历史和战场空间的信息。

2. 整体保护，分类实施

本次修缮工程依据遗存承载的价值，

碉堡现存主要问题及修缮措施表 表5		
工程类型	主要问题	修缮措施
基础工程	基础台明处青苔杂草滋长，部分砖缝开裂	1. 临时支护碉堡 2. 加固碉堡地基 3. 修筑碉堡挡土墙
墙体工程	地面花岗石铺地残损	1. 墙面，挖槽加固圈梁及构造柱 2. 清洗墙面裂缝，灌注水泥砂浆添缝 3. 补齐窗口，露明射孔
屋面工程	面花岗石铺地残损	清理屋顶，补齐女儿墙，重做防水层，加落水管
地面工程	面花岗石铺地残损	修补内部混凝土地面
墙面工程	面花岗石铺地残损	剥离墙面层面，重新粉刷水泥面层
门窗工程	面花岗石铺地残损	封闭铁路部门后期开窗三个；拆除堵塞东西墙的射孔

炮台遗址现状评估表	表6
保存现状评估分类	遗存数量
典型一	遗存保存基本完整，仅存在土体少量坍塌	3 座炮台
典型二	遗存部分保存，土体坍塌较多，残损较大	6 座炮台
典型三	遗存仅存可识别的地表痕迹	9 座炮台

战壕遗址现状评估表	表7
保存现状评估分类	遗存数量
典型一	遗存保存基本完整，深度在1.1m左右，仅存在土体少量坍塌	约 600m
典型二	遗存部分保存，深度在0.5m左右，土体坍塌较多，残损较大	约 200m
典型三	遗存部分保存，深度在0.3m左右，土体坍塌较多，残损较大	约 500m
典型四	遗存仅存可识别的地表痕迹	约 700m

按照整体保护的原则，对北伐汀泗桥战役遗址的遗存构成进行分析，整体保护战役遗址，根据遗存的各自特点，分别采取一定的工程措施，加强各类遗存的生命价值的延续，在一定程度上保证遗存能够被使用和利用为后期进行遗存本体的展示利用设计打下基础。

3. 根据现状评估区分保护力度

本次修缮工程对于每处遗存病害特征进行了详细现状勘察评估，并依据现状评估，按照"原设计、原工艺、原材料"的文物修缮标准和最少干预的原则，提出修缮保护措施，按照原工艺，原材料恢复遗存的原貌。

4. 覆盖保护战争遗迹

本次修缮的战争遗迹不同于一般的近现代文物建筑的保护修缮，由于其遗存大部分为临时构筑的军事土木工程构筑物，经历了近80年岁月，其现状保存状态不佳，但其所承载的战斗场所的价值意义较大，也是本次修缮的要点。本次修缮根据其遗存的现状评估，以覆盖保护为主并标示出遗址位置，以求还

07 浅议近现代战场遗址的整体保护——以北伐汀泗桥战役遗址保护修缮为例

Discussion on Integrated Conservation of Modern War Site: Take Tingsiqiao Battle Site during the Northern Expedition as an Example

317

阵地遗址现存主要问题及修缮措施表　　表8

项目	类型	主要问题	修缮措施
炮台	土木工程	由于自然风化，植物的生长及农耕、植树等人为因素，使护墙塌陷，沟槽填平	1. 清理炮台内的滑落土和杂草树木。清理边坡 2. 炮台典型一二遗址做覆盖保护，对炮台典型三遗址做卵石标示性保护 3. 注意炮台内散水找坡
战壕	土木工程	由于自然风化，植物的生长及农耕、植树等人为因素，使战壕被填平	1. 清理战壕内的滑落土和杂草树木。清理时，按古遗址考古方法实施，谨防扰乱原战壕残损原貌 2. 清理遗址边坡 3. 战壕典型一、二、三遗址做覆盖保护，对战壕典型四遗址做植物标示性保护 4. 注意战壕内雨水找坡，每20m做渗井一个
猫耳洞	土木工程	由于自然风化，植物的生长及农耕、植树等人为因素，使猫耳洞坍塌	1. 清理猫耳洞内的滑落土和杂草树木。清理时，按古遗址考古方法实施，谨防扰乱原猫耳洞残损原貌 2. 对猫耳洞遗址做球形砖发券保护

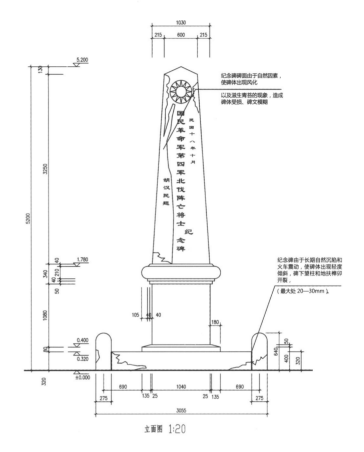

立面图 1:20

原出当时战场初始态势，将北伐军遇到的进攻的困难以及其攻守双方战役特点充分表现出来，从而完整地保护了此遗存的重要价值意义。

注：本次修缮工程通过国家文物局的审批立项并拨款，已于2008年顺利完成。本文由于章节所限对部分评估数据分析及图纸有所删节，敬请谅解。

参考文献

[1] 谷增辉. 战场遗址的保护与利用研究 [D]. 杭州：浙江大学，2009.
[2] 单霁翔. 20世纪遗产保护的理念和实践（一）[J]. 建筑创作，2008（6）.
[3] 单霁翔. 20世纪遗产保护的理念和实践（二）[J]. 建筑创作，2008（7）.
[4] 薛林平. 建筑遗址保护概论 [M]. 北京：中国建筑工业出版社，2013.
[5] 中国人民革命军事博物馆编著. 中国战争史地图集 [M]. 北京：星球地图出版社，2007.
[6] 《全国重点文物保护单位》编辑委员会国家文物局著. 全国重点文物保护单位·第一卷 第一批至第五批\全国重点文物保护单位 第2卷 第1批至第5批. 文物出版社，2004.
[7] 湖北省咸宁市地方志编纂委员会编. 咸宁市志. 北京市：北京中国城市出版社，1992.
[8] 李英等编著. 简明军事辞典. 上海市：上海辞书出版社，2007.

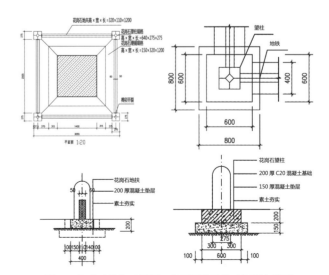

图11　纪念碑修复平面图、立面图以及基础加固大样图

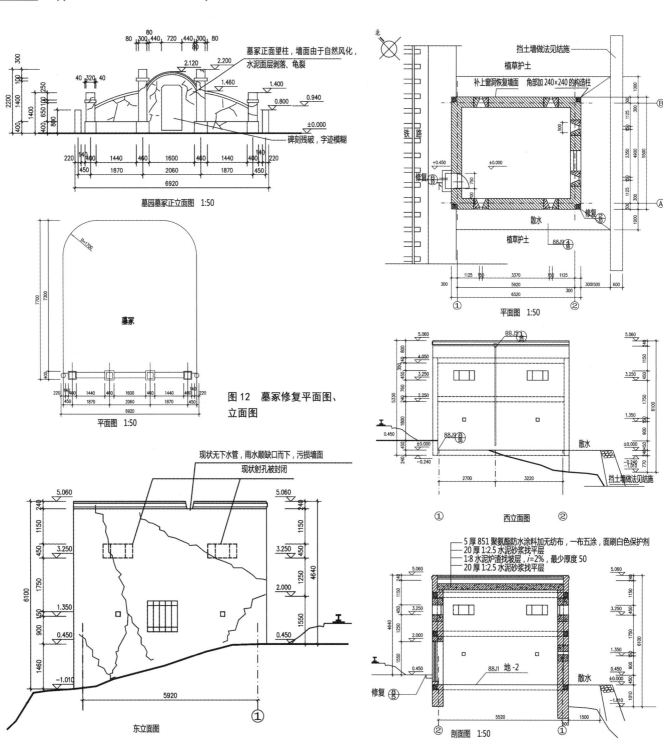

图 12　墓冢修复平面图、立面图

图 13　碉堡残损说明

图 14　碉堡修复设计平面图、立面图、剖面图

07 浅议近现代战场遗址的整体保护——以北伐汀泗桥战役遗址保护修缮为例

Discussion on Integrated Conservation of Modern War Site: Take Tingsiqiao Battle Site during the Northern Expedition as an Example

319

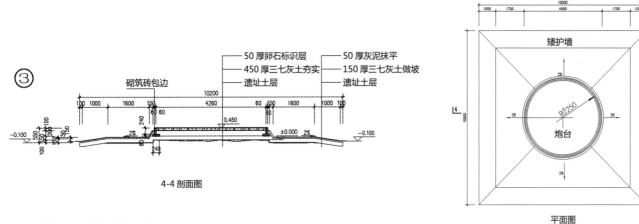

图 15　塔垴山炮台修复典型 2 图

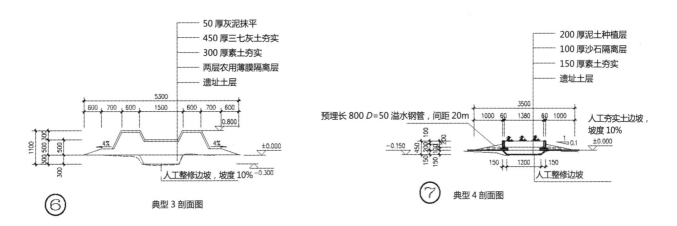

图 16　塔垴山战壕修复典型 3、4 图

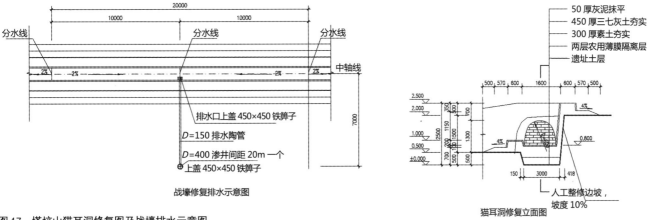

图 17　塔垴山猫耳洞修复图及战壕排水示意图

08 敬恭桑梓 茹古涵今

——从现代博物馆发展视角看城市历史文化街区文化遗产的保护与传承

卢刘颖

（刊于《全球视角下的中国范式——城市发展与规划会议论文集》，2010 年）

在现代博物馆发展和演变的进程中，出现了多种新兴博物馆形态，其共同点在于"社区意识"的不断渗透，表现在博物馆的展示理念、运营模式和教育功能中。可以预见，参与社区建设、与社区居民互动是今后博物馆发展的必然趋势。从此视角看，在城市社区中开展形式多样的博物馆建设已具备较为成熟的理论和实践基础，尤其在城市历史文化街区中，更能充分发挥对文化遗产的保护与传承作用。

1 现代博物馆发展趋势概况

20 世纪 70 年代兴起的新博物馆学运动，推动和更新了传统博物馆的经营、管理理念及所承担的社会职能。该运动关注博物馆如何为社会及社会发展服务，如何协调人类与自然环境的关系，如何将历史与现在、未来衔接起来。博物馆的发展越来越注重"以人为本"，强调主体的参与性，强调为社会及发展服务等等理念，使得博物馆走出传统的以收藏为主的精英主义模式，融入网状的社会结构中来。

在此运动的影响下，许多新型博物馆逐渐发展壮大起来，如城市博物馆、生态博物馆、民俗博物馆等。在国外，一些知名企业也推出了自己的企业博物馆，如德国三大汽车博物馆（奔驰、保时捷和宝马）、美国底特律汽车城的亨利•福特博物馆以及世界钟表业霸主瑞士钟表博物馆等。这些新型博物馆正在成为其周边社区乃至城市中的人们享受休闲生活与文化传播的重要场所。

随着现代科技的高速发展，博物馆展示技术也呈现多媒体化的趋势，大量视频、音频资料被列入展示内容，并强调与观众的交流互动，以弥补传统实物陈列模式的"静态"缺陷。在此趋势下，许多博物馆都对既有的物质空间载体进行了技术更新和设备升级。

互联网和数字技术的发展更是打破了博物馆的空间界限。在全球化背景下，网络博物馆和数字化交互式博物馆不仅有助于本地区人们的教育、休闲和娱乐，还可以增进不同国家和地区、不同文化背景的人们之间的相互了解，促进文化交流并推动文化旅游。2010 年上海世博会即综合运用了互联网、WEB3D、富媒体等技术，首次将具有 158 年实体展览历史的世博会"复制"到网络空间上，使全球网民都可以通过浏览三维园区和三维展馆，身临其境地体验现场的盛况[1]。

2 现代博物馆在空间形态上的拓展

在空间形态上，传统博物馆往往以独栋建筑或组合式建筑群作为馆舍的基本形式和展品陈列的载体；而现代博物馆早已不囿于此，源于瑞典的户外博物馆和源于苏联的保护区博物馆，已将博物馆馆舍的空间范围拓展到占地面积较大的公园和城市历史街区。

2.1 户外博物馆的起源和发展

19 世纪末在瑞典斯德哥尔摩诞生的斯堪森（Skansen）博物馆开创了户外博物馆（Open-air Museum，又称露天博物馆、野外博物园等）的先例。这是一种独特的博物馆展览形式，通常将保存至今的历史遗迹或民居、教堂以及室内外的装潢、构件等，按原来状态布置展出，供公众观赏。由此，在世界范围内掀起了将历史建筑物作为"展品"的热潮，颠覆了人们对"不可移动文化遗产"的理解。据不完全统计，截至 1982 年欧洲已有 2000 多个户外博物馆（瑞典约占一半），而美国在 1970~90 年代借由建国 200 年的契机也建造了约 200 个户外博物馆[2]。

除欧美之外，亚洲（日本、中国、朝鲜、印度尼西亚、

08 敬恭桑梓 茹古涵今——从现代博物馆发展视角看城市历史文化街区文化遗产的保护与传承
Conservation and Inheritance of Cultural Heritage in Urban Historic-cultural Districts : from a Developing Perspective of Modern Museum

321

泰国）、非洲（坦桑尼亚）、大洋洲（澳大利亚、新西兰）也为了提升各国的民族意识和保存传统文化，以社会教育要素为背景，推进户外博物馆的建设[3]。其中日本在20世纪60年代经济繁荣时期，随着城市化进程推进到农村和边远山区，为了保留众多具有历史意义和保存价值的建筑发展了一批户外博物馆，大多采用集中迁建历史建筑的形式，具有代表性的有1965年创建的博物馆明治村，位于爱知县犬山市。

此时，博物馆的空间形态扩大到占有一定面积的公园或部分城市街区。如斯堪森博物馆占地30公顷，包含150余栋建筑；美国弗吉尼亚州的威廉斯堡占地70hm^2，拥有古建筑800余座，有三大历史性建筑都是在原址按原式样重建的。

当然，一些户外博物馆由于将历史建筑移植异地集中展示，使其脱离于当地社区，只能通过雇佣员工的方式进行角色扮演再现历史场景，受到有关学者的质疑。针对这一现象，1964年苏联成立的文化部和科学院主席团联合委员会在其《苏联博物馆事业发展的原则》中就明确指出："有纪念价值的建筑艺术纪念物不能从它的所在地和现场转移到其他的地方"。

2.2 保护区博物馆的诞生和意义

苏联在1950年代末期将"建立新的博物馆，必须是有历史建筑和有纪念物的地方"列入发展博物馆网的方针，由此在文化历史纪念地带动了一大批保护区博物馆和民间建筑民俗生活博物馆（类似于户外博物馆）的建立[4]，至1977年苏联已经有42个保护区博物馆。在这些保护区博物馆中，"博物馆"不仅仅是一个馆舍的概念，而是将包含众多历史建筑（公共建筑和民居）的区域整体视为一个立体的博物馆。如弗拉基米尔－苏兹达尔历史艺术和建筑保护区博物馆（1958年）范围涉及2个城市（弗拉基米尔城和苏兹达尔城）和2个乡村（波戈留波夫村和凯捷卡施村），内容包括：2个历史城市中心、5座教堂，以及州立地志博物馆、历史艺术博物馆、金门、修道院和名人邸宅各一处。1992年，弗拉基米尔和苏兹达尔历史遗迹作为文化遗产列入《世界遗产名录》。

保护区博物馆的诞生，事实上也顺应了苏联党中央在1960年代提出的发展旅游和参观游览的决定。在这些保护区内需要按照博物馆和文化历史纪念物的所在地来安排旅游路线，向人民进行爱国主义教育、共产主义思想和社会主义生活方式的宣传教育。虽然苏联的保护区博物馆带有一定的政治色彩，但其基本理念与之后兴起的生态博物馆运动所提倡的"原址保留"不谋而合。

3 现代博物馆功能的"社区化"倾向

在展示内容上，传统博物馆多按主题分类，从不同地域搜集同类实物集中展陈。而源于法国的"生态博物馆"则提倡"就地保护"的理念，与苏联的"地志博物馆"关注地方综合发展历史有着共同的初衷。生态博物馆与地志博物馆的重点都在于对地域特性的关注，以及对当地居民开展教育。

3.1 生态博物馆：强调原址活态保护

法国博物馆学家乔治·亨利·里维尔（George Henri Riviere）最早提出"将展品置于与之相关的环境中"的思想，并在1960年代末付诸实践，由此开创了"生态博物馆"（Ecomuseum）时代。所谓"生态"的理念事实上强调了馆址的重要性，即"将当地恢复到以前的样子"，同时包含针对人类与其周围自然、社会环境关系的全面教育[5]。勒内·里瓦德1988年提出生态博物馆与传统博物馆的对比公式：

传统博物馆：建筑 + 收藏 + 专家 + 观众
生态博物馆：地域 + 传统 + 记忆 + 居民

国际博协自然历史委员会在自己制定的生态博物馆定义中指出，生态博物馆是"公众参与社区规划和发展的一个工具"。因而生态博物馆在管理上旨在引导公众用一种自由的和负责的态度来理解、批评和征服社区所面对的问题[6]。

20世纪70～80年代，生态博物馆运动从发源地法国迅速推广到加拿大和美国。其中加拿大魁北克的第一个生态博物馆—上比沃斯地区（Haute-Beauce）在讲解中心内开设大众博物馆学课程，受到当地居民和社会团体的大力支持；随后先后涌现了为保护工人住宅区文化的"全社会之家"（the Maison du Fier-Monde）、为保护自然文化区的"岛上居民之家"、为保护和研究历史遗产的洛格山谷生态博物馆、为配合生态学教育中心兴建的圣康斯坦特生态博物馆等[7]。美国则在独立文化团体史密森学会的积极推动下协助土著美洲人建立自己的部落生态博物馆，并在此基础上开展社区教育计划，实现居民参与社区管理和发展事宜[8]。

20世纪80~90年代，生态博物馆的思想在亚洲日本、中国和印度都产生影响并指导实践。日本于1995年在包含工业社区遗址在内的几个生态博物馆的基础上，成立了生态博物馆协会。印度则在20世纪80年代开始了生态博物馆理论研究，其核心内容是关于文化和自然资源利用和保护问题，探讨社区、遗产和发展的关系；实践中也主要以社区为单位进行博物馆建设。如1999年1月，在毕德卡（Bedekar）教授的领导下，在马哈拉施特拉邦（Maharashtra）建成了考莱社区博物馆（Korlai Community Museum）[9]。

中国于1995~1998年间在贵州梭戛建成了国内第一座社区型生态博物馆，引起了国内外各界的广泛关注。至2009年，贵州、内蒙古、云南、广西等地已经创建了9个生态博物馆，多为少数民族聚居区，保留并传承了带有浓厚文化色彩的民居建筑和民俗习惯；浙江省安吉县目前也在积极筹划将整个县域打造成生态博物馆的方案。

3.2 地志博物馆：地区历史的浓缩精华

苏联的万斯诺娃曾在《苏联博物馆网与博物馆类型》一书中指出"地志博物馆的藏品，是在研究具体行政区域的自然、历史和经验的基础上形成的"[10]，据苏联文化部系统统计，1965年"摩尔达维亚苏维埃社会主义共和国博物馆网"的组成部分中就包含了50个州和区共计409个地志博物馆分馆，约占苏联文化部系统博物馆总数的67%。到了1980年，地志博物馆的分馆达到了519个，并且由州和地区向新建城市中拓展[4]。我国的地志博物馆就是中华人民共和国成立后在学习苏联博物馆事业经验的基础上建立起来的[11]。

在展览技术上，地志博物馆主要通过大量文物、标本、图片、幻灯、录像等形象资料系统地反映出一个地区的全貌，比志书记载更直观生动、易于接受，可以视为我国省、地市级历史博物馆以及近年来新兴的城市规划展览馆的前身。

鉴于地志博物馆具有空间范围明确、知识结构完整、展示技术丰富的特点，将其进一步社区化是完全可行的。早在1966年，我国台湾博物馆学家汉宝德教授在《生活化的博物馆》一文中就指出："如果你一定要为社区博物馆下定义，它是一种迷你型的地方史博物馆，好像地方志一样，生动严肃地表达出地区的发展过程，影响地区发展的人与物。它有助于我们了解过去、现在与未来，使我们更能了解生活的意义，选择自己的生活方式。"这条非正式的定义，可视为对地志博物馆社区化的一段描述。

4 现代博物馆发展对城市历史文化街区文化遗产保护与传承的启示

从上述现代博物馆的发展和演变的过程中可以看出，博物馆的空间形态已从单体建筑拓展到占地面积较大的公园和城市街区；博物馆的展示理念、运营模式和教育功能中也不断渗透出"社区参与"的意识。例如，当法国生态博物馆运动发展到第三代，产生了倡导居民自治的"社区生态博物馆"（Community Ecomuseum），它具有独立的私人协会性质，以此区别于早期的"社会事业性生态博物馆"（Institutional Ecomuseum）；类似的，苏联原国家博物馆的一些分馆，后来也独立成为社会博物馆，以便积聚私人资金和举办各种临时陈列。

目前博物馆界探讨的主要问题是博物馆如何为社区服务，博物馆如何与社区互动，社区居民如何成为博物馆的主人等。可以预见，参与社区建设、与社区居民互动是博物馆今后发展的必然趋势，在城市社区中进行博物馆建设并发挥其教育功能也已具备较为成熟的理论和实践基础。

4.1 城市历史文化街区是多种类型文化遗产的载体

我国拥有规模庞大、内涵丰富的地方文化遗产体系，从各地积极申报历史文化名城、名镇、名村乃至名街的火热场面中已可窥见一斑。然而目前我国又处于城市化快速

08 敬恭桑梓 茹古涵今——从现代博物馆发展视角看城市历史文化街区文化遗产的保护与传承
Conservation and Inheritance of Cultural Heritage in Urban Historic-cultural Districts : from a Developing Perspective of Modern Museum

323

发展的时期，城市中的大量旧城改造项目和全球化的新生活方式，必然牵连到物质文化遗产的留存与否、非物质文化遗产如何传承的问题。这些矛盾在规模较大、历史遗存丰富、文化底蕴深厚的城市历史文化街区表现得尤为突出，亟需从社区层面上探索合理解决的途径。

在城市历史文化街区中，物质文化遗产主要表现为历史建筑、遗迹和居民个人收藏品；非物质文化遗产则包括"传统的文化表现方式"和"文化空间"，具体表现为：口头传统、传统表演艺术、民俗活动和礼仪与节庆、有关自然界和宇宙的民间传统知识和实践、传统手工艺技能等以及与上述传统文化表现形式相关的文化空间[12]。

不难发现，城市历史文化街区既具备了户外博物馆的展示对象、保护区博物馆的历史环境，又保留了生态博物馆所关注的"原生态"居民和传统生活习俗，更是地志博物馆一部分展示内容的真实载体，因此上述不同类型博物馆的组织和运营模式是很有借鉴意义的。

4.2 借鉴博物馆理念和技术，对文化遗产进行就地保护与教育传承

在城市历史文化街区的层面上设立"社区博物馆"（或者说，让整个城市历史文化街区成为一座"天然"的博物馆）可以视为一种全方位、立体的保护模式，并对物质、非物质文化遗产进行系统传承。

对于名人故居、宗教建筑、传统演艺场所、商业集市、地面标志物等大型不可移动的建筑类遗产，可借鉴保护区博物馆模式，依照历史街区保护规划在原址进行保护修缮，并与产权单位或个人商议，适当开辟出不同规模的展陈空间。同时借鉴户外博物馆模式，完善历史建筑的标识／介绍系统，追溯空间的历史情境，如设置展板和雕塑等。

对于历史遗迹、个人藏品等小型物质文化遗产，可借鉴博物馆学在藏品收集、分类整理、保存和陈列等方面的相关技术，根据居民意愿在历史文化街区中选取适当空间就地保护，可集中可分散。美国亚克钦生态博物馆的经验[8]表明："有时一些家庭可以在自己家的院子里或前厅里举办展览。观众们就像参观房舍和花园一样，从一家走到另一家，欣赏别人的收藏和作品，回忆久违了的往事，重新

确认自己的价值观，不知不觉中给社区团结精神注入了生命力和活力。"

对于表演性强的非物质文化遗产，如口头传统（方言和传说故事）、传统表演艺术（戏曲、地方剧等）、传统手工艺技能，可借鉴现代博物馆的数字技术进行采集和展示，也可以邀请各级非物质文化遗产传承人或地方演艺团体前来现场表演，或开设相关讲座；对于参与性强的非物质文化遗产，如民俗活动、礼仪与节庆，可借鉴生态博物馆模式，在节假日期间发动本社区乃至周边社区的居民自愿参与，与前来参观的游人分享当地传统特色。

敬恭桑梓，茹古涵今。在城市历史文化街区引入现代博物馆的理念和技术，有望使街区内蕴含的物质／非物质文化遗产资源得到整体保护。同时，在社区博物馆不断自我建设、完善的过程中，可以吸引来自周边街区、整个城市乃至外地的参观者，使博物馆的教育功能得以充分发挥，也为社区带来一定收益，反哺文化遗产的保护与传承，也不失为振兴城市历史文化街区的一条新思路。

参考文献

[1] 汤天甜，张璐璐. 媒体群落·信息交互·空间记忆——上海世博会网络传播的多维解读 [J]. 中国传媒科技，2010(8).
[2] 徐苏斌. 世界上的野外博物园 [J]. 世界建筑，1998(2).
[3] 杉本尚次. 美国新英格兰的野外博物馆——保存、再生、充分利用传统建筑 [J]. 文博，1992(1).
[4] 尤·谢·叶戈洛夫. 社会主义条件下博物馆网的发展（20 世纪六七十年代）[J]. 中国博物馆，1990(1).
[5] 弗朗索瓦·于贝尔. 法国的生态博物馆：矛盾和畸变 [J]. 中国博物馆，1986(4).
[6] 苏东海. 国际生态博物馆运动述略及中国的实践 [J]. 中国博物馆，2001(2).
[7] 雷内·里瓦德，苑充健. 魁北克生态博物馆的兴起及其发展 [J]. 中国博物馆，1987(1).
[8] 南茜·福勒，罗宣，张淑娴. 生态博物馆的概念与方法——介绍亚克钦印第安社区生态博物馆计划 [J]. 中国博物馆，1993(4).
[9] 帕拉斯毛尼·杜塔. 印度生态博物馆现状 [J]. 中国博物馆，2005(3).
[10] 伊万诺娃，吕济民. 苏维埃政权初期俄罗斯联邦地志博物馆网的创建过程 [J]. 中国博物馆，1991(3).
[11] 董增通，王喜禄. 我国地志博物馆的基本概念、内容与作用 [J]. 中国博物馆，1990(2).
[12]《国务院办公厅关于加强我国非物质文化遗产保护工作的意见》（国办发〔2005〕18 号）.

09 世界文化遗产地对城镇旅游经济发展的影响

张杰　卢刘颖（执笔）　霍晓卫

（刊于《城市规划》2012年第36卷第9期）

1　我国遗产地旅游总体概况

我国已加入《保护世界文化和自然遗产公约》26年，至2011年我国世界遗产总数达到全球第三。其中世界文化遗产地32处，由于联合申遗和扩展项目申报等原因，涉及了全国超过40个城镇。我国世界文化遗产地（以下简称遗产地）规模普遍较大，在十几公顷到数万公顷不等，是城镇空间中的珍贵资源，也是城镇发展过程中不可忽视的因素。自1987年我国始有遗产地陆续被列入世界遗产名录，20余年来，随着遗产地知名度提高、交通条件和环境质量改善等客观原因，又适逢我国旅游业步入发展与深化阶段[1]，从总体上看，各遗产地的游客量在入遗后都分别保持了攀升的态势。

考虑到入遗时间的长度、遗产地城镇的规模可比性和相关数据搜集的完整程度，本研究排除了如下遗产地：北京和沈阳的明清皇宫、长城、拉萨布达拉宫、庐山风景名胜区、颐和园北京皇家园林、天坛、龙门石窟、开平碉楼及村落、五台山、登封"天地之中"历史古迹和杭州西湖文化景观。研究范围共涉及26个遗产地城镇，涵盖了历史建筑群、古城、村落、石窟、山岳和考古遗址等多种遗产类型。

1.1遗产地游客量比较

本研究通过对世界文化遗产地管理部门发放调查报表、查阅遗产地所在城镇地方年鉴及相关文献资料等方式，以1990年起20年间全国26个世界文化遗产地年度游客人数的最大值作为考察标准，进行数据搜集和整理，结果如下（表1）：

（1）遗产地年度游客量差异巨大。研究范围内，"热门"的遗产地一年最多可吸引500万人次以上的游客量；然而也有6个遗产地年度接待游客人数长期不足30万，甚至不如某些非世界遗产地（如西安市碑林博物馆2009年接待游客人数为47万[2]）。当然该组数据无法反映我国世界文化遗产地之最，研究范围外的北京明清皇宫（故宫博物院）2009年全年接待游客高达1182万人次[3]，可见我国世界文化遗产地年度接待游客人数最大相差约40倍。

（2）入遗时间先后对游客量有一定影响。年度游客接待量在100万人次以上的遗产地，绝大多数都在2000年前被列入世界遗产名录的"老牌"遗产地。

（3）同类型遗产游客量相仿。如山岳、古城类遗产地的年度游客量在100万～300万人次之间；村落、石窟类遗产地的年度游客量多在50万～100万人次之间。当然，研究范围外的龙门石窟2009年接待游客人数达到了183万[4]，相对较高。

1.2造成游客量差异的原因

（1）旅游者的需求差异

曾有旅游专家把旅游者分为冒险探索型（Allocentric）和保守稳妥型（Psychcentric）两类（Plog, 1973[5]）。其中"保守稳妥型"旅游者主要以度假娱乐为主而不是获取知识。因此当世界文化遗产地作为旅游目的地，在满足不同类型游客的旅游需求方面存在差异。

上述数据显示我国遗产地类型与游客量存在着一定程度上的对应关系。其中山岳、古城类遗产地由于其空间规模大、流线组织相对自由、休闲娱乐项目丰富，年度游客量普遍较高；而在规模较小、休闲娱乐项目相对单一的村落、石窟类遗址的游客量略微次之；游客最少的遗产地多为考古学或人类学遗址，以及入遗时间较晚、知名度不高的皇家陵寝、王城等，这些遗产地目前以科普教育功能为主，难以提供符合大众游客普遍需求的休闲娱乐功能。由此也可推测我国大众游客中"保守稳妥型"旅游者为大多数，"探索型"旅游者的比例偏小。

（2）遗产地可达性差异

澳大利亚学者曾提出，"遗产地与大城市的距离"与"旅游效益增长速度"之间存在某种联系（Tisdelland Wilson，2002）[6]。本研究考察了遗产地到最近的大城市（地级城市中心，如火车站）的行车距离（图1），对比后发现：游客最多的十个遗产地中，有80%与大城市的距离不超过60km。武夷山风景区虽与最近的南平市中心相距159km，但附近有国际机场（距遗产地15km）和区域性过境火车站（即京福线，车站距遗产地16km）作为补充，可达性大大提高。而游客量最小的十个遗产地中，有70%与大城市的距离超过了70km。由此我们推断遗产地的可达性也是影响年度接待游客量的关键因素之一。

（3）旅游季节性差异

旅游淡季长度也是影响游客量总数的重要因素。研究范围内，位于北纬40°附近或以上北方地区的9处遗产地中，有2/3年度接待游客量在30万人次以下，其余也不足100万（十三陵除外）。在这些遗产地中，敦煌莫高窟纵使拥有极高的国际声誉，由于沙漠气候条件恶劣，每年旅游淡季长度将近半年（当年11月至来年3月），大部分航线停运，影响了海内外游客的到访。而承德避暑山庄及周围寺庙则由于名称中的"避暑"盛誉造成一定误导，冬季成为心理上的旅游淡季，游客量骤减。

2 我国遗产地城镇旅游业发展的宏观认知

为了恰当估计世界文化遗产地对所在城镇的社会经济影响，下文将"所在城镇"定义为遗产地直接管理部门所属的最小行政区范围，考察的人口规模尽量控制在100万以下，通常为县、县级市或地级市的某个市区。

2.1 遗产地在城镇旅游中的地位

我国世界文化遗产地所在的44个城镇[3]中，列入"中国历史文化名城"名录的多达25个，且仅有2个非"中国优秀旅游城市（强县）"。可见这些城镇不仅历史文化底蕴深厚，且具有良好的旅游环境。为了解遗产地旅游在

我国世界文化遗产地年度接待游客人数最大值比较
（1990～2009 年）　　　　表1

年度接待游客人数最大值（万人）	遗产地名称及列入时间
>500	苏州古典园林①（1997）、十三陵（2003）
300~400	曲阜孔庙孔林孔府（1994）、秦始皇陵（1987）
200~300	泰山（1987）、丽江古城（1997）、黄山（1990）、武夷山（1999）
100~200	武当山古建筑群（1994）、平遥古城（1997）
50~100	皖南古村落（2000）、云冈石窟（2001）、莫高窟（1987）、永定土楼（2008）、大足石刻（1999）、承德避暑山庄及周围寺庙（1994）、华安土楼（2008）
<30	清东陵（2000）、殷墟（2006）、高句丽王城王陵及贵族墓葬（集安，2004）、清永陵（2004）、周口店"北京人"遗址（1987）、高句丽五女山山城②（桓仁，2004）

注：澳门历史中心、青城山-都江堰灌溉系统、南靖土楼等地数据不可获取。资料来源：根据各遗产地管理部门及地方年鉴等数据整理。

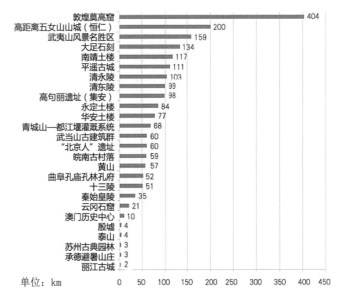

图1 我国世界文化遗产地与最近地级市中心的行车距离
（资料来源：百度地图查询结果，笔者自绘）

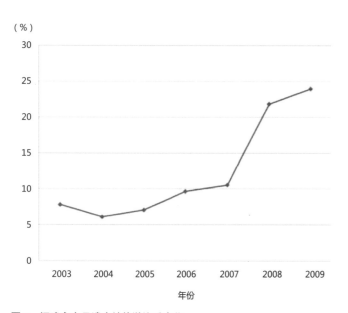

图 2　福建永定县遗产地旅游比重变化
（资料来源：根据永定县文物局及《福建年鉴》（2003-2010）数据整理）

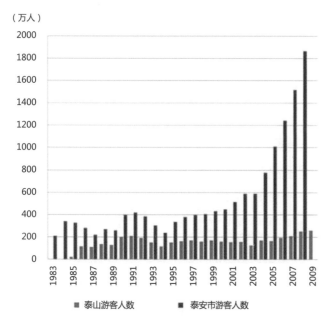

图 3　泰山遗产地与泰安市游客人数变化
（资料来源：根据泰山管委会及《泰安统计年鉴》（1984-2010）数据整理）

城镇旅游业发展中的地位变化，本研究考察了遗产地旅游比重（即遗产地游客人数与所在城镇游客总人数的年度比值），结果如下：

（1）遗产地旅游比重可能因成功入遗明显增加

一部分城镇在申遗前，遗产地仅是当地众多旅游资源之一，并未受到特别关注；入遗后，遗产地知名度和美誉度骤然提升，吸引大量专程前来参观的游客，使得遗产地旅游比重也在短期内迅速增加。这一类城镇的典型代表是福建永定县（图 2），该县入遗前 5 年遗产地旅游比重不足 10%，而 2008 年入遗后迅速上升到近 25%。然而此现象在 20 世纪 80 ~ 90 年代列入世界遗产的城镇中并不明显，这与我国整体旅游业发展水平有关。

（2）随着入遗时间增长多数遗产地旅游比重逐步下降

多数城镇的遗产地旅游比重变化趋势表明，在入遗初期，遗产地可能成为城镇旅游业的核心。随着城镇知名度与日俱增，遗产地本身的游客绝对数量仍在增加，但遗产地旅游比重可能逐渐下降。以泰山遗产地为例（图 3），在 1987 年泰山申报世界遗产成功之时，泰山旅游人数上升到了全市旅游人数的 51%，达到历史极值，并在以后的 7 年内保持了约 50% 的水平。随后，这一比重开始逐步下降，到 2008 年这一比例仅为 13.58%。曲阜、平遥、黟县、昌平、苏州、大足、黄山等遗产地所在城镇也出现了类似的情况，从一定程度上体现了城镇的整体旅游业受到遗产地的带动和发展，反映在：1）世界文化遗产地游客量趋于稳定；2）其他旅游资源得到合理开发和利用；3）到达各旅游目的地的相关基础、服务设施得到改善，城镇接待游客能力提升；4）在市域、镇域范围内形成丰富的旅游线路网和相关产业链。

（3）目前旅游业以遗产地为核心的城镇仅占少数

如表 2 所示，遗产地旅游比重长期保持在较高水平（50% 以上）的城镇仅有 4 个，占统计中有效案例总数的 23.8%；而游客最多的十处遗产地中，仅有 3 个城镇将遗产作为核心旅游目的地。由此可见，多数城镇已在遗产地的基础上开发周边旅游资源，以吸引更多的游客到访城镇和遗产地，促进当地旅游业的整体发展；而以遗产地为旅游业核心的城镇，多为旅游资源相对单一的县或县级市。

2.2 多数遗产地城镇的旅游经济优势并不明显

UNESCO 世界遗产中心 2008 年总结世界遗产地发展带来的影响时指出，遗产地及所在城镇可能存在某种"波纹效应"：首先，遗产的价值足够获得世界遗产身份；其次，该身份促进旅游业发展；再者，旅游业促进遗产地所在城镇的整体发展；但值得注意的是，世界遗产身份本身并不足以刺激当地进行彻底的转变，地方当局必须尽可能地对该身份可能集聚的资本进行规划，并在相关产业链上进行恰当的投资[6]。

为了探究旅游业在遗产地城镇产业结构中的地位，本研究考察了 1990 ~ 2009 年我国世界文化遗产地所在城镇旅游收入与 GDP 的比值⑤，并取平均值进行比较，如表 3 所示；而各遗产地城镇的旅游业发展呈现如下特点：

（1）比值居高的城镇规模较小。当城镇接待游客人数远远超过城镇人口，旅游收入与 GDP 的可比性逐渐凸显。

（2）半数以上城镇比值不足 10%，其中包含三种类型：1）以第二产业为主导的地级市；2）地处偏远、旅游相关设施较为落后的县；3）第二、第三产业趋于均衡发展的县级市。

（3）申遗前后比值可能变化显著。从长期连续数据来看，部分城镇在世界遗产身份的带动下，旅游业快速发展，旅游收入与 GDP 比值增幅明显，如丽江市、武夷山市、黟县、桓仁县、都江堰市、集安市等城镇，共同特点是以遗产地为核心、入遗前知名度不高。

3 应以长远目光看待遗产地旅游经济效益

在我国，"旅游目的地"几乎成为世界文化遗产地的代名词。享誉国际的身份固然是一张"金字招牌"，可能直接带动当地的就业机会、经济收入、贸易和税收的增加，以及相关旅游、文化和对外交流活动的蓬勃开展，并产生可观的旅游经济效益、知名度和品牌效益，甚至为当地产业结构的优化作出贡献。然而如不注重遗产地周边环境的保护，将会对整个地区的社会经济可持续发展造成负面影

全国世界文化遗产地旅游比重 表2

遗产地与城镇游客人数的比值（%）	遗产地所在城镇及入遗时间
>100	华安县⑧（2008）
50~100	曲阜市（1994）、平遥县（1997）、丹江口市（1994）、黟县（2000）
30~50	敦煌市（1987）、丽江市（1997）、昌平区（2003）、泰安市（1987）、黄山市（1990）、大足县（1999）、武夷山市（1999）、临潼区（1987）
10~20	苏州市（1997）、集安市（2004）、承德市（1994）、永定县（2008）
<10	大同市（2001）、新宾县（2004）、安阳市（2006）、房山区（1987）

注：遵化市、都江堰市、桓仁县、澳门特区、南靖县等地数据不可获取。取笔者所掌握的入遗前5年至2009年数据均值。资料来源：根据各地年鉴及《中国城市统计年鉴》（1985—2010）数据整理。

世界文化遗产地城镇旅游收入与 GDP 比值 表3

城镇旅游收入与城镇GDP的比值（%）	遗产地所在城镇
>40	丽江市区、武夷山市
23~40	黟县、临潼区、黄山市区
10~20	都江堰市、敦煌市、安阳市区
<10	苏州市区、曲阜市、昌平区、桓仁县、平遥县、丹江口市、新宾县、大同市、承德市区、泰安市区、大足县、集安市、永定县、房山区、南靖县；遵化市、澳门特区

注：华安县数据不可获取；据《中国统计年鉴》计算，全国旅游收入与GDP比值同期平均值约为23%，取1990~2009年数据平均值。资料来源：根据各地年鉴及《中国城市统计年鉴》（1991—2010）数据整理。

响。为此，我们有必要从旅游环境（游客容量）和社会经济（产业发展）的角度对遗产地城镇的生态平衡进行监测，警惕"旅游恶性循环"的情况⑥出现。

3.1 遗产地城镇的旅游环境生态不容忽视

为了尽可能客观地衡量旅游业对遗产地所在城镇环境生态的影响，我们考察各城镇年度游客总人数与总人口的比值（接待游客人数／城镇年末户籍总人口数），以反映

游客增长与城镇人口规模的关系（表4）。

（1）近半数城镇比值超过10。研究范围内有11/26个城镇游客人数超过总人口10倍，且此中仅澳门、黄山和安阳为地级以上城市，其余小城镇的旅游环境承载力很可能已接近或超过合理极限。

（2）多数小城镇比值超过5。在旅游综合接待能力偏弱的县级市及以下城镇中，研究范围内有9/15个城镇游客人数超过总人口数5倍。其中平遥从事与旅游业相关职业的人员多居住在县城内，若考察游客人数与县城非农人口数的比值，则已达到10倍以上。

（3）比值在入遗前后可能有显著变化。包括黟县、桓仁县、新宾县、集安市、土楼三县等，均是人口规模较小的县城。以黟县为例，比值由入遗前的不到5倍增长到如今的近40倍。

3.2 遗产地城镇的社会经济生态亦不容忽视

从年度游客人数与城镇人口比值的数据中，我们同时发现"热门"遗产地类型与旅游环境生态以及城镇社会生态之间的对应要素关系。

（1）山岳型遗产地。多呈现游客瞬时流量较大、停留时间相对较短的特点，影响旅游环境生态的要素为景区自然环境的承载力，对城镇社会经济生态的影响较小，主要体现为旅游相关行业的发展，如酒店业、娱乐业、纪念品制造行业等兴起和相关产业链的形成。但对于人口规模较小的城镇如武夷山市，游客与人口比值可达20倍以上，

也从一定程度上抑制了城镇工业化水平的提高。

（2）城镇历史中心。多为本地人口聚集区，交通便利、服务设施齐全，游客乐于驻留并参与活动，易造成交通拥堵、物价上涨、居民外迁、业态失衡、治安变差等"社会污染"问题，影响旅游环境生态的要素是服务设施的承载力。如澳门特区原本就是世界上人口密度最高的城市之一，游客人数超过城镇总人口50倍（当然该现象并非完全由于发展遗产旅游所致）不仅潜在环境污染的危机，社会经济生态也可能遭到影响，如导致产业结构和居民从业结构的显著变化；而丽江古城则已出现原住民减少、过度商业化的状况。

（3）村落型遗产地。多为当地村民赖以生存的空间，交通、服务设施均有较大的提升空间，影响旅游环境生态的要素是遗产地本体的承载力。黟县的游客与县域人口数的比值达到近40倍，必然对原住民的传统生活方式造成冲击。对此应采取适当措施（如就近开发乡村旅游其他景点）引导和分散大量游客，同时鼓励村民保持传统生活习俗，延续社区文化。

（4）大型历史建筑群。此类遗产多位于城镇中心，遗产地本体内无居民，游客按规定路线参观游览，景区博物馆化。影响旅游环境生态的要素是遗产地周边的交通设施承载力，是否能应付瞬时大量人流的疏散而不影响本地居民的日常生活秩序，同时应采取办理年票、开设展览等方式，持续促进对本地居民的普及教育，以维系社会文化认同感。

4　结论：并非所有遗产地城镇都适合大力发展旅游业

综上所述，世界遗产身份对所在城镇的旅游经济产生的影响，从遗产地在城镇旅游中的地位和旅游业在城镇产业结构中的地位上看，是相对有限的；该影响与遗产地类型、遗产可达性，以及所在城镇的旅游经济基础乃至社会经济基础息息相关。从研究的初步结论来看，具有以下特点的遗产地城镇，不应盲目推动遗产相关的旅游业发展，而是在城镇不同层面上加以策略上的限制或补充。

（1）本体脆弱型遗产：应限制瞬时游客量，尽量将旅游业及相关产业的发展转移到遗产地外围；

世界文化遗产地所在城镇游客人数与城镇人口的比值　　表4

遗产地所在城镇接待游客人数与城镇人口的比值	遗产地所在城镇
>50	澳门特区
20~40	黟县、昌平区、武夷山市
10~20	黄山市区、都江堰市、安阳市、曲阜市、平遥县、房山区、临潼区
5~10	华安县、苏州市、敦煌市、桓仁县、丽江市
2~5	永定县、南靖县、丹江口市、集安市、泰安市、新宾县、遵化市、大同市、承德市、大足县

注：取笔者所掌握的1990—2009年数据最大值。资料来源：根据各地年鉴及《中国城市统计年鉴》（1991—2010）数据整理。

（2）对大众游客吸引力不大的遗产：应积极开拓思路，吸引"探索型"游客到访，或在遗产地周边开发新的旅游资源以形成路线或网络；

（3）旅游供给条件尚不成熟、仍有潜力的城镇：应根据城镇规模和社会经济基础，完善旅游基础和服务设施，适当提高城镇接待游客能力；

（4）过于依赖旅游业且经济基础薄弱的城镇：可借遗产之名招商引资，适当发展第二产业，完善和优化城镇产业结构；

（5）规模过小的城镇：可借遗产申报、周年纪念活动之机吸引公共投资，改善遗产地周边环境质量，吸引就业人口。

注释

① 由于可获取数据有限，此处统计的具体数字为苏州市园林和绿化管理局所属园林、风景名胜区游客人次的总和。自 2007 年起除免费、持年卡入园的游客（以当地市民为主）外，年均有 700 万以上游客访问苏州园林系统，根据世界遗产地影响力估算世界遗产地年度游客量在 500 万次左右。
② 高句丽五女山山城（桓仁）可采集数据极少，仅由"2004 年至 2009 年五女山山城累计接待国内外游客 82.6 万人次"推算。由桓仁县信息中心提供，参考本溪农网 2010 年 2 月 5 日消息，http://www.bxnw.gov.cn/asp/detail.asp?id={2EF6D4D5-0122-4BED-9EE0-B31E515CCC08}。
③ 此处多指城镇所属地级市，也包括县本身，以登记名录为准，长城沿线除外。
④ 由于不需要经过城镇中心即可直接到达遗产地，去参观华安土楼的游客多为从附近城市如厦门发起的一日游，故出现遗产地客人数甚至超过所在城镇游客量的情况。
⑤ 由于旅游业产值未在各地公开的统计数据条目内显示，故在此采用旅游收入近似。
⑥ 随着城镇旅游的发展，区域交通日趋便利，当旅游目的地接待游客的数量超过承载力，致使旅游环境质量和设施服务水平下降，游客、消费市场乃至居民都有可能向周边城镇流动，而旅游城镇本身却饱尝环境污染的恶果。

参考文献

[1] 刘长生，简玉峰. 中国旅游业发展的政策路径及其经济影响研究——基于不同省份的面板数据分析 [J]. 商业经济与管理，2009(6)：59-65.
[2] 西安市地方志办公室. 西安年鉴 2010[Z]. 西安：西安出版社，2010.
[3] 故宫博物院. 故宫博物院年鉴 2009[Z]. 北京：紫禁城出版社，2009.
[4] 洛阳市地方史志办公室. 洛阳年鉴 2010[Z]. 郑州：中州古籍出版社，2010.
[5]S Plog. Why Destination Areas Rise and Fall in Popularity[J]. Cornell Hotel and Restaurant Administration Quarterly, 1973, 14(3): 13-16.
[6]Tisdell Clem, Wilson Clevo. World Heritage Listing of Australian Natural Sites: Tourism Stimulus and its Economic Value[R]. Economic Analysis & Policy, 2002,32(2).

10 浅析铁路发展与公主岭近代城市空间格局演变的关系

邓春雁　王　潮　冯铁宏

（刊于《第四届"建筑遗产保护与可持续发展天津"国际会议论文集》2016年）

图1　公主岭在中东铁路的位置示意图
（图片来源：笔者加绘；底图来源网络）

图2　公主岭火车站
（图片来源：《中东铁路支线四平段调查与研究》）

图3　沙俄铁路附属地时期遗存分布图
（图片来源：笔者加绘；底图来源《中东铁路支线四平段调查与研究》）

1　铁路建设之前的公主岭概况

公主岭（原怀德县）位于今吉林省中西部。据志书所记，怀德县大部分地属肃慎氏地。秦汉为辽东北境外之夫馀，后汉为扶余国地，晋为扶馀，隋为室韦之南、靺鞨之西、契丹之东的高丽地，唐为渤海扶余府地，辽为东京道黄龙府境，金为咸平路境信州地，元为辽阳行省开元路境，明属奴儿干都司，清为科尔沁左翼中旗地[1]。清同治五年（1866年），隶属于昌图厅。光绪三年（1877年），境内设立县治，史称怀德县。

至设立县治时，公主岭所在地区也只是一个仅有几户人家的小村落。虽然该地区可追溯到的、有文字记载的历史时期较长，但因境地偏远、缺乏集聚人口的吸引力，发展停滞不前，长期不为广泛知晓。

2　功能·空间——中东铁路建设初期的公主岭城市空间格局

2.1 中东铁路建设概况

19世纪末，沙皇俄国为长期占有中国东北、巩固其在远东地区的战略地位，计划修建一条贯穿中国东北的铁路。1896年，清政府与沙皇俄国签订《御敌互相援助条约》，依此条约并按照《合办东省铁路合同》，中东铁路公司于1897年8月在吉林省东宁县三岔口举行奠基典礼[1]。1898年，中东铁路正式动工。

中东铁路全线里程940多公里，建设以哈尔滨为中心，分别向东、西、南三个方向呈"T"字形路线修建，分别从绥芬河、满洲里、旅顺向哈尔滨推进施工。1903年中东铁路全线正式通车，主干线由满洲里经哈尔滨至绥芬河，南部支线由哈尔滨至大连。

2.2 公主岭在中东铁路建设初期的功能定位

1899年，沙俄开始在公主岭一带修筑中东铁路，1901年在此设车站，始称"三站"，后改称为"公主陵"站（因此地附近山中有清乾隆皇帝之女和敬公主的陵墓），该车站是中东铁路南部支线自哈尔滨起的第一个二等车站。此时的公主岭，作为沙俄侵略势力扩张的产物，借助其为中东铁路沿线的重要站点的新功能，开始集聚大量的人流和物流，逐渐成为人口货物集聚地继而开始具备商贸、手工业等非农的从业条件。公主岭承担的已不仅是"车站"的单一功能，城市的各种功能正在萌发形成。

1　摘自公主岭市政府官方网站"历史沿革"部分，http://www.gongzhuling.gov.cn/。

10 浅析铁路发展与公主岭近代城市空间格局演变的关系

Analysis of the Relationship between Railway Development and the Evolution of Urban Spatial Distribution of Modern Gongzhuling

331

2.3 公主岭城市空间格局的初步形成

为便于经营管理铁路车站，沙俄在中东铁路沿线规划和建设了若干个附属地，附属地除铁路路基、车站和重要站点之外，还包括城市规划的城区用地。公主岭的铁路附属地属于沙俄铁路附属地三个等级中的一级市街，面积在5km²左右[3]，包括河北区和铁北区。附属地内禁止中国人居住。1903年，建立了东西两个兵营，驻有高加索骑兵，规划了铁道南的河北大马路和铁北站前大路，建了百余栋住宅，将新市街向铁北发展[4]。1904年，日俄战争爆发，公主岭铁路附属地建设中断。"市因路起"[5]，沙俄建设中东铁路，使公主岭从不知名的小村落在铁路通车后的两年间发展成为人口千人以上的市镇[1]。由此开始，铁路车站及附属地建设等一系列具有明确功能导向的建设活动，促使与交通运输功能相对应的城市空间格局初步形成，奠定了公主岭近代城市发展的格局。

3 空间·功能——南满铁路管理时期的公主岭城市空间格局

3.1 南满铁路建设管理概况

日俄战争后的1905年9月，日本与沙皇俄国签订了《朴茨茅斯合约》，依此日本于次年从俄国手中接收了中东铁路南部支线铁路及其附属地的租借权

和管辖权。日本将中东铁路长春至大连、旅顺这一区段改称为"南满铁路"，并于1906年设立"南满洲铁道株式会社"（下文简称"满铁株式会社"）。满铁株式会社表面上是日本在中国东北设立的一家公司，而实为日本对东北实行侵略扩张的代理机构。至1907年末，满铁实际控制了1145.7km铁路线，主要包括大连至长春间南满铁路704.3km、安东至奉天铁路260.2km、旅顺支线50.8km、营口支线22.4km。[2]

3.2 公主岭在南满铁路管理时期的城市空间扩容

1906年，日本接管了沙俄侵占的公主陵铁路及其附属地，并将"公主陵"改名为"公主岭"。1908年，满铁株式会社开始制定公主岭市街规划。规划重点扩建沙俄遗留下来的东西两个兵营，新建南大营与北大营，同时在西郊修建大型飞机场、军事仓库、坦克学校等设施。

满铁株式会社于1911年制定公主岭市街规划扩大规划，并分别于1913年、1920年对规划进行变更。截至1936年，公主岭满铁附属地的面积已由沙俄时期的656公顷扩展到983公顷，范围涵盖铁北区、河北区以及铁路沿线两侧[3]。公主岭城市用地规模的增长，是日本接收铁路管理权后侵略势力不断扩张的反映。

除却用地规模增长这一直观反映，

图4 中东铁路建设初期至南满铁路时期的公主岭城市功能空间演变示意图

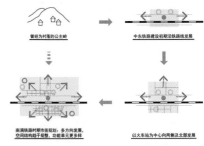

图5 铁路建设对公主岭近代城市空间格局形成的推动作用分析图

图6 公主岭现存的沙俄员工住宅群
（图片来源：《中东铁路支线四平段调查与研究》）

图7 公主岭现存的满铁员工住宅
（图片来源：《中东铁路支线四平段调查与研究》）

1 来源：徐婷.铁路与近代东北区域经济变迁（1898-1931）[D].长春：吉林大学，2015：119.
2 详见《南满洲铁道株式会社三十年略史》.
3 整理自：隽成军，田永兵.中东铁路支线四平段调查与研究[M].长春：吉林文史出版社，2013：27-28.

图8　公主岭俄式建筑群（7号建筑）

图9　公主岭俄式建筑群（10号建筑—机车库）

图10　铁路附属地建设对公主岭近代城市空间格局发展得到制约作用分析图

图11　公主岭铁北街区现存的由沙俄员工住宅构成的市街肌理

图12　公主岭铁北街的现代城市街区形态

在此历史时期的公主岭城市空间发展还在如下两方面呈现出深度"扩容"的特征：①城市空间范围的扩大已不再局限于铁路沿线及车站两侧的带状延伸，而开始向多方向发展；②城市用地类型的设置不只有铁路用地、军事用地及其相关设施用地，还包括大量的生活及服务设施用地，用地类型更为多样化。

3.3 公主岭城市功能的多元演变

由于南满铁路管理时期的公主岭市街规划是日本在承袭了沙俄既有计划的基础上制定的，城市空间发展主线无过多差异，均是以铁路及其设施为中心、附属地与中国人居住地分区设置。而在沙俄建设中东铁路初期的城市空间格局上进行"扩容"，可认为是在处于相对稳定态的城市空间中为满足多元的功能需求进行的空间渐进式扩张。

由日本满铁株式会社制定的早期的公主岭市街规划，均是为实现公主岭的交通枢纽和军事要塞功能服务的。到1939年时，公主岭附属地的范围包括铁北和河北两区[1]，其功能分区包括住宅区、商业区、粮栈工业混合区、工场区（因未建设工厂，后改为住宅区）等部分。附属地内功能分区的多样化，反映了公主岭在其交通功能趋于相对稳定之后，开始应对因"集聚"带来的多元功能需求，因而必须在空间层面进行各种资源[2]的分配与重组。

4　铁路发展对公主岭近代城市空间格局演变的推动与制约

4.1 铁路建设对公主岭近代城市空间格局形成发展的推动

19世纪末20世纪初的中东铁路、南满铁路建设是公主岭近代城市形成、发展的直接原因。近代的公主岭从铁路建设之前只有十几人的小村落发展到近3万人[3]、城区面积约6.56km²的城市[4][6]，从无序发展的郊野转变成有棋盘式道路、具备一定功能分区的城市空间，均是铁路建设推动作用的结果。不同于历史上东北地区突破政治军事堡垒而形成的城镇，铁路这一交通方式的置入是公主岭城市空间格局变迁的直接而深刻的影响因素。在设立县治之前，公主岭没有传统的旧城，城市空间拓展以火车站为中心向其北部及两侧发展，城市空间布局是在火车站及铁路周边的附属地内以纵横向棋盘式道路将住宅、商业、粮栈等进行连接并统一设置。随着铁路租借权和管辖权由沙俄转手日本，公主岭开始依据新的市街规划进行建设。在铁路附属地内，城市空间结构更为规整，构成城市空间的功能单元类型更为多元，城市空间的建筑形象更为多样，公主岭的城市空间格局由最初服务于单一的交通站点向整合配置军事、农业、商业、生产生活等各类资源要素的功能需求方向演变。

目前，在公主岭火车站附近区域，

1　来源：治国兴.公主岭的规划历史和建设实践[J].城市规划，1989（4）:38-40.
2　此处的"资源"包括自然资源、社会经济资源。
3　1935年，公主岭的附属地与河南区人口共计28977人。引自：孙赫然.公主岭近代城市与建筑研究[D].长春：吉林建筑大学，2015：15.
4　1939年，公主岭城区面积6.56km²。

10 浅析铁路发展与公主岭近代城市空间格局演变的关系
Analysis of the Relationship between Railway Development and the Evolution of Urban Spatial Distribution of Modern Gongzhuling

333

仍保留有大量的沙俄或日占时期的居住建筑遗存和工业建筑遗存。其中，位于今科贸大街南北两侧的沙俄员工住宅群、满铁员工住宅群、公主岭俄式建筑群（原铁路工厂、农事试验场）等群体性建筑遗存，建筑风貌整体保存较好，通过这些建筑所在街区（地段）至今仍清晰可辨的、具有明显规划痕迹的空间结构特征，可窥见铁路建设、发展给公主岭近代城市空间格局形成、演变带来的不可忽视的推动力。

4.2 铁路附属地建设对公主岭近代城市空间格局发展的制约

尽管中东铁路、南满铁路建设给公主岭近代城市发展以较大的推动力，但作为侵略势力实施扩张的手段，殖民统治思想无处不在，其中以铁路附属地建设对城市空间格局发展的制约影响最为突出。

铁路附属地是中国领土上依附于中东铁路、南满铁路，被日俄分别占据的特殊区域[7]。沙俄和日本在铁路附属地内可开采资源，经营交通、商业等，驻扎军队，行使司法权。沙俄管理公主岭铁路附属地时，禁止中国人在附属地内居住；日本管理南满铁路时，将公主岭市街划分为由中国人居住的河南街与作为附属地的河北街，并将河北街的北区规划为公共设施、住宅用地。由此，因铁路附属地规划建设导致的空间隔离，使公主岭近代城市走向统一规划与无序发展的两个极端。与河北街严谨的空间规划相比，当时中国人居住的河南街缺乏功能分区、道路不成系统、建筑散乱布局，铁路附属地内外呈现出空间格局发展的极度不平衡状态。此外，公主岭铁路附属地内因沿袭沙俄制定的规划，商业与住宅居于铁道南北，形成不规则的市街，且无主干道[1]，导致附属地内空间格局无法适应新的功能需求，从而制约了附属地的整体发展。

目前，整体观察公主岭城市空间格局，可发现原河南街、河北街所在区域的空间肌理仍呈现出自发生长与有序规划这两种截然不同的状态，铁路附属地建设时期的历史烙印

仍存在于当今的城市空间格局中。与历史不同的是，当今的公主岭铁北一带城市更新的速度较缓慢，该区域的城市空间由历史时期的市街肌理与现代社会的街区形态拼贴而成，成为当代城市空间规划的挑战与契机。

5 结语

中东铁路、南满铁路建设对公主岭近代城市空间格局的发展演变既有推动作用也有制约影响，梳理这样的关系旨在认识影响公主岭历史城市空间格局形成、发展的重要因素与当今城市空间格局建构的关联，认识诸如公主岭俄式建筑群等一系列见证城市发展的历史片段的重要性，进而为科学、合理地进行当今公主岭城市中保存有重要历史信息的街区、地段以及文物建筑的保护与利用提供些许参考，为发掘并推动公主岭城市空间格局的特色发展提供些许思路。

参考文献

[1] 徐婷. 铁路与近代东北区域经济变迁（1898–1931）[D]. 长春：吉林大学，2015：22.
[2] 隽成军，田永兵. 中东铁路支线四平段调查与研究 [M]. 长春：吉林文史出版社，2013：27–29.
[3] 邻艳丽. 东北地区城市空间形态研究 [D]. 长春：东北师范大学，2004:87.
[4] 治国兴. 公主岭的规划历史和建设实践 [J]. 城市规划，1989（4）:38–40.
[5] 谷中原. 交通社会学 [M]. 北京：民族出版社，2002：209.
[6] 孙赫然. 公主岭近代城市与建筑研究 [D]. 长春：吉林建筑大学，2015：15.
[7] 迟延玲. 满铁附属地及其非法行政权之由来 [J]. 呼伦贝尔学院学报，2009（1）：7–9.
[8] 雷家玥. 南满铁路附属地历史建筑研究 [D]. 哈尔滨：哈尔滨工业大学，2012.

---

1 来源：治国兴. 公主岭的规划历史和建设实践 [J]. 城市规划，1989
（4）:38–40.

11 浅析文物建筑腾退的现行依据和实施路径

邓春雁　冯铁宏

（刊于《规划60年：成就与挑战——2016中国城市规划年会论文集》2016年）

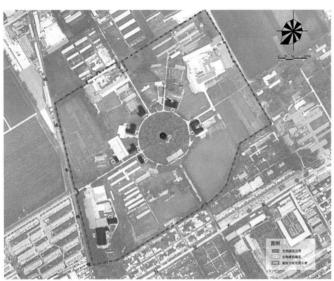

图1　公主岭俄式建筑群分布图（来源：笔者自绘）

图2　公主岭俄式建筑群与公主岭城市发展的空间关系

（来源：《吉林省公主岭市总体规划（2010-2030）》，笔者加绘）

1　缘起

中东铁路建筑群公主岭俄式建筑群[1]是目前中东铁路支线保存较好的一处俄式建筑群。2013年经国家文物局认定，公主岭俄式建筑群被并入第六批全国重点文物保护单位——中东铁路建筑群。公主岭俄式建筑群现位于吉林省公主岭市科贸西大街吉林省农业科学院畜牧分院院内，现存包括机车厂车间、石头房子等在内的文物建筑10栋，建筑面积约1.1万 m^2，占地面积约16万 m^2。

目前，公主岭俄式建筑群由吉林省农业科学院畜牧分院作为办公、科研、仓储空间使用，为这组建筑群保存至今起到了重要的保护作用，但是因不当使用和缺乏专业保养维护，已导致文物建筑本体的安全性和稳定性面临不同程度的威胁。为全面保护公主岭俄式建筑群文物建筑本体及其环境，统筹协调文物建筑的科学管理工作，充分发挥文物建筑的利用潜力，《公主岭俄式建筑群保护规划》编制工作于2015年启动。在保护规划编制过程中，围绕文物建筑是否能够腾退并在之后对外展示开放的争议，一直是困扰地方政府、文物建筑现状使用方以及我们规划编制方的核心问题。鉴于此，笔者开始查找我国与文物建筑腾退及征收相关的法规、文件等依据，并对国内相关案例进行分析，发现文物建筑腾退难的问题普遍存在，其中反映的许多根源性问题亟待解决。

2　文物建筑腾退的现行依据及其问题

2.1 国家法律、法规与文件

2.1.1《中华人民共和国文物保护法》[2]

《文物保护法》是我国文物保护管理的基本法，在最

1　说明："中东铁路建筑群公主岭俄式建筑群"下文简称为"公主岭俄式建筑群"。

2　说明：下文法律条款均摘自2015年4月第四次修正版的《中华人民共和国文物保护法》，来源自国务院新闻办公室网站（www.scio.gov.cn）。下文简称《文物保护法》。

新修正的《文物保护法》中与文物建筑腾退相关的条款内容包括如下所列：

（1）"第五条 国家指定保护的纪念建筑物、古建筑、石刻、壁画、近代现代代表性建筑等不可移动文物，除国家另有规定的以外，属于国家所有。国有不可移动文物的所有权不因其所依附的土地所有权或者使用权的改变而改变。"

此条款明确了诸如公主岭俄式建筑群等文物建筑的所有权属于国家且所有权不可改变，文物建筑的现状使用者有义务满足国家关于腾退并征收文物建筑的要求。

（2）"第二十三条 核定为文物保护单位的属于国家所有的纪念建筑物或者古建筑，除可以建立博物馆、保管所或者辟为参观游览场所外，全国重点文物保护单位作其他用途的，应当由省、自治区、直辖市人民政府报国务院批准。"

此条款明确规定了文保单位中的建筑物的主要使用功能，但是并未提及对于占用文物建筑并作为其他用途的，如若未经法定程序报批，则需由文物建筑使用方进行腾退并由国家征收。

（3）"第二十四条 国有不可移动文物不得转让、抵押。建立博物馆、保管所或者辟为参观游览场所的国有文物保护单位，不得作为企业资产经营。"

此条款为国有不可移动文物的使用经营提出了限制要求，文物建筑若用以保护展示的，其与企业等使用方没有利益相关性，而直接体现出文物建筑的公益属性。

（4）"第二十六条 使用不可移动文物，必须遵守不改变文物原状的原则，负责保护建筑物及其附属文物的安全，不得损毁、改建、添建或者拆除不可移动文物。"

此条款是保护文物建筑安全性的低限要求，但无法从根本上解决文物建筑被不当占用、使用的现实问题，被用以保护展示之外的功能即意味着存在较大的破坏风险而无法实时监控，这可看作是文物建筑需进行腾退的必要性之一。

2.1.2《国有土地上房屋征收与补偿条例》[1]

截至目前，《国有土地上房屋征收与补偿条例》是我国在国家层面颁布施行的唯一一项有关房屋征收的法规性文件，其是文物建筑腾退及征收的又一重要依据。

（1）"第八条 为了保障国家安全、促进国民经济和社会发展等公共利益的需要，有下列情形之一，确需征收房屋的，由市、县级人民政府作出房屋征收决定，由政府组织实施的科技、教育、文化、卫生、体育、环境和资源保护、防灾减灾、文物保护、社会福利、市政公用等公共事业的需要。"

此条款提出文物保护为公共事业，为公共利益的需要可对文物建筑进行征

照片1 公主岭俄式建筑群 J7（来源：笔者自摄）

照片2 公主岭俄式建筑群 J10（来源：笔者自摄）

照片3 闲置的公主岭俄式建筑群（J5）室内（来源：笔者自摄）

照片4 闲置的公主岭俄式建筑群（J9）室外（来源：笔者自摄）

1 说明：下文条款均摘自 2011 年 1 月公布施行的《国有土地上房屋征收与补偿条例》，来源自中央政府门户网站（www.gov.cn）。

我国部分省、自治区、直辖市公布施行的与"国有土地上房屋征收与补偿"
相关的法规、文件（表格来源：笔者整理） 表1

省份	法规、文件名称	施行时间
北京市	《北京市国有土地上房屋征收与补偿实施意见》	2011.5.27
江苏省	《江苏省人民政府关于印发江苏省贯彻实施＜国有土地上房屋征收与补偿条例＞若干问题规定的通知》	2011.7.8
广西壮族自治区	《广西壮族自治区人民政府关于贯彻＜国有土地上房屋征收与补偿条例＞的通知》	2011.8.2
贵州省	《贵州省国有土地上房屋征收补偿住房保障办法（暂行）》	2011.10.8
上海市	《上海市国有土地上房屋征收与补偿实施细则》	2011.10.19
湖南省	《湖南省人民政府办公厅关于贯彻实施＜国有土地上房屋征收与补偿条例＞有关问题的通知》	2011
陕西省	《陕西省国有土地上房屋征收住房保障办法》	2012.1.16
吉林省	《吉林省国有土地上房屋征收与补偿程序及相关文书（试行）》	2012
青海省	《青海省实施＜国有土地上房屋征收与补偿条例＞的若干规定》	2013.6.28
广东省	《广东省国有土地上房屋征收与补偿信息公开指引》	2013.7.29
黑龙江省	《黑龙江省国有土地上房屋征收与补偿规范化工作规程》	2013.10.1
福建省	《福建省实施＜国有土地上房屋征收与补偿条例＞办法》	2014.5.1
浙江省	《浙江省国有土地上房屋征收与补偿条例》	2014.10.1
四川省	《四川省国有土地上房屋征收与补偿条例》	2015.1.1
云南省	《云南省国有土地上房屋征收与补偿办法》	2015.3.1
山东省	《山东省国有土地上房屋征收与补偿条例》	2015.3.1
湖北省	《湖北省国有土地上房屋征收与补偿实施办法》	2015.9.1
山西省	《山西省国有土地上房屋征收与补偿条例》	2016.1.1
内蒙古自治区	《内蒙古自治区国有土地上房屋征收与补偿条例》	2016.3.1

收，明确了文物建筑腾退征收的目的。

（2）"第九条 依照本条例第八条规定，确需征收房屋的各项建设活动，应当符合国民经济和社会发展规划、土地利用总体规划、城乡规划和专项规划。保障性安居工程建设、旧城区改建，应当纳入市、县级国民经济和社会发展年度计划。"

此条款为文物建筑的腾退征收提供了与社会经济发展各项规划、计划、建设进行衔接的接口，明确了该项工作不仅局限于文物建筑本体及其周边环境，还与其形成、发展的城市社会经济建设环境密切相关。

2.2 地方法规、文件

截至目前，我国尚未制定有关文物建筑腾退的专门的地方法规、文件，只有涉及"国有土地上房屋征收与补偿"这方面的法规、文件与文物建筑腾退具有一定的关联性。据笔者不完全统计，至2016年3月我国大部分省份已公布施行的有关"国有土地上房屋征收与补偿"的地方性法规、文件主要包括条例、实施意见、通知、办法、规定、实施细则、指引、工作规程、程序及文书等具体形式，如下表所列：

以上这些地方性法规、文件均是以《国有土地上房屋征收与补偿条例》为基础、结合地方建设发展实际情况制定的，但是这些法规、文件的适用范围有较大的差异，如《山东省国有土地上房屋征收与补偿条例》适用于"在本省行政区域内，为了公共利益的需要，征收国有土地上单位、个人的房屋"，[1] 而陕西省相关规范性文件则只是在征收国有土地上的个人住宅时适用。[2] 因目前占用文物建筑的除了个人住宅还有单位，只对个人住宅提出腾退征收要求的法规、文件无法解决普遍存在的单位占用文物建筑的现实问题。

2.3 文物建筑腾退征收相关依据的现存问题

2.3.1 现行依据执行难：地方层面缺乏专项的法规文件

《文物保护法》《国有土地上房屋征收与补偿条例》

1　说明：详见《山东省国有土地上房屋征收与补偿条例》第二条。
2　说明：详见《陕西省国有土地上房屋征收住房保障办法》第二条。

是现行的最为重要的文物建筑腾退征收依据，为文物建筑的腾退征收提供了宏观层面的法律法规保障。但是，我国各省市建设发展情况存在较大差别，占用、损坏文物建筑的情况亦不尽相同，已公布施行的法律法规文件中尚无明确的、针对文物建筑的腾退征收及整治要求。因此，腾退依据不充分、展示开放缺乏依据等常常成为文物建筑保护规划方案实施的"拦路虎"，其中对于单位长期占用的文物建筑的腾退征收及展示开放更是难以执行。

在《公主岭俄式建筑群保护规划》的编制过程中，公主岭俄式建筑群的现使用者——吉林省农科院畜牧分院在这一重要文物建筑的展示开放方案上难以与地方政府及文物部门达成一致意见，究其问题根源主要是在省市级层面缺乏对已占用文保单位（含文物建筑）实施腾退的依据。就此问题，北京市文物局曾建议由市政府法制办牵头制订《北京市文物保护单位占用单位整治腾退办法》，并设立文物腾退专项经费，以推动解决北京大部分市级文保单位被机关团体和居民占用而长期得不到修缮的问题[1]。

2.3.2 现行依据合作难：腾退征收缺乏文物部门的参与
《国有土地上房屋征收与补偿条例》的第六条提到："国务院住房城乡建设主管部门和省、自治区、直辖市人民政府住房城乡建设主管部门应当会同同级财政、国土资源、发展改革等有关部门，加强对房屋征收与补偿实施工作的指导"。在地方相关法规文件中，《山东省国有土地上房屋征收与补偿条例》的第四条提到："发展改革、财政、公安、教育、民政、城乡规划、国土资源、价格、工商行政管理等部门按照职责分工，做好房屋征收与补偿的相关工作"。在以上国家层面与地方层面的房屋征收补偿条例中，均未明确提及文物部门参与此项工作，由此导致了文物部门在文物建筑遭遇占用需腾退时缺乏足够的执行依据，进而无法让文物部门有效参与到多部门合作中，因缺乏文物保护方面专业的建议和指导，增加了文物建筑腾

退征收和保护整治的难度。笔者在编制《公主岭俄式建筑群保护规划》时，发现文物建筑腾退实施的现行依据薄弱，导致文物部门在此工作上缺乏主导权，难以集相关部门之众力来推动文物建筑周边与城市片区的协同建设发展。

3 我国文物建筑腾退实施路径的案例分析

现阶段，我国地方层面与文物建筑腾退相关的现行依据尚不完善，鉴于此，笔者通过对长春电影制片厂、广州沙面建筑群等比较认同的实施案例进行分析，以期找寻文物建筑腾退可操作的实施路径。

3.1 长春电影制片厂
3.1.1 文物建筑简介

长春电影制片厂是中国目前大型综合性电影制片厂之一，其位于长春市红旗街1118号的早期建筑，于1937年11月动工兴建，仿照德国乌发电影厂的建筑形式、布局和规模进行设计，1939年竣工，2002年被长春市列入市级文物保护单位，2013年3月"长春电影制片厂早期建筑"被国务院核定公布为第七批全国重点文物保护单位[2]。

3.1.2 文物建筑腾退改造案例分析

长影厂整体改造升级是其文物建筑腾退改造的契机。1998年，长影厂首先进行土地置换，将长影老厂区21公顷土地以3亿元价格出让给开发商，开发建设居住区——长影世纪村。之后将长影厂的发展布局规划确定为"一厂三区"，即包括长影老区、长影新区（经开区）、长影景区（净月潭）三个部分，并计划在长影老区建设长影历史博物馆[3]。

2011年，长影厂老厂区改造工程正式启动，其中包括文物建筑在内的老建筑历经三年的修缮、改造，被赋予新的功能和内涵。原主办公楼在腾退后改造成为电影艺术馆，多年闲置的摄影棚改造成为译制片展厅、电影频道演播大厅、艺术电影院、电影主题音乐厅，因胶片退出历史舞台

1 说明：信息来源自"市文物局局长直陈文保单位腾退难，建议设腾退专项经费"，新京报，2010-4-23.
2 说明：内容部分摘自2014年8月25日登载于《长春日报》的"长影全国重点文保单位揭牌"一文。
3 说明：信息整理自《长春电影制片厂旧厂区保护与更新》，25-26。

照片 5　长影博物馆全貌（来源：长春市旅游局官网）

照片 6　长影旧址博物馆入口（来源：长春新闻网）

照片 7　长影博物馆室内（来源：时光网）

而停产的洗印车间改造成为洗印展区，并配套建设了电影主题文化街区。长影厂老厂区现已发展成为我国首家怀旧型电影产业园区[1]。

长影厂文物建筑的腾退改造具有一定的特殊性，其只是建筑功能空间的腾退，并不涉及文物建筑使用权的转换，因此不涉及征收问题。但是，"一厂三区"的发展模式值得借鉴，一方面，通过老厂区修缮改造、功能转换激活了闲置的土地和建筑空间，从区域层面为文物建筑的保护利用提供了良好的环境；另一方面，电影产业主要生产区的外迁和分区安置，缓解了城市中心区部分地段用地紧张的局面，为老厂区原生产空间的腾退和功能转换提供了重要保障。

参考长影厂分区安置的发展模式以及文物建筑功能转换的利用方式，可对于公主岭俄式建筑群以城市功能布局规划为依托、以城市片区的改造升级为推动力，改变现状文物建筑封闭、低效且存在破坏风险的利用状态，通过空间腾退和功能转换，充分展示文物建筑的历史内涵和重要价值，发挥其对当今公主岭市特色发展的促进作用。

3.2 广州沙面建筑群

3.2.1 文物建筑简介

沙面建筑群位于广州市荔湾区珠江岔口白鹅潭畔，是目前我国唯一被列为保护对象的租界建筑群。沙面是一个面积为 0.3km² 的小岛，自 1861 年开始沦为英法租界，先后有 19 个国家在此设立领事馆。1996 年，沙面建筑群被国务院核定公布为第四批全国重点文物保护单位，其所在区域也是广州市政府公布的第一批历史文化保护区。

3.2.2 文物建筑腾退案例分析

沙面建筑群原用于领事馆、洋行、银行等办公用途。中华人民共和国成立后，该建筑群房屋收归国有，分属于各个单位使用，其中许多文物建筑作为单位宿舍分给了普通居民居住。

沙面建筑群中的文物保护单位有 53 处，除 4 处公共设施外，其余 49 处均为文物建筑[2]。尽管该建筑群的文物建筑资源丰富，但是历经半个世纪的持续占用，加上气候潮湿、缺乏维护，该建筑群的文物建筑本体受到不同程度的破坏。2007 年 7 月 9 日的《人民日报》曾报道了沙面建筑群遭受严重破坏的消息。当月，广州市开始启动沙面 16 栋为市直管公房的文物建筑的腾退工作，计划将 413 户住户全部置换搬迁，其中符合公房安置条件的集中安置在位于荔湾北路的平安大厦，余下的分散安置在金沙洲等市内其他区域。沙面安置住户的新屋租金按广州市直管公房租金标准制定，旨在减轻住户的经济负担[3]。

沙面建筑群文物建筑腾退反映了舆论监督宣传作用于文物保护的力量。具有可操作性的腾退应是建立在区域性资源整合的基础上，需全盘考虑文物建筑

1　说明：信息来源自网络（http://baike.baidu.com）.
2　说明：信息来源自《广州沙面建筑群保护与利用行政指引研究》.
3　说明：信息来源自"六成沙面搬迁户住进新房". 南方日报，2007-11-7.

的功能空间应如何置换，尤其对于单体建筑较多的文物建筑群而言，有必要进行"渐进式"的腾退，以使历史文化资源与社会其他资源的整合利用逐步趋于完善。作为同样属于全国重点文物保护单位的公主岭俄式建筑群，文物建筑本体保存较好，文物建筑周边环境亦保护较好，具有良好的保护基础及展示利用条件，应受到媒体的积极关注，推动其保护利用工作进一步开展。

4 结语

通过对我国现行文物建筑腾退相关的法规、文件的梳理，并通过对相关案例的分析，笔者更加深刻地认识到公主岭俄式建筑群等文物建筑腾退的必要与必须。文物建筑具有公益属性，在满足文物安全性要求的前提下，应作为文化资源向公众开放。这样可有效避免占用方对文物建筑保护、使用不当造成的破坏。

尽管现行的文物建筑腾退的现行依据尚不充分，缺少地方层面的专项法规、文件，但根据国家层面的现行依据和上述案例分析可知，文物建筑的腾退仍是具有一定的可操作性。《文物保护法》规定，国保单位除作博物馆、保管所或者辟为参观游览场所之外其他用途的，需报国务院批准，由此保障了文物建筑腾退后将以公益属性为主；国家指定的近代现代代表性建筑等不可移动文物，属于国家所有，国有不可移动文物的所有权不因其所依附的土地所有权或者使用权的改变而改变，[1]由此保证了文物建筑在腾退后可以得到有效的保护管理和利用。

目前，公主岭市正在进行城市总体规划修编和铁北区棚户区改造项目，可结合总规修编和区域性的棚改这两项工作，并辅以社会舆论监督和正向宣传推动，对公主岭俄式建筑群等文物建筑实施腾退，点面结合，逐步推进，促进文物建筑的科学保护与合理利用，进而确保文物建筑公益化用途的实现。

参考文献

[1] 李子建.长春电影制片厂旧厂区保护与更新[D].长春：吉林建筑工程学院，2010.
[2] 黄骏.广州沙面建筑群保护与利用行政指引研究[D].广州：广州大学，2009.
[3] 许伟.文物腾退：文物保护的必解之题[J].北京观察，2010,(7)：24-26.
[4] 贺林平.广州腾退沙面16栋文物建筑今后不再用于住宅[N].人民日报，2007-7-12(011).
[5] 严丽君.六成沙面搬迁户住进新房[N].南方日报，2007-11-7.
[6] 傅沙沙.市文物局局长直陈文保单位腾退难，建议设腾退专项经费[N].新京报，2010-4-23.
[7] 毕馨月.长影全国重点文保单位揭牌[N].长春日报，2014-8-25.

照片8 沙面建筑群鸟瞰（来源：国图官网）

照片9 腾退前的沙面建筑群—法国邮政局住宅（来源：《广州沙面建筑群保护与利用行政指引研究》）

照片10 沙面建筑群—旗昌洋行现状（来源：国图官网）

1 说明：内容分别节选自《文物保护法》第二十三条、第五条。

12 文物展示利用条件评估方法探讨
——以侵华日军东北要塞（胜山要塞）为例

高媛　王潮　王浩然　李晓蕾
（ 刊于《遗产与保护研究》2016 年 3 月第 1 卷第 2 期 ）

图 1　地下指挥中心

图 2　亚雷高炮阵地

图 3　警备中队

图 4　高炮阵地

随着我国文物保护事业的发展，不可移动文物的展示利用已经成为向公众传达历史文化内涵，让公众享受到文物保护工作成果的重要方式。加强文物的研究和利用，"让历史说话，让文物说话"[1] 已经成为现阶段文物保护的方向和趋势。但是文物是不可再生的，是历史留给人类的宝贵资源，承载着重要的历史信息。因此如何加强文物的合理利用，在确保文物安全的基础上，提高文物的展示利用水平已经成为文物保护面临的一个重要挑战。文物的展示利用条件评估是文物展示利用的前提和基础。由于文物本体及其环境具有多样性，保存状况各异，其展示利用的条件不可一概而论。

有些文物具有重要的文物价值，但是文物本体所需保护条件极其严格，或地处偏远，或不具备展示利用的条件，不宜对公众进行开放。如楼兰古城，目前并不具备进行展示利用的条件，也未计划对外开放。有些文物具有重要的文物价值，区位条件也较好，但是由于文物本体现存状态不同、所需保护措施不同，不能无差别的将文物本体进行整体展示，如敦煌莫高窟各洞窟的保护要求和展示条件均不尽相同。因此，哪些文物可以展示？文物的哪些部分可以展示？是我们进行展示设计工作中需要研究和解决的首要问题。基于此，结合我们的工作实践，现以"胜山要塞遗址"的展示工程为案例进行文物展示利用条件评估方法的探讨。

1　胜山要塞遗址概况及价值

1.1 胜山要塞概况

胜山要塞位于黑龙江南岸的小兴安岭北麓山地之中，与俄罗斯隔江相望[2]。始建于 1937 年，是侵华日军为实施"北边镇护"计划[3] 对俄作战而修筑的边境"筑城计划"中的第一期工程[4]，工程规模浩大，被当时侵华日军称之为中俄和中蒙边境的"马其诺防线"重要组成部分，是人类战争史上最大的防线，占地面积 100 余平方千米，是第六批全国重点文物保护单位——侵华日军东北要塞的主要组成部分，属于近现代重要史迹和代表性建筑。

胜山要塞由主阵地及其两翼的毛兰屯野战阵地和胜武屯指挥中心组成[5]。其中主阵地位于国家级森林公园霍尔漠津风景区（即胜山要塞风景区）内。胜山要塞主阵地分为地上建筑（部分被炸毁）和地下建筑 2 类，主要工事有指挥中心、坦克阵地、地下仓库、地下兵舍、水源地、卫兵室、警备中队等约 20 处

12 文物展示利用条件评估方法探讨——以侵华日军东北要塞（胜山要塞）为例

The Analysis of Evaluating Method about the Conditions of Exhibiting and Using Cultural Relics: Taking Shengshan Fortress (Built by Japanese Militaries in Northeast China During Japanese Invasion War) as a Study Case

341

遗址。各工事由环山公路连成一体。主阵地曾配有榴弹炮、加农炮、速射炮、高射炮、野战炮、山炮、轻重机枪等军事武器。

1.2 胜山要塞的文物价值

胜山要塞结构坚固、设计细致，体现了 20 世纪 30 年代日本军国主义对侵略战争军事及科技的投入力度，体现了日本军国主义称霸世界的野心。该遗址具有军事和二战历史研究价值，以古鉴今，教育后人，胜山要塞是日本发动侵略战争的铁证，是进行全民爱国主义教育的基地。

2 胜山要塞遗址保护展示现状

胜山要塞遗址保存情况和通达性均较好。遗址本体为钢筋混凝土材质，主体结构较为安全，同时由于遗址位于国家森林公园、国家 AAA 级景区内，自然资源条件较好，可综合展示利用。其中，主阵地范围内的展示道路及配套服务设施建设初步完善，具备一定的展示利用基础[6]，而两翼的毛兰屯和胜武屯 2 处阵地由于现状交通条件很差，基本不具备公众可达性，不能满足展示利用基本条件，暂不予开放展示。

主阵地现保存有各类遗址 20 余处，由于遗址数量较多，同时进行展示工程设计在实施上存在较大困难，因此需要对遗址分批分期进行工程的设计和实施。哪些遗址应优先进行展示利用需要进行严谨的筛选，而如何筛选评估标准及评估等级则是进行设计工作之前要解决的问题。面对该问题我们首先通过筛选相关法律法规，研究确定遗址的展示利用条件评估标准，进而根据该标准划定分值，对现存 20 处遗址的现状保存及展示条件进行科学、合理地评估，最终根据评估结果选取综合条件较好的遗址作为该区域优先进行展示工程设计的对象。

3 胜山要塞展示利用条件评估标准分析

根据胜山要塞既是全国重点文物保护单位又位于国家森林公园内的双重特性，对适用的多个法律、法规、规范以及相关研究成果进行筛选，参考标准包括《国家考古遗址公园评定细则（试行）》[7]《中国文物古迹保护准则》《文化景观的类型特征与评估标准》《森林旅游资源等级评价方法的研究》[8]《景观质量评分细则》和《国家五 A 级景区评定标准》等。其中，《国家考古遗址公园评定细则（试行）》和《景观质量评分细则》《森林旅游资源等级评价方法的研究》作为本次展示利用评估条件的主要参考依据。

通过分析遗址本体的特点和周边环境，选取参考依据中的重要性、规模、完整性、可达性、参与度、吸滞度、稀缺性 7 个评价要素作为本次展示利用条件评估的主要内容。以下详细阐述选取 7 个要素的思路和依据。

3.1 重要性

正确认识遗址的重要性和价值，对下一步的展示评估具有十分重要的指导意义。因此，在本标准中将遗址的重要性放在了第一位。遗址重要性的确定主要参照《国家考古遗址公园评定细则（试

图 5 第二卫兵室

图 6 地下仓库

图 7 炮兵阵地

图 8 军马场

图 9 军马碑

图 10　第一卫兵室

图 11　通信中心

图 12　神社

图 13　弹药库

图 14　水泵站

行）》中的有关内容，即"以遗址价值和在该遗址内的地位为主要标准，包括遗址的历史、科学、艺术价值重大，在全国范围内具有突出代表性。"

3.2 规模性

遗址的规模作为评价标准在 2 个参考文件中都有提及，详细内容见表 1。由此可见，遗址规模的大小直接影响参观游览的质量。因此，本次展示利用方案的评估中将该内容作为重点评分标准之一。

3.3 完整性

遗址完整性的好坏直接影响文物展示的效果，真实、完整地展现遗址文化价值，实现爱国主义教育意义，是军事遗址的主要目的。同时《景观质量评分细则》中也将其纳入到了评价内容之中，可见遗址完整性对展示利用的重要。

3.4 可达性

在遗址的展示利用中交通条件是至关重要的一方面，可达性在《国家考古遗址公园评定细则（试行）》中占有比较重要的地位，但该细则只是针对一处遗址而言，本方案中的评估是对一处遗址中各个遗址点进行评估，标准略有改动，但原理相同。方便快捷的交通路线可以提升景区游览的综合条件。胜山要塞主阵地中部分遗址尚未进行道路硬化，有些甚至连简易的土路都没有，此类遗址在本次展示利用中的评分较低。

3.5 参与度

由于胜山要塞遗址是日本侵华史确实有力的罪证，为了充分展现日本侵华战争的残酷性，激发国人的爱国情怀，本次展示方案希望增加游客互动体验环

节，但很多遗址受到空间的限制，不能设置合适的互动体验设施，因此该评估标准结合遗址最合理的展示方式进行现状评估，主要根据项目组现场调研后对遗址建筑面积、场地情况等的综合评价进行。

3.6 吸滞度

在本次评估标准中，将吸滞度纳入评价体系主要考虑该遗址的特性，建筑遗址的吸滞度越高，体现出遗址的规模越大、功能布局越复杂。由于胜山要塞遗址为重要史迹及代表性建筑类文物，且一处文物保护单位中包括了多处建筑遗址，遗址规模参差不齐。本方案从吸引游客程度及停留时间考虑，从《旅游资源评价方法》（参考美国风景资源管理系统，见表 2）中提取评估方法作为本次展示利用评估标准的内容。

3.7 稀缺性

稀缺性只适用于遗址中存在很多同类型遗址点，例如胜山要塞主阵地中卫兵室、兵营和水源都不止一处遗址，物以稀为贵，单一类型的遗址点的展示利用价值更高，因此根据《景观质量评分细则》也将其纳入到评估标准之中。

12 文物展示利用条件评估方法探讨——以侵华日军东北要塞（胜山要塞）为例

The Analysis of Evaluating Method about the Conditions of Exhibiting and Using Cultural Relics: Taking Shengshan Fortress (Built by Japanese Militaries in Northeast China During Japanese Invasion War) as a Study Case

343

评估标准提取依据参照表

表1

标准	国家考古遗址公园评定细则（试行）	景观质量评分细则
重要性	以遗址价值和在该遗址内的地位为主要标准，包括遗址的历史、科学、艺术价值重大，在全国范围内具有突出代表性	
规模	遗址公园范围内必须包含集中体现遗址价值的核心部分、区域及相关内容	1）资源实体体量巨大，或基本类型数量超过40种，或资源实体疏密度优良 2）资源实体体量很大，或基本类型数量超过30种，或资源实体疏密度良好规模 3）资源实体体量较大，或基本类型数量超过20种，或资源实体疏密度较好 4）资源实体体量中等，或基本类型数量超过10种，或资源实体疏密度一般
完整性		1）资源实体完整无缺，保持原来形态与结构 2）资源实体完整，基本保持原来形态与结构完整性 3）资源实体基本完整，基本保持原有结构，形态发生少量变化 4）原来形态与结构均发生少量变化
可达性	考古遗址公园的资源条件第三条区位条件中交通可达性标准 遗址公园周边交通设施完善，能够比较便利地到达飞机场、火车站、公共汽车站、码头等交通枢纽；具有一级公路或高等级航道、航线直达；或具有旅游专线及交通工具	
参与度	1）积极举办各种与遗址内涵相关的文化活动，并体现教育性、娱乐性、普及性、针对性。有专门的机构或工作人员负责策划、组织、实施；每次活动都应及时记录并存档 2）积极举办各种与遗址内涵相关的以及文物保护、遗产保护宣传教育科普活动。类型多样（教育项目、社会培训、公众讲座等），效果显著，持之以恒。有专门的机构或工作人员负责策划、组织、实施；每次活动都应及时记录并存档 3）积极开展丰富的社区活动，体现广泛性，参与性，层级性。服务不同社区群体；应有专门的机构或工作人员负责策划、组织、实施各种社区活动；每次活动都应及时记录并存档	

景点美感质量评价模型

评价因子	评价权重	因子分级及评分			
		5	4	3	2
美感度	0.6228	令人惊叹	引人入胜	具有美感	景观一般
奇特度	0.3390	罕见	少见	较常见	常见
多彩度	0.3854	丰富多彩	富于变化	尚有变化	单调
协调度	0.2758	极协调	较协调	一般	不协调
可获度	0.1762	极易见	较易见	易见	难得一见
吸滞度	0.2008	时间很长	时间较长	时间一般	时间较短

（标准"吸滞度"对应上方模型）

注：摘自《森林旅游资源等级评价方法的研究》

标准	景观质量评分细则
稀缺性	1）有大量珍稀物种，或景观异常奇特，或有世界级资源实体 2）有较多珍稀物种，或景观奇特，或有国家级资源实体 3）有少量珍稀物种，或景观突出，或有省级资源实体 4）有个别珍稀物种，或景观比较突出，或有地区级资源实体 细则：景观质量评分细则评价项目：资源吸引力

景观美感质量评价模型　表2

评价因子	评价因子权重	因子分级及评分			
		5	4	3	2
美感度	0.6228	令人惊叹	引人入胜	具有美感	景观一般
奇特度	0.3390	罕见	少见	较常见	常见
多彩度	0.3854	丰富多彩	富于变化	尚有变化	单调
协调度	0.2758	极协调	较协调	一般	不协调
可获度	0.1762	极易见	较易见	易见	难得一见
吸滞度	0.2008	时间很长	时间较长	时间一般	时间较短

展示利用评估表　表3

评分等级	重要性	规模	完整性	可达性	参与度	吸滞度	稀缺性
1	不重要	很小	不完整	难以到达	无法互动	基本不停留	很常见
2	较低	较小	较低	没有道路通达	互动条件较差	时间较短	周边存在多个
3	一般	一般	一般	小路	已具备互动条件	停留一定时间	周边存在
4	较高	较大	较高	游步道	已有互动设施	时间较长	周边不存在
5	有重要地位	很大	很完整	机动车道	互动设施较多	长时间停留	稀有

胜山要塞遗址展示利用条件评估统计表　表4

遗址点	重要性	规模	完整性	可达性	参与度	吸滞度	稀缺性	总和	排序
地下指挥中心	5	5	5	5	5	5	5	35	1
亚雷高阵地	5	4	3	5	4	4	4	29	2
警备中队	4	4	4	5	4	5	3	29	3
高射炮阵地	5	4	2	3	5	4	4	27	4
第二卫兵室	2	2	4	5	4	2	3	22	5
地下仓库	3	4	3	3	3	4	2	22	6
炮兵阵地	3	3	3	3	3	3	3	21	7
军马场	1	3	3	4	3	3	4	21	8
军马碑	2	1	2	5	1	2	5	18	9
第一卫兵室	3	1	2	5	1	2	3	17	10
通信中心	2	2	1	3	2	2	5	17	11
神社	3	1	1	4	1	2	5	17	12
弹药库	3	2	1	3	2	2	4	17	13
水泵站	1	2	2	3	2	2	3	15	14
坦克模型	1	1	1	3	2	1	5	14	15
地下兵营	3	1	3	1	2	1	3	14	16
弹药库	2	1	2	3	1	2	3	14	17
瞭望台	1	1	1	3	2	2	3	13	18
水源地1	1	1	1	1	1	2	3	10	19
水源地2	1	1	1	1	1	2	3	10	20

12 文物展示利用条件评估方法探讨——以侵华日军东北要塞（胜山要塞）为例

The Analysis of Evaluating Method about the Conditions of Exhibiting and Using Cultural Relics: Taking Shengshan Fortress (Built by Japanese Militaries in Northeast China During Japanese Invasion War) as a Study Case

345

4 胜山要塞展示利用条件评估内容

为了得到比较性较强的评估结果，根据以上评估标准，结合遗址现状情况，进一步将 7 个评定要素分为 5 个等级（详见表 3），以此为基础对胜山要塞的 20 处遗址本体分别进行综合评估（详见表 4）。

以上为胜山要塞主阵地 20 处遗址点的评估结果，根据以上评估结果，将 20 处遗址的展示利用工作分期分批进行设计施工，综合评分最高的地下指挥中心优先展示，以下列举胜山要塞主阵地展示利用的一期工程的部分图片，图 1 ～图 20。

5 展示利用条件评估方法总结

本次展示利用条件评估探讨的思路为：首先以文物本体特点和相关法律法规为依据，在准确了解遗址价值、充分研究遗址的现状保存及展示条件下，提取适用于遗址现状展示利用条件评估的标准；然后，再制定的展示利用条件的评估标准下对展示对象进行打分评估，得出评估结论。通过胜山要塞展示利用条件评估标准分析及评估内容，为胜山要塞展示工程设计对象的筛选提供了科学的依据，并为最终确定科学、合理的展示利用方案奠定基础。

本次现状展示利用条件评估标准为项目组通过编制胜山要塞的展示方案总结出的一些评估方法，适用于遗址位于自然风景区或国家森林公园，且一处遗址存在多处遗址点的情况，其他类型的遗址应根据自身情况制定相应的评估标准。此文仅为业界提供了一个抗战军事遗址的展示利用条件评估标准研究的案例，以供探讨。

参考文献

[1] 石鹏琦.让历史说话让文物活起来 [EB/OL].[2015-03-26]. http://www.shaanxi.gov.cn/0/1/6/17/1762/191138.htm.
[2] 黑龙江省孙吴县委员会文史资料委员会编.孙吴文史资料（第三辑）[M].黑河：政协孙吴县委员会,1988:53.
[3] 王伟明.走进孙吴 [M].黑河：孙吴县旅游局,2006:8.
[4] 黑龙江省孙吴县委员会文史资料委员会编.孙吴文史资料（第四辑）[M].黑河：政协孙吴县委员会,1990:25-27.
[5] 黑龙江省孙吴县委员会文史资料委员会编.孙吴文史资料（第五辑）[M].黑河：政协孙吴县委员会,1991:106.
[6] 徐占江,杨柏林,赵江,等.日本关东军霍尔莫津（胜山）要塞 [M].内蒙古：内蒙古出版集团有限责任公司内蒙古文化出版社,2011:109.
[7] 国家文物局.国家考古遗址公园评定细则（试行）[Z].北京：国家文物局,2009:12.
[8] 中华人民共和国国家质量监督检验检疫总局.旅游景区质量等级划分与评定 GB/T17775—2003.[S] 北京：中国标准出版社,2003.

图 15　坦克模型

图 16　地下兵营

图 17　弹药库

图 18　瞭望台

图 19　第一水源地

图 20　第二水源地

后记 / POSTSCRIPT

博学之，审问之，慎思之，明辨之，笃行之。

——《礼记·中庸》

中建设计集团遗产保护板块 12 年的发展，经历了一段曲折的历程。12 年间，遗产保护板块的业务遍布国内 14 个省 34 个地级市，总计 123 个项目，包含区域文化遗产保护规划、文物保护单位的保护规划、考古遗址公园规划、文化遗产的保护工程（古建筑、古遗址、近现代建筑等）、文化遗产的展示工程、文化遗产环境整治工程、世界文化遗产文本申报、历史文化名城保护等八大类型，涵盖了文化遗产保护的大多数领域。本书既是对中建设计集团遗产保护版块诸位同仁对遗产保护业绩的系统梳理，也是 12 年发展的一次回顾与反思。本书从中选取了 6 个大类约 50 个典型项目分享给大家，既展现了宋晓龙总规划师带领的中建遗产团队披荆斩棘、拓宽保护理念的努力奋进，展现了历年设计实践的重要精华，也体现了中建遗产团队深入研究遗产价值，谨慎思考脆弱的遗产本体的保护方式，充满敬畏之心地阐释文化遗产的特色，坚定不移走中建遗产事业发展的特色之路。

本书的编写是一个整理、评估和总结以往项目成果的过程，也是感受到中建遗产团队的集体劳动精华、感恩各方关心和帮助的过程。感谢中建集团、中建设计集团领导的战略决策和关怀帮助；感谢曾经给予城镇院遗产所无私帮助的各行各业的领导、专家和朋友；感谢宋晓龙总规划师作为领路人 12 年来始终如一的坚持与付出；感谢每一位曾经在城镇院遗产所工作和奉献过的同事；感谢仍然坚持和奋战在这片热土的每一位衷心热爱文化遗产的追梦人！

此书中所列实例伴随着我国文化遗产保护与展示理念的快速发展，在文物评估方式、价值阐释方式等方面，与目前的遗产保护规划与方案实践所采取的方式不尽相同，存在着不可避免的时代烙印，众位读者可以从中看到遗产保护发展繁荣的历程和各阶段遗产保护设计人员有益的探索和发现。整书是城镇院遗产所全体员工利用工余时间编制，难免会有不准确和错误的地方，欢迎广大读者提出批评和建议，我们的目标就是通过不断的努力，将中建设计遗产保护版块的事业得到可持续的发展和延续。

此书编辑过程中，城镇院的其他同事也积极参与其中，尽心尽力，展示了团结的力量；编辑过程也得到了中国建筑工业出版社有关领导和编辑的大力支持，他们的辛勤劳动是此书出版的基础，在此深表感谢！

城市规划与村镇设计研究院 遗产保护规划研究所

2020 年 4 月

图书在版编目（CIP）数据

中建设计：建筑遗产保护发展与实践 = CHINA
CONSTRUCTION ENGINEERING DESIGN GROUP: DEVELOPMENT
AND PRACTICE OF BUILT HERITAGE CONSERVATION: 2007–
2019 / 宋晓龙主编 . —北京：中国建筑工业出版社，
2020.9

ISBN 978-7-112-25263-3

Ⅰ. ①中… Ⅱ. ①宋… Ⅲ. ①建筑 – 文化遗产 – 保护
– 研究 – 中国 –2007-2019　Ⅳ. ① TU-87

中国版本图书馆 CIP 数据核字（2020）第 111472 号

责任编辑：朱晓瑜　石枫华　陈小娟
书籍设计：付金红　李永晶
责任校对：王　烨

中建设计：建筑遗产保护发展与实践（2007—2019）

CHINA CONSTRUCTION ENGINEERING DESIGN GROUP:
DEVELOPMENT AND PRACTICE OF BUILT HERITAGE CONSERVATION

主　　编　宋晓龙

执行主编　俞　锋　卢刘颖

*

中国建筑工业出版社出版、发行（北京海淀三里河路9号）
各地新华书店、建筑书店经销
北京方舟正佳图文设计有限公司制版
北京富诚彩色印刷有限公司印刷

*

开本：889毫米×1194毫米　1 / 20　印张：$17\frac{2}{5}$　字数：623千字
2020年11月第一版　2020年11月第一次印刷
定价：198.00元
ISBN 978-7-112-25263-3
　　　（36020）